服装流行与时尚传播

刘丽娴 主编

浙江工商大学出版社
ZHEJIANG GONGSHANG UNIVERSITY PRESS
·杭州·

图书在版编目(CIP)数据

服装流行与时尚传播 / 刘丽娴主编. —杭州:浙江工商大学出版社,2020.11(2024.12重印)

ISBN 978-7-5178-3966-8

Ⅰ. ①服… Ⅱ. ①刘… Ⅲ. ①服装学—流行—趋势—教材 Ⅳ. ①TS941.13

中国版本图书馆 CIP 数据核字(2020)第124682号

服装流行与时尚传播

FUZHUANG LIUXING YU SHISHANG CHUANBO

刘丽娴 主编

责任编辑 刘淑娟 张 玲

封面设计 林朦朦

责任印制 包建辉

出版发行 浙江工商大学出版社

(杭州市教工路198号 邮政编码310012)

(E-mail: zjgsupress@163.com)

(网址:http: //www.zjgsupress.com)

电话:0571-88904980,88831806(传真)

排 版 杭州朝曦图文设计有限公司

印 刷 广东虎彩云印刷有限公司绍兴分公司

开 本 787mm×1092mm 1/16

印 张 18.25

字 数 357千

版 印 次 2020年11月第1版 2024年12月第2次印刷

书 号 ISBN 978-7-5178-3966-8

定 价 48.00元

本书的出版基于国家级精品在线开放课程、教育部来华留学品牌课程“服装流行分析与预测(Fashion Forecasting and Prediction)”的前期建设成果,结合浙江理工大学浙江省丝绸与时尚文化研究中心有关时尚学建设的整体科研与教学目标,受到浙江理工大学教材建设项目资助。本书结合两个在线平台(爱课程和浙江省高等学校在线开放课程共享平台)课程,是浙江理工大学国际教育学院流行与时尚传播研究所建设成果之一。作为浙江理工大学优秀基层教学组织“时尚品牌与流行文化”的特色与核心课程之一,“服装流行分析与预测”是一门解读时尚现象、分析流行演变规律、探讨时尚热点问题、预判流行发展趋势的课程。结合对服装史与流行演变脉络的把握,探讨影响流行趋势走向的诸多因素。课程基于品牌实践与方法论,系统讲解色彩、面料、廓形、生活方式、社会趋势等多方面内容,从历史角度分析每一时期的流行现象及其如何影响时尚消费者,进而总结整体趋势、发现内在规律。本书可作为艺术类专业硕士研究生课程“服装流行分析与预测”“流行文化与时尚传播”的基础教材,也可作为设计学、艺术设计、视觉传达设计等专业学生的学习资料。

本教材的编写与完善,从初稿到定稿历时整整六年,教材编写团队包括了主编刘丽娴副教授所在科研团队的研究生们。

《服装流行与时尚传播》(*Fashion Dissemination and Communication*)双语教材中涉及的部分外文资料为本课程中外合作办学项目多年积累成果,得到美国纽约时装学院专家Karen Scheetz的指导,并借鉴美国时尚教学方式,结合时尚产业诉求,将产业化、互动性与时尚前沿信息融于教学实践。同时在课程提纲、关键术语、核心知识点与相关英文案例部分彰显课程国际化特色教学的多年教学研究基础与实践经验积累。截稿之际,笔者正位于美国北卡罗来纳州罗利湖畔,希望本教材的出版对于中国纺织教育事业与时尚产业发展有所贡献。

系列教材主编　刘丽娴

2019年7月

CONTENTS

第二章　流行预测的原理
Chapter Two　Principles of Fashion Forecasting / 23

第三章　流行趋势的内容与原理
Chapter Three　Content and Principle of Fashion Trend / 39

第一章　流行与时尚传播

Chapter One　Popularity and Fashion Communication

第一节 导论 Introduction

本章是课程的导入部分，通过对流行的定义以了解流行在不同领域、不同层次的内涵，使学生理解流行产生的意义及发展规律。同时本章导入时尚传播、时尚文化、时尚体系等相关理论，使学生掌握时尚方面的基础知识，了解流行与时尚传播的关系，从而更好地学习后续章节内容。

本章的主要内容包括：(1)流行的定义与内涵；(2)时尚传播；(3)时尚文化与时尚体系；(4)西方时尚及其所对应的文化类型。

This chapter is the introduction part of the course. Through the definition of popularity, we can understand the connotation of popularity in different fields and at different levels, so that students can understand the meaning and development rules of popularity. Meanwhile, this chapter introduces relative theories such as fashion communication, fashion culture, and fashion system, so that students can master the basic knowledge of fashion and understand the relationship between popularity and fashion communication to learn the content of subsequent chapters better.

The main contents of this chapter include:

(1) Definition and connotation of popularity;

(2) Fashion communication;

(3) Fashion culture and fashion system;

(4) Western fashion and its cultural types.

第二节 流行的定义与内涵 Definition and Connotation of Popularity

流行是社会现象，具有可预测性、商业价值、社会属性，也与大众传播理论相关。流行是生活方式的表现，是社会心理现象，也是商业文化概念。流行交织于日常生活的衣食住行中，也表现于街头时尚与秀场上。不同于我们把时尚理解为设计的前沿部分，流行是属于大众的，呈现了生活的细枝末节，是美丽生活的重要组成部分。

一、流行是生活方式的表现(Popularity is a Manifestation of Lifestyle)

流行区别于时尚，是大众传播范畴的概念，而时尚则是设计的前沿部分。人们通过对某种生活方式以及社会思潮的跟随与追求，从而满足身心等方面的需求。它涉及的范围十分广泛，既包括物质性因素，也包括精神性因素。

流行的实现需要有相当数量的人去模仿和追求，并达成一定的规模，从而普及开来形成某种现象。现代意义上的流行不仅停留在量的方面，而且渗透到人们的日常生活中，成为人们日常生活中不可分割的一部分，也构成了大众精神生活的重要部分。

二、流行是社会心理现象(Popularity is a Social Psychological Phenomenon)

流行是一种普遍的社会心理现象，是指社会上一段时间内出现的或某权威性人物倡导的事物、观念、行为方式等被人们接受和采用，进而迅速扩散直至消失的过程。任何一种流行现象都经历了产生、发展、兴盛和衰亡的过程。特别是20世纪后半叶以来，借助于各种媒体，流行以各种物化或符号的形式影响着人们的衣食住行。与融媒体结合，使流行更迭的频率加快，这也对时尚品牌的设计、营销和推广方式提出了新的要求。

三、流行是商业文化概念(Popularity is the Concept of Business Culture)

进入18世纪后半叶，由于西方工业文明的崛起，经济飞速发展。流行的范围和速度也随之变得更加广泛和迅速，逐渐向现代化靠拢。此时，流行的商业价值显现，尤其是在服装行业。流行作为一种现代化生活模式，成为工业化社会大量生产到大量消费之间的重要桥梁，进而也具备了与以往不同的商业化氛围的特色。与此同时，流行作为一种新兴的商业文化概念，不再是过去那种单一的流行模式，而是显现出多元化的发展态势。

关于流行是商业文化概念的理解，我们可以流行色的出现、发展为例做进一步解读。流行色一般提早两年就由国际流行色协会提出、发布，而后经历了流行资讯机构的整理和发布、商业性面料展览推介、面料商的解读与设计展示、设计师的信息消化与设计实践、零售商的采购与终端店面展示、时尚媒体解读传播、零售市场时尚表现与营销推介、消费者的时尚消费等时尚产业链的消化、营销、推广全过程。事实上，这也是一个完整的商业运作体系。流行的实质在于加快了时髦样式的更迭速度，从而增大时尚消费市场体量，激发消费者的时尚诉求。

第三节 时尚传播
Fashion Communication

一、时尚传播的内涵(Connotation of Fashion Communication)

传播是人类社会的基本行为。只要人类社会存在,其交流实践活动就不会停止。人类的传播现象伴随着人类的生存发展而不断演进,在世界范围内积累了丰富的传播思想、经验和理念。

时尚传播主要服务于服装、服饰等时尚产品领域,是为了实现商业目的而进行的视觉的艺术化传播。它通过产品形象、语言、文字、活动、各种传统媒体与新媒体等不同手段,有效传达品牌理念,树立品牌形象。

二、时尚传播要素(Elements of Fashion Communication)

(一)时尚传播者(Fashion Communicator)

时尚传播者指时尚内容的发送者,也是时尚传播的第一要素。他(们)是信息传播中的主体,在传播活动中搜集、整理、加工及传递时尚信息,或者他(们)本身在穿着、打扮和生活方式上就极具时尚感。时尚传播者在整个传播过程中起着重要的作用,他(们)决定了信息传播的内容、符号以及流向。时尚传播者可能是单独的个体,也可能是一个群体。

(二)时尚信息(Fashion Information)

时尚信息可以是有形的,也可以是无形,它们通过千姿百态的符号被表达出来,包括时尚样式、思想观念、行为方式和生活态度等,当它们被受众所接受和理解后,便从不同的层次影响着人们。健康、合理的传播内容是人类整个传播活动的核心,只有具备这样的传播内容,传播活动才有意义,人类文明才能得以进步和发展。

(三)时尚传播媒介(Fashion Communication Media)

媒介,在传播学上指的就是"承载并传递信息的物理形式,因此传播媒介又可简单地被认为是信息的载体"。它存在于一切人类传播活动中,是人用来传播与取得信息的工具。

时尚传播媒介随着物质的产生而产生,随着人类社会政治、经济、文化的发展而变化。时尚传播媒介从过去的时尚玩偶、时装版画到时尚杂志,再到今天的融媒体,其传播对象、传播速度、传播范围都发生了巨大变化。

(四)时尚信息受众(Fashion Information Audience)

时尚信息受众是传播过程中的第四个要素(其余三个要素为时尚信息、传播主体和传播媒介),是一个集合名词,既指时尚传播内容的接收者,又指时尚传播内容的使用者。受众是构成时尚传播过程缺一不可的因素,没有受众就等于没有传播对象,传播活动就没有意义,时尚传播效果就等于零。所以,时尚信息受众在整个时尚传播活动中起着举足轻重的作用。

(五)时尚传播效果(Effect of Fashion Communication)

时尚传播的效果问题是时尚传播者和时尚信息受传者最关心的一个问题。因为效果是传播目的的最终体现,所以传播的效果与受传者关系极为密切。效果一般包括时尚传播的内容是如何影响受传者的,受传者对传播的内容做出何种反应,影响传播效果的因素有哪些,以及如何提高传播效果等问题。

三、时尚传播理论(Three Main Fashion Communication Theories)

(一)上传理论 (Bubble Up Theory)

上传理论(Bubble Up Theory)是由美国社会学家布伦伯格(Blumberg)于20世纪60年代提出,即现代社会中许多流行是从年轻人、蓝领阶层等"下位文化层"兴起的。该理论认为流行源于社会下层,由于强烈的特色和实用性而逐渐被社会的中层甚至上层所采纳,最终形成。(见图1-1)最典型的实例是牛仔裤的流行。

Bubble up theory was put forward by American sociologist Blumberg in the 1960s, that is, many popularities in modern society emerge from the "lower cultural level" of young people and blue-collar workers. According to the theory, popularity originated from the lower layers of society, and it was gradually adopted by the middle and even upper layers of society due to its strong characteristics and practicality, and eventually came into being. (Fig. 1-1) The most typical example is the popularity of jeans.

图 1-1 上传理论

(二)下传理论(Trickle Down Theory)

下传理论(Trickle Down Theory)也被称为“下滴论”,在时尚领域是指流行从具有高度政治权利和经济实力的上层阶级开始,通过人们崇尚名流、模仿上层人士的行为,逐渐向社会的中下层传播。(见图 1-2)

Trickle down theory is also known as “downward flow theory”. In the fashion field, it refers that popularity starts from the upper class with high political rights and economic strength, and is gradually spread towards the middle and lower classes through the behaviors of appreciating the celebrities and imitating the upper class (Fig. 1-2).

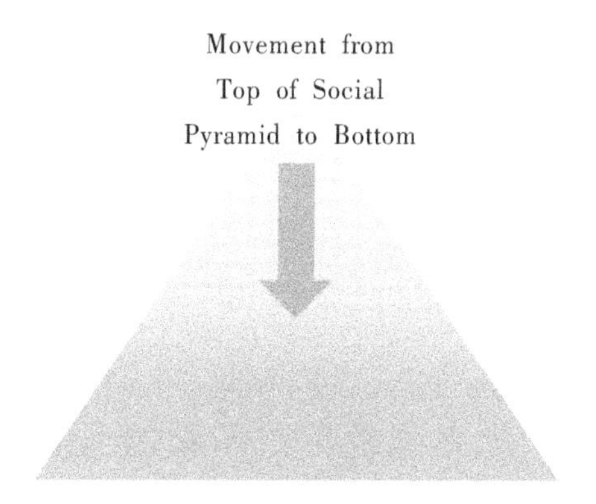

图 1-2 下传理论

这种由上层阶级的分化和下层阶级的模仿推动的下传理论动态变化被认为“时尚的引擎”,推动着时尚发展,也是整个时尚产业最坚实的力量。而上层精英有着与众不同的时尚感知能力,一旦相同的风格被下层阶级模仿、采用后,上层阶级就会朝着新的方向前进。这种持续不断的运动为流行变化注入驱动力量,保证时尚产业具有鲜活的生命力。

（三）水平传播理论（Horizontal Flow Theory）

水平传播理论（Horizontal Flow Theory）也叫大众选择理论（Mass Market Theory），由美国社会学家赫伯特·布鲁默（Herbert Blumer）提出，认为现代流行是通过大众选择实现的。

Horizontal flow theory, also known as mass market theory, was proposed by American sociologist Herbert Blumer, who believes that modern popularity is achieved through mass selection.

赫伯特并不否认流行存在的权威性，认为这根源于自我的扩大和表露。流行传播的路径源于社会的各个阶层，并可在社会的各个阶层中被吸引和采纳，最终形成各自的流行。随着工业化的进程和社会结构的改变，在现代社会中，发达的宣传媒介把有关流行的大量情报向社会的各个阶层传播，于是，流行的渗透实际上是在所有社会阶层同时开始的，这就是水平传播理论。（见图1-3）

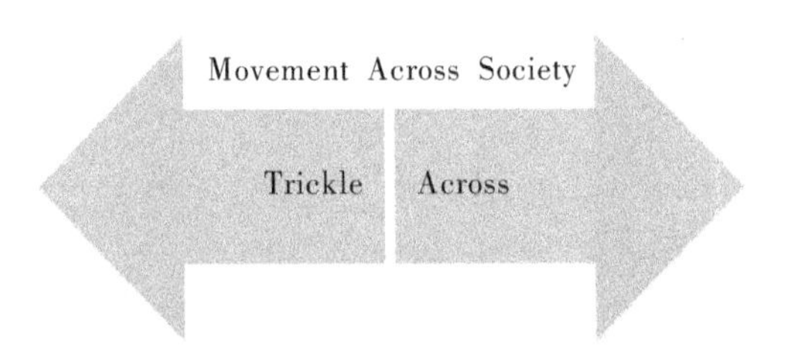

图1-3 水平传播理论

这三种时尚传播理论都适用于当代时尚体系，流行趋势总是会朝着许多方向发展。作为流行趋势预测人员，面临的挑战是多方面的，不仅要兼顾各类时尚传播方式，还要确定适合当下目标市场的最佳时尚传播方式。

四、不同时代的时尚传播方式（Fashion Communication Methods in Different Eras）

（一）19世纪与当代时尚传播模式比较（Comparison between the 19th Century and Contemporary Fashion Communication）

19世纪阶级差别显著，时尚偶像为精英阶层或上流贵族，其与中产阶级、平民阶层之间的传播壁垒难以消除，因此在这一时期，时尚是单一、垂直地由时尚偶像传导至时尚消费者，即由精英阶层向下传播。其中承担重要作用的时尚媒介是多元化的，包括时尚杂志、时尚画报在内的可阅读、可触摸媒介。当代，科技发展进入数字化时代，时尚传播媒介由实物向数字化媒介转变，其中出现了社交网络平台、线上直播等时尚传播媒介，正是数字化时代的到来，使得原本横亘于不同阶级之间的传播壁垒被打破。一方面，时尚偶

像对时尚消费者的传播仍在继续；另一方面，时尚消费者群体也通过数字化线上平台，反推甚至影响时尚偶像。(见图1-4)

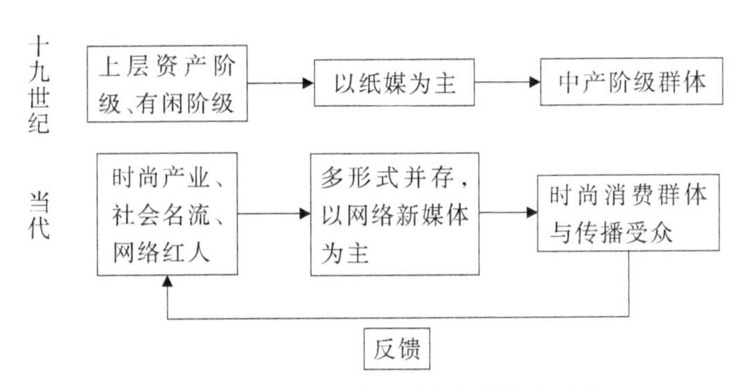

图1-4　19世纪与当代时尚传播模式对比

(二)19世纪与当代时尚传播媒介比较(Comparison between the 19th Century and Contemporary Fashion Media)

19世纪主流时尚传播媒介有时尚杂志、时尚画报、广告牌、时尚沙龙、电影、戏剧、时尚玩偶等；当代主流时尚传播媒介有实体与数字化时尚杂志、实体与数字化时尚画报、实体与数字化广告牌与海报、时尚品牌线下活动、电影电视、当代戏剧、时装秀、网络社交平台。可见当代时尚传播媒介仍保留了19世纪以来部分传统的内容，并进行数字化演变，更贴合当下社会生活方式，同时出现了全新的时尚传播方式：数字化社交网络平台传播媒介。(见图1-5)

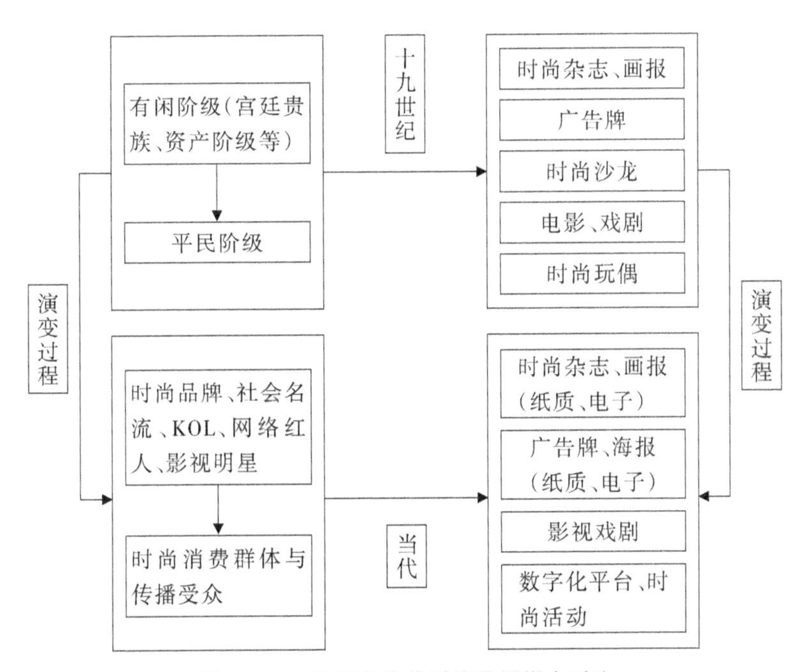

图1-5　19世纪与当代时尚传播媒介对比

（三）当代数字化时尚产业传播路径(The Communication Path of Contemporary Digital Fashion Industry)

随着互联网对下沉市场(一般用来指三线以下城市及农村地区的市场)的不断渗透，时尚也打破了其单一的阶级(层)性与市场性，其传播方式也不再是单向传播，而是演变为多方面、多渠道、多流向的复杂传播。从传播结构出发，时尚偶像不再是单一、少数、高阶层的精英群体，大众消费者也逐渐加入时尚偶像群体。其背后所发生的是高级时装概念的普及与街头流行文化的盛行，时尚传播的方式也随之从一元的传播路径转换为多元化跨领域的传播路径。随着当下传播媒介数字化与信息化程度的不断深入，传播方式不断丰富，大众消费者既接收时尚信息又发出时尚声音，精英阶层作为原本的时尚倡导者也不断接受来自大众消费者的时尚观念。同时，当代传播媒介在进入数字化阶段的同时也基于传统的传播媒介如纸媒、广告牌等进行了新兴、传统再统一的传播渠道整合。而其中，以网络明星为代表的意见领袖(KOL)在时尚编码与译码的环节中发挥的作用越来越重要。新浪微博、微信公众号、抖音短视频、小红书、Instagram等新媒体不断丰富数字化时尚传播方式。

如图1-6所示，早期传统时尚传播模式演化到当代数字平台时尚传播模式的过程中，时尚偶像与大众消费者的传播关系发生了重大转变，时尚传播媒介的具体形式在信息化时代也今非昔比。早期传统时尚传播(一阶)中的时尚偶像包括资产阶级、影视明星以及皇室贵族等，对时尚进行单方面的主导和引领；然而由于当代网络通信技术日益发达，大众消费者也在不断反馈时尚信息，这种单方面的主导从而演变为传统时尚偶像与

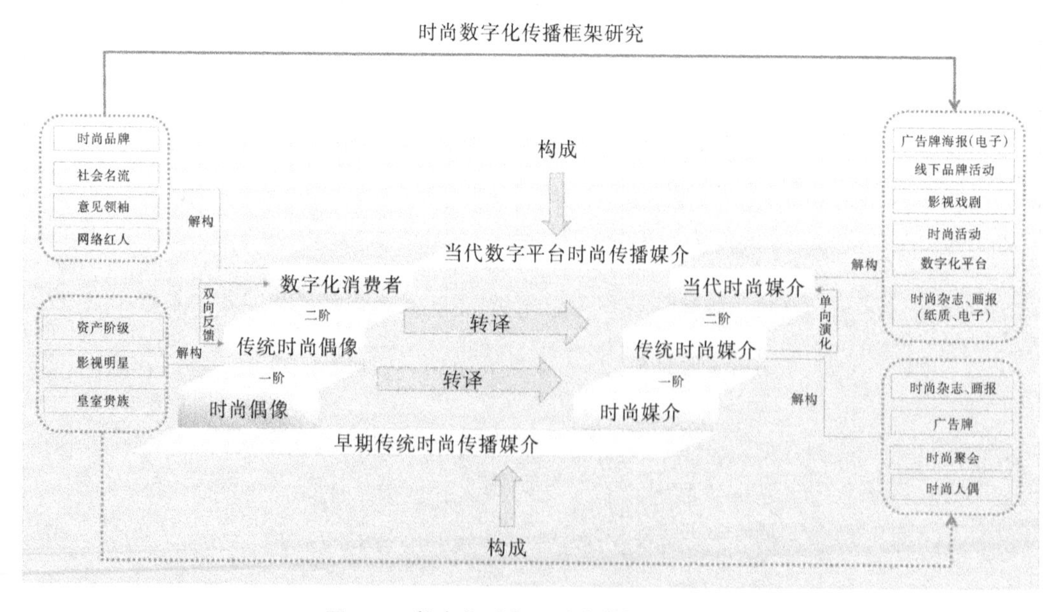

图1-6 数字化时代下时尚传播模式对比

大众消费者的双向反馈。早期传统时尚传播(一阶)中的时尚媒介包括时尚杂志、画报、广告牌、时尚玩偶等,由于计算机信息技术的发展,也逐渐发展为电子形式的杂志、海报、数字化平台和影视戏剧等。通信技术极大地提升了时尚信息交互的速度,具有时尚传导者和接受者双重身份的社会名流、意见领袖和网络红人能够更迅速地捕捉市场信息。当代传播媒介也开拓了新的形式,如品牌线下活动、网络直播等。时尚传播从一阶迈向二阶的过程中,数字化技术的发展起着至关重要的作用,时尚偶像作为时尚传导者利用时尚媒介将信息传播给接受者,转译过程中体现出极具时代特征的微妙变化。

第四节　时尚文化与时尚体系

Fashion Culture and Fashion System

一、时尚文化(Fashion Culture)

(一)时尚(Fashion)

时尚关联着无穷的事物,诸如人、空间、物、时间和事件等。所以,不管时尚是经验的,还是先验逻辑的,在本质意义上都是非主体性的。挖掘时尚在当代的内涵本质,须将时尚本身置于过去的视野中去还原与品味,依托时代精神进行归纳与梳理。时尚不因追逐时尚而获得,有时候追逐时尚比时尚本身更能让人津津乐道。而时尚观诠释的并非一种单纯的流行文化现象或个人审美,而是各个时期社会主流群体审美趣味的集体选择。时尚体系建构于国家社会空间中,受社会、历史、制度及文化等影响,围绕政府导向展开时尚市场、市场评论及时尚展览等行业活动。

梳理对国内外学者关于时尚的理论可知:时尚是一种社会现象,是社会阶级的象征,是时代精神的映射。

已有时尚研究主要从社会学、符号学、心理学、经济学、地理经济学以及时尚产业区域选择的视角展开。分别为:模仿是人的天性,而时尚正是建立在相互模仿基础上的一种社会现象和心理机制(加布里尔·塔尔德《模仿律》,1890);时尚是炫耀性消费产物,服装是金钱文化的一种表现(凡勃伦《有闲阶级论》,1899);时尚是阶级区别的产物,总是具有社会等级的性质,是对既定模式的模仿(齐美尔《时尚的哲学》,1904);时尚是一种动态的社会心理现象(罗斯《社会心理学》,1908);时尚不仅是人的行为模式,也包括物的形状模式(孙本文《社会心理学》,1946);时尚是大众传播与批量生产的结合,可以在每一个阶层之间同时传播(卡茨·拉扎斯费尔德《人际间的影响》,1955);用神话的虚幻特征指称资本主义社会的流行文化，是意识形态的"神话化"的过程，其实质是资产阶级对大众文化的控制(巴特《神话学》,1957)；基于符号学和结构主义探讨时尚系统，服饰是时尚的物质基础(巴特《流行体系——符号学与服饰符码》,1967)；是集体选择的过程(布鲁默《作为符号互动论的社会》,1969)；社会是一个支配关系被隐藏起来的分化空间，具有空间结构关系，角色之间转换或地位差距来自不同领域的分化对照，领域则被布迪厄称为场域(布迪厄《社会学问题》,1984)；时尚是整个社会环境下的时尚体系，它推翻了原先的社会结构(吉勒《时尚帝国》,1987)；探讨十九世纪法国时尚体系(戴维斯《十九世纪末法国时尚商品化》,1989)；长时段发展和经济社会结构两个维度的重视与研究，是对社会秩序的批判(布罗代尔《15至18世纪的物质文明、经济与资本主义》,1992)；具有符号学意义的身份认同论(戴维斯《时尚、文化和身份》,1994)；探讨十九世纪时尚杂志与阶级审美趣味(布鲁沃德《女性主义与时尚消费：十九世纪末的时尚杂志解读》,1994)；时尚是一个时期多数人对特定语言、思想及行为模式的主客观影响下的随从与追求(周晓虹《社会时尚的三大表现形态》,1994)；研究十九世纪以来的纽约时尚产业要素整合(兰蒂斯《纽约时尚的崛起》,2004)；研究法国时尚体系中的日本设计(川村由仁夜《巴黎时尚界的日本浪潮》,2004)；时尚是象征文化生产的社会制度(川村由仁夜《时尚学》,2005)；探讨时尚、服饰、身体与文化语境联系，把关于时尚和衣着的各种文献和身体的社会学联系起来，指出前者忽略身体，而后者则在研究中把时尚和衣着的问题边缘化，指出要理解时尚和衣着就必须理解在特定文化中身体所被赋予的意味，提出了关于时尚和身体的"情境身体实践"的观点(恩特维斯特尔《时髦的身体：时尚、衣着和现代社会理论》,2005)；时尚最为具体生动地预示着社会的变革以及审美观的变迁,时尚往往把复杂、抽象的社会关系具体化为我们的日常衣着,是我们社会关系的通俗化化身。时尚并不具有普遍性,它是在特定历史与地域中产生的社会现象，预示社会变革且映射审美演变(格朗巴赫《亲临风尚》,2008)；时尚在古典阶段、近代阶段和现代阶段具有三种不同形态，如古典华丽，近代内敛，及现代多元等等，回溯时尚历史，分析时尚传播机制，会发现时尚是由媒体、明星、消费工业构成的社会系统(杨道圣《时尚的历程》,2013)；比较意、法时尚产业模式(巴塔利亚《意、法时装产业的企业社会责任与竞争力》,2014)；借鉴场域理论探讨中、法时尚场，讨论了时尚不仅仅是流行文化现象，也不仅仅是个人审美的产物，而是一种由场域的力量关系所决定的社会产品，而时尚设计则是导向这种社会产品的社会实践方式。将时尚设计作为研究对象，借助布迪厄的场域理论和分析框架，通过对中国时尚设计生产的制度背景的考察，对布迪厄的艺术生产制度分析进行了验证和发展(姜图图《时尚设计场域研究》,2015)等。模仿是人的天性，是"基本的社会现象"，而时尚正是建立在相互模仿基础上的一种社会现象和心理机制，从时尚的心理机制入手，提出三个模仿律：(1)下降律：社会下层人士具有模仿社会上层人士的倾向 。(2)几何级数率：在没有干扰的情况下，模仿一旦开始，便以几何级数增长，迅速蔓延。(3)先内后外律：个体对本土文化及其行为方式的模仿与选择，总是优先于外域文化及其行为方式（加布里尔·塔尔德《模仿律》，1890)；认为人性中本有的“自然秩序”，包括同情心、社交性及正义感三种成分；人们彼此同情，互相帮助，相互约束，自行调节行为，人类处于自然秩序状态。而时尚正是一种动态的社会心理现象（罗斯《社会心理学》，1908)；时尚即一时崇尚的式样，式样是任何事物所表现的格式，社会中一时崇尚的任何有式样可讲的事物，都可称为时尚，时尚不仅是人的行为模式，也包括物的形状模式（孙本文《社会心理学》，1946)；时尚是大众内部产生的一种非常规的行为方式的流行现象。具体来讲时尚是一个时期多数人对特定语言、思想及行为模式的主客观影响下的随从与追求（周晓虹《社会时尚的三大表现形态》，1994)；从时尚内涵与外延出发，追溯时尚产生的根源，研究时尚发展的嬗变过程及相关规律，并分析时尚与经济的关系，认为时尚是一种生活方式和文化现象，时尚学是一个多学科交互的复杂知识学术系统（程建强，黄恒学《时尚学》，2010)。

综上所述，可将时尚概括为：(1)时尚是一种非主体的社会现象，它未曾作为一个独立的主体存在过，时尚与社会以一种映像的关系存在着，不分彼此；(2)不仅如此，时尚还是时代精神的符号化表现和集体审美趣味选择的结果，社会政治、经济、文化、科技的变革迭代都会影响时尚本身；(3)时尚以服装服饰为主要载体，与其他周边产品等共同构成时尚范畴，并且时尚是自我驱动力的集体选择与社会驱动力的阶级区分，前者是后者的内因，后者为前者的表现。相关时尚系统的理论观点如表1-1所示：

表1-1　时尚系统相关理论

学者	著作	主要观点
凡勃伦	《有闲阶级论》(1893)	时尚是炫耀性消费产物。通过研究制度的起源，观察社会经济现象，尤其是上层阶级的有闲特权与消费特征，以探讨制度与经济现象之间微妙的关系
布鲁默	《符号互动论：观点和方法》(1969)	符号互动通过既定规则和外部力量解释这些个体，大多数分析都专注于小规模的人际关系，在时尚中注重设计师和时尚专业人士与时尚组织和机构的关系，是集体选择的过程
罗兰·巴特	《流行体系》(1967)	将神话视为一种交流系统，不仅存在于书中，还是电影、体育、摄影、广告和电视的产物。社会制度的建立和执行构成了时尚中神话概念，形成时尚体系
兰蒂斯	《纽约时尚的崛起》(2004)	19世纪以来的纽约时尚产业要素整合，不仅是美国时尚体系建构的基础，更是世界时尚多元化发展的重要一环
川村由仁夜	《时尚学》(2005)	服装可以出现在任何社会或任何文化中，而时尚是象征文化生产的社会制度

（二）时尚观（Fashion Perception）

时尚观是某一历史时期主流群体对时尚的态度、品味，流行传播方式与种种时尚现象背后时代精神的映射。在时尚的历史长河中，时尚总是受时代精神与主流群体的集体选择驱动，如18至19世纪中叶旧资产阶级与沙龙驱动的时尚，19世纪中后期新兴资产阶级与设计师驱动的时尚，青年亚文化群体的时尚以及21世纪兴起的边缘与细分市场的时尚。如表1-2所示，多个时期的时尚群体、时尚观念、时尚传播方式各异。

表1-2　时尚群体、时尚观念、时尚传播方式

时尚群体	时期	时尚场域	传播媒介
宫廷贵族	古典时尚 （14至18世纪）	宫廷	时尚玩偶、时尚插画
旧资产阶级	近现代时尚（18至19世纪中叶）	贵族沙龙 艺术沙龙	时尚刊物
新兴资产阶级	现代时尚（19世纪中后期）	设计师驱动	时尚纸媒、电影
青年亚文化群体	后现代时尚（“一战”后）	细分消费市场	多元时尚媒体整合营销

剖析时尚及描述其呈现的状态，需要将时尚置于更广阔的天地与更多维的视角中，并加入时尚与空间关系的思考，细化为下列三点：

（1）时尚与社会变革。时尚不应跳脱社会性的概念，单独地作为一种完整的独立性概念存在。时尚与时代精神紧密结合，社会的政治、经济、文化等方方面面都会影响时尚的存在与发展，时尚的发展同样也反过来构成推动社会发展的力量。于是，两者总是以一种映像的关系存在。

（2）时尚与空间层次。时尚的非独立存在性使得它无法避免地与社会空间有所接触，有城市的社会往往较之无城市的社会更适合于时尚的存在。结合布迪厄的场域理论与“结构同源性（Structural Homology）”概念发现：社会、制度、历史以及文化资本所属的国家社会空间奠定了时尚系统的基础；生产者和消费者具有同源性，其中，特定阶级的消费群体影响着设计师在时尚圈的地位；商店与杂志等对产生“同源性”有促进作用。

（3）时尚与设计策略。时尚这个词随着设计的发展，频繁地出现在了设计及其相关的语汇和情境中。表面上，时尚看似离我们生活很近，但实际上由于时尚不断地被对象化为独立的个性主体，从而在逐渐剥离根性状态中越来越表面化、显现化。在此背景下，要求作用于时尚的策略，需要打破原有的设计思维路径，结合时代精神及社会城市空间结构，进行由内而外的追寻和跨域式的比较。

二、时尚体系(Fashion System)

时尚体系植根于特定的社会、文化、历史语境，是融合了制度、经济、艺术的综合性概念。

纵览世界时尚中心，追溯世界时尚演进的历史进程。以“宫廷文化与高级定制”为核心的法国时尚、以“流行文化与大众市场”为核心的美国时尚、以“艺术文化与高级成衣”为核心的意大利时尚，以“贵族文化与创意产业”为核心的英国时尚，分别形成于不同的历史阶段，其区域文化均成为特定时尚文化形成发展与时尚体系建构完善的支持与根基，形成于各自特定的社会历史文化语境中。它们是法、美、意、英特有制度、经济、艺术背景下的交流产物。由于时尚具有特殊社会属性，并且常常被认为与服装服饰有密不可分的关系，时尚体系为时尚产业提供了制度化的章程与有效的传播机制。同时，时尚体系的形成加剧了时尚行业间的竞争，催化了时尚品牌的出现。罗兰·巴特(1983)出版的《时尚体系》(*Fashion System*)是从符号学角度研究时尚体系的最重要著作。罗兰·巴特对时尚杂志的文字内容进行分类，但忽略了诸如产业、商业等一系列重要方面，忽略了时尚系统在日常衣着实践中的具体展开。从社会学角度出发，时尚场域是皮埃尔·布迪厄提出的场域理论中的一个重要案例，布迪厄关于时尚场域的核心概念由资本、特质、地位、斗争四个部分组成。其中“资本”概念用以描述个人或机构所拥有的不同斗争资源，并把它们分为经济资本、文化资本和社会资本三种形式并且原则上可以相互转化。姜图图的《时尚设计场域研究》和罗卡莫拉的《时尚领域——对布迪厄文化社会学的批判性见解》都是对布迪厄场域理论的研究与延伸。

川村由仁夜在阐述关于时尚系统和服装系统之间的区别时提到：“服装是物质的生产，时尚是象征性的生产；服装是有形的，时尚是无形的；服装是必需品，时尚是一种过度消费；服装具有实用功能，时尚具有定位功能；服装普遍存在于社会文化之中，但是只有在传播文化与构建制度时才产生时尚。”时装系统是把服装用带有象征性价值的时装来进行表现，时尚则可以被视为由各种机构组成的系统。这些机构在巴黎、纽约等重要城市定义各自的时尚形象，延续各自的时尚文化。川村由仁夜的研究表明，时尚作为一种系统首次出现是在1868年的巴黎，即当时的高级定制服装系统，它是由设计者、制造商、批发商、公关人员、记者和广告公司等子系统组成。时尚产业关注的不仅仅是生产合体、舒适的服装，更注重新兴设计风格和时尚创新思维。

将时尚作为一个系统进行分析，首先需要寻找它的系统特征，它涉及参与者类型以及每个参与者任务。时尚是一个由制度、组织、团体、制作者和实践组成的系统，他们相辅相成，共同制造出与服饰或服装概念所不同的时尚。影响设计师，逐渐把设计师的创意转化为事物的过程的是时尚系统的结构性质。诚如前述，时尚是制度化体系中的制造文化符号的过程。尽管设计师在系统中扮演着重要的角色，但也不应忽视系统中其他与时尚相关的职业群体，如记者和买手等。

时尚体系形成于特定的时空范畴，与政府、协会、品牌等体系要素存在空间关系；与时尚产业、产业链、时尚媒体、时尚教育、时尚商业等要素存在结构关系；与时尚历史进程、时尚中心等要素存在时间维度的联系。现代意义上的品牌是商品经济的产物，体现了消费者对该产品及其系列的认知程度，不仅具有指示符号性，而且更加突出了以品牌为核心形成的有形与无形价值。结合时尚与时尚观的概念，可以认定时尚品牌是把握时代精神、符合主流群体审美趣味、以标识为统一视觉元素、凝聚有形与无形价值的商业与艺术集合体。

时尚是一种意识形态，它可以被定义为信仰、态度或是意见。作为时尚，其具有“神话”特性，而没有科学特性和具体的实质。神话的功能在于认知，它体现了集体经验，代表了集体良知。将时尚理解为一个系统，有助于揭开时尚信仰的神秘面纱。

时尚体系是形成于时尚生产到消费这一复杂而有序的过程中。现代时尚体系源自19世纪的法国，根据现有文献资料整理以及对法国高级时装公会、高级时装设计师等发展历史进行追溯，发现法国时尚体系由创意子系统、生产子系统、消费子系统、保障子系统、传播子系统和评价子系统六部分构成，各子系统运转有序且相互之间联系紧密。

综上所述，国内外学者普遍接受的时尚体系的定义以及一些特征在于：时尚是一些可能的社会变动和社会所产生的衣着系统；时尚有它自己的一套特殊的生产和消费的关系，从生产到消费的所有环节构成我们所说的时尚体系；时尚的特征在于具有一定规则的系统变化的逻辑。

第五节 西方时尚及其所对应的文化类型

Western Fashion and Its Cultural Types

时尚文化研究起步于法国，早在18世纪法国就颁布了《牧月法令》，明文规定各类艺术形式和艺术人才在法国领土都能得到保护和发展。因此，在那里诞生了大量高级时装、时尚品牌、时尚杂志，这些同时也巩固了法国的时尚中心地位。受战争因素的影响，世界范围内掀起第三次产业转移的浪潮。美国逐渐摸索出了适合自身城市发展的以“流行文化与大众市场”驱动为特征的时尚体系来支撑其时尚产业的发展。至20世纪，世界时尚中心呈现多元化态势，以西方时尚历史样本为借鉴，中国开始构建具有自身特色的时尚体系，如图1-7所示。

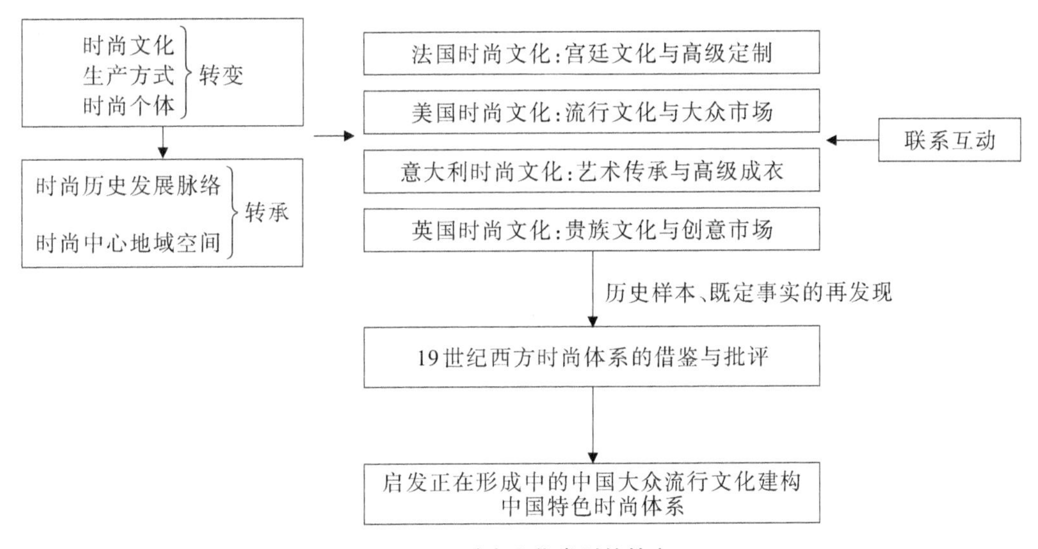

图1-7　时尚文化类型的转变

一、以宫廷文化与高级定制为特征的法国时尚文化(French Fashion Culture Characterized by Court Culture and Haute Couture)

在法国的历史上,路易十四时代是绝对主义王权达到顶峰的时期,在此背景下,法国时尚于宫廷中开始兴起。路易十四倡导“带有时尚文化意味的政治发展模式与国家管理方式”。宫廷礼仪制度,包括宫廷时装在内,都是路易十四表达自己君主尊严的理想工具与手段。他利用礼仪的象征体系塑造绝对主义的秩序和权威。同时,路易十四希望通过与其他国家的贸易往来不断提升法国的国家软实力与世界影响力,于是他大力提倡并积极传播法国的宫廷时尚,企图为自己国家打造一个利润丰厚的商品市场——奢侈品市场。基于自身对于时尚格调的痴迷与灵敏的商业市场嗅觉,在宫廷大臣的绝对支持下,路易十四凭借法国自身的强大国力以及社会发展环境等多重有利条件,成功地缔造了消费者狂热追随并印有法国专属标签的奢侈品时尚产业。路易十四通过艺术、商业与政治的完美结合,构建了全新的法国国家形象。虽然法国社会时尚的消费依赖于宫廷文化培育出的豪侈行为,带有浓厚的政治意味,但这一手段与当时环境下的资本主义发展趋势相契合,有其出现的历史性与必然性。

在路易十四统治时期,他利用宫廷文化衍生出的礼仪制度与体制规范来达到统治目的。比如,为了进一步强调王室的地位与权力,削弱地方贵族的管辖势力以达到加强中央集权的目的,路易十四斥巨资搭建凡尔赛宫,邀请王室贵族来此共同生活,并在宫中制定了一套奢华的宫廷礼仪制度。法国宫廷对生活与时尚的定义对当时乃至当今的世界都产生了深远影响。

最早的宫廷时尚是一种精英时尚,是王室贵族彰显权力与地位的手段。17世纪末,法国经历了其国家和社会文化特征形成的决定性阶段，即精英时尚开始在国内传播，自上而下地扩散到社会各个阶层，从而形成大众时尚。18世纪，大多社会上层阶级与宫廷王室贵族在生活方式方面已没有明显的区别。“当社会与经济比例的失调打破了旧制度——法国大革命前的制度的结构时，当市民阶层成为一个具有民族意识的群体时，原来为宫廷所特有的、在某种意义上是宫廷贵族和宫廷化了的市民阶层与其他阶层相区别的那些社会特征，在一种愈演愈烈的发展运动中以某种方式演变成了民族的特征。”随着新兴资产阶级的队伍逐步壮大，法国的时尚消费群体不断扩大，虽然王室贵族仍在不断地追逐奢侈的时尚以彰显自身的社会地位，但伴随着法国大革命，资产阶级也开始有多余的财力，效仿王室贵族的服饰穿着，装饰自己来强调身份地位。事实上，在资产阶级的作用下，新的法国社会时尚文化在18世纪便初见雏形。而后随着人文艺术与时代思潮的发展，在19世纪时，法国时尚经过社会各阶层的协调传播与发展达到了高潮，形成了以有闲阶级为中心的新型法国时尚社交圈，并在积极促进国家时尚产业的发展过程中，巩固了法国时尚帝国的世界地位。

伴随着法国全新的社会时尚文化的形成，19世纪的法国高级时装产业蓬勃发展。以沃斯高级时装屋为典型代表，其借助时尚沙龙发展的高级时装屋运营方式充分契合了时尚社交圈的更替模式以及当时法国社会时尚的发展痛点。19世纪，在流行话语权自宫廷向资产阶级变迁的时代背景下，沃斯开设了面向上流社会阶层的高级时装屋，从而深刻影响了法国高级时装产业发展，并辐射至全球各国时尚产业发展。至此，法国的社会时尚自成体系，并引领世界时尚发展至今。

二、以流行文化与大众市场为特征的美国时尚文化(American Fashion Culture Characterized by Pop Culture and Mass Market)

布迪厄将“时尚”置于文化和知识生产的领域加以考察，“时尚”成了象征符号的文化生产和再生产过程，并且他在1975年发表的论文中论述了时尚魔力来自时装设计作为象征层面的文化“密码”生产。美国时尚的发展自然离不开文化的滋养，美国是一个多民族多文化的国家，但文化的主要源头在欧洲。最早将欧洲现代艺术在美国进行传播的是摄影家斯蒂格利茨，他是一个对包括摄影在内的美国现代艺术的形成和发展做出巨大贡献的艺术家。斯蒂格利茨于20世纪初期在纽约开设“291画廊”，专门传播欧洲的现代主义艺术思想，并于1908年开始举办欧洲现代主义画家的作品展以及销售活动，积极引进毕加索、塞尚、马蒂斯等欧洲前卫艺术家的画作。随着欧洲现代主义画家的作品在纽约不断出现，动摇了美国人对传统写实主义的执意。此外，像马赛尔·杜尚的反传统意识给未来的抽象表现主义画家很大的启示，萨尔瓦多·达利从1940年至1948年在美国丰富的艺术活动加速了抽象表现艺术形成的进程。

美国时尚产业的转型契机与纽约成为新时尚中心的历史契机则是“二战”的爆发。一方面巴黎受到纳粹党的封锁，大量时装屋被迫关闭，所有的时尚活动都无法顺利开展，巴黎作为时尚中心的地位岌岌可危；另一方面在战争的驱动下，美国的政治、经济与技术蓬勃发展，综合国力大幅提升，为其成为新的时尚中心奠定了物质与技术基础。与此同时，欧洲艺术、人才、产业的转移与文化和价值观念的转化催发了美国服装产业的“文化转型”与其他城市文化产业的崛起，并且成功调和了商业与艺术之间的矛盾，推动了以“流行文化与大众市场”为特征的美国时尚体系逐渐成形。美国也相继效仿法国发展本国时尚，在吸收欧洲工业化成果后在东部沿海布局纺织服装产业。早期的纽约服装产业经历了从小作坊全产业链加工到产品大批量生产的产业聚集转型过程，孵化出以“流行文化与大众市场”为特征的美国时尚体系。

三、以艺术文化与高级成衣为特征的意大利时尚文化(Italian Fashion Culture Characterized by Art Culture and Pret-a-Porter)

大多数文献资料在谈到时尚起源时，纷纷指向意大利。中世纪后期，意大利成为欧洲文艺复兴(Renaissance)的策源地与中心。新生产力和新兴资本主义生产关系促进了社会经济的繁荣和都市生活的富庶。在此经济基础上，文艺复兴新思潮活跃在社会各领域，同样也体现在服饰穿着上。同时，服饰穿着作为时尚的具体表象，发展孕育了最初的时尚概念。对于意大利而言，服装的象征价值在文艺复兴时期达到了巅峰。一个人的服装可以表明其所在的社会阶层，并决定其在对应社会阶层中的地位、作用及权利。因此，在中世纪后期，意大利即成为欧洲的时尚中心。

中世纪后期，在多种条件的促使下资本主义开始萌芽，并于意大利首先出现。新兴资产阶级维护和发展自身的政治、经济利益，首先在意识形态领域展开了反封建斗争。在意大利丰厚的文化积淀与新兴资产阶级迫切发展资本主义等多重因素的作用下，意大利成为欧洲文艺复兴的策源地与中心。新生产力和新兴资本主义生产关系的产生与发展，促进了社会经济的发展和都市生活的繁荣。其中，手工业，尤其是毛纺织生产十分兴盛。在此经济基础上，文艺复兴思潮活跃于社会各领域，宣扬人生价值和人性自由解放，大肆鼓吹现世的享乐和现实的幸福，追求美饰美物、追求奢华富有的风气盛行。应运而生的意大利花样丝绒，以其高雅的质感和高昂的价格被视作富贵和奢侈的象征，而受到各阶层特别是贵族和富有者的狂热青睐。甚至还有许多著名画家参与了丝绒服饰的设计与普及，可以在其作品中许多重要人物穿戴的丝绒服装上得到印证。

20世纪，奢侈与时尚相融合成为时代发展的主要特征。真正标志着意大利现代时装历史和时装工业开端的是1951年2月在意大利佛罗伦萨皮蒂宫白厅举行的一场时装秀。这场秀由一位名叫乔瓦尼·巴蒂斯塔·乔尔吉(Giovanni Battista Giorgini)的贵族时装商人所举办，聚集了意大利老中青三代各具特色的设计师。乔尔吉积极邀请美国时尚媒体和百货公司买手前来观看，但第一场时装秀却只吸引了一名记者和八个买手。不过，《女装日报》用"Italian Style Gain Approval of US Buyers"为题做了积极报道。接着，在乔尔吉的不懈努力下，于1951年7月和1952年7月继续在皮蒂宫举办了规模更大的时装秀，结果如我们所见，意大利的时尚以此为契机再次走上了世界时尚舞台。

20世纪70年代后期，意大利政府将政府时装局成衣化时装部搬迁至北部的米兰。米兰是北方伦巴第大区的首府及金融、工业、商业中心，城郊到处都是针织厂、丝织厂、制鞋厂等，是一个非常适合时装工业发展的空间与场所。因此，成衣新贵们纷至沓来，米兰迅速发展为国际时装设计与贸易的重要之地。1979年，举办了第一届米兰国际时装周，米兰代替了曾经的罗马和佛罗伦萨成为意大利的时装中心。

经历了20世纪70年代的对抗、两极分化和冷战之后，享乐主义、炫耀式消费、金钱至上主义成了欧美的主流价值观。服装设计追求对于身材曲线的表达，这让以高级成衣出名的意大利时装工业迎来了自己的黄金年代。意大利的时装设计独具魅力，既有歌剧式超现实的华丽，又能充分考虑穿着舒适性及恰当地显示体型。在这一时期，米兰涌现出了一大批像乔治·阿玛尼(Giorgio Armani)、范思哲(Versace)、奇安弗兰科·费雷(Gianfranco Ferre)、弗兰科·莫斯基诺(Franco Moschino)等在日后名噪一时的国际奢侈品牌。

在20世纪90年代到来之际，由高级成衣和皮具配饰组成的意大利奢侈品产业发展已经达到了顶峰，并在全球范围之内已经打破了法国巴黎的时尚垄断地位。意大利高级成衣品牌有着夯实的工业化流程基础，从面料、制造到最后的商业运作和时尚沟通，整个时装工业环节一应俱全。高品质的量产保证了意大利制造(Made in Italy)享誉世界。与此同时，意大利的传统大牌纷纷推出风格更年轻、价格更低的副牌(Sub Brand)：有紧跟美国街头潮流文化，为街拍风潮而生的年轻潮牌；有时尚博主嘉拉·法拉格尼(Chiara Ferragni)在穿过各种大牌之后自主创业的"网红"品牌；等等。

综上所述，意大利在历史更迭中，沉淀了魅力深厚的时尚文化。意大利时装产业的崛起，就是一个"去巴黎化"的过程。强大的纺织工业基础，精益求精的工匠精神，奠定了意大利成衣制造和时尚品牌产生的差异化发展路径。

四、以贵族文化和创意产业为特征的英国时尚文化(British Fashion Culture Characterized by Aristocratic Culture and Creative Industries)

在18—19世纪的英国，贵族文化对社会的发展有着重要作用。人们对贵族阶层的仰慕以及学习模仿，使得贵族阶层的一些生活习惯逐渐发展成为社会的习俗，而贵族女性在服饰装扮上，也是引领了当时社会的时尚。随着工商业资产阶级实力的增强以及社会地位的提高，维多利亚时代的贵族阶层逐渐衰弱下去，但他们并没有完全退出历史的舞台，仍在某些方面发挥着影响。

“二战”以后，英国相继失去了世界工厂、金融中心、海上霸主的地位，经济一落千丈。出于对英国经济的清醒认识，撒切尔夫人上台以后对英国经济进行了大刀阔斧的产业调整，淘汰了高耗能的传统产业，如煤矿、钢铁、造船等。这次改革彻底改变了英国的经济结构，为以后第三产业的勃兴铺平了道路。

20世纪90年代以后，英国进一步加快并规范了产业发展的步伐。例如推行新文化政策，力促英国的著名博物馆免费开放，以增强艺术在国家生活中的地位与作用，创意产业就在这样的大背景下应运而生。创意产业是英国后工业时代知识经济发展的显著标志，创意产业的智能化和高文化附加值可以大幅度提高传统制造业产品的文化和知识含量，提升传统产品的价值，促进产业的转型升级。以创意产业为支撑的创意城市是现代城市发展的方向。为此，英国政府率先于1997年提出了“新英国”计划以彻底改变英国的面貌。近10年，英国创意产业增长速度已达到全球之冠，并与金融服务业一起成为英国知识经济的两大支柱。创意产业正成为英国的“新名片”。

第六节　小结

Summary

（1）流行是指一个时期内社会或者某一群体中广泛流传的生活方式，是一个时代的表达。它是一定的历史时期，一定数量的人，受某种意识的驱使，以模仿为媒介而普遍采用某种生活行为、生活方式或观念意识时所形成的社会现象，同时在数字化时代的今天显现出独特的商业价值。

(1) Popularity refers to the way of life widely circulated in society or a certain group within a period of time, and is an expression of an era. It is a social phenomenon formed when a certain number of people are driven by a certain consciousness in a certain historical period and use imitation as a medium to generally adopt certain life behaviors, lifestyles or concepts. At the same time, in the modern digital age, popularity also shows its unique business value.

（2）时尚是以服装服饰为主要载体，与其他周边产品等共同构成的时尚范畴。时尚体系建构于国家社会空间中，社会政治、经

(2) Fashion takes clothing and apparel as the main carrier, and other peripheral products and clothing and apparel together constitute the fashion category. The fashion system is constructed in the national so-

济、文化、科技的变革迭代都会影响时尚本身。时尚传播是为了实现商业目的而进行的视觉的艺术化传播，其要素有：时尚传播者、时尚信息以及内容、时尚传播媒介、时尚信息接收者、时尚传播效果。

（3）时尚体系植根于特定的社会、文化、历史语境，是融合制度、经济、艺术的综合性概念。西方时尚文化类型有：以"宫廷文化与高级定制"为核心的法国时尚文化，以"流行文化与大众市场"为核心的美国时尚文化，以"艺术文化与高级成衣"为核心的意大利时尚文化，以"贵族文化与创意产业"为核心的英国时尚文化。它们分别形成于不同的历史阶段，各国文化成为特定时尚文化形成、发展与时尚体系建构完善的支持与根基。

cial space, and the iterative changes of social politics, economy, culture, and technology will affect fashion itself. Fashion communication is a kind of visual artistic communication for commercial purposes. Its elements include: fashion communicator, fashion information and content, fashion communication media, fashion information receiver, and fashion communication effect.

(3) The fashion system is rooted in a specific social, cultural, and historical context, and is a comprehensive concept that integrates system, economy, and art. The types of western fashion culture include: French Fashion Culture Characterized by "Court Culture and Haute Couture" , American Fashion Culture Characterized by "Pop Culture and Mass Market" , Italian Fashion cultures Culture Characterized by "Art Culture and Pret-a-Porter", British Fashion Culture Characterized by "Aristocratic Culture and Creative Industries". These western fashion cultures were formed in different historical stages, and their regional cultures have become the support and foundation for the formation and development of specific fashion culture and the construction of perfect fashion system.

第七节 思考与讨论 Thinking and Discussion

（1）结合本章的内容，试论流行与时尚的区别。

（2）为什么说时尚体系是一个综合性概念，其又与特定的社会制度相关？

（3）试探讨法、美、意、英各国的时尚文化特征及时尚品牌表现。

第二章　流行预测的原理

Chapter Two　Principles of Fashion Forecasting

第一节 导论

Introduction

通过本章的学习，学生将掌握流行的主要特征与表现形式，了解流行产生的意义及发展规律。同时本章通过对时尚的钟摆理论以及服装流行理论的解读，使学生掌握服装流行与时尚传播的基础知识，更好地学习后续章节内容。本章的主要内容包括：(1)流行的特征与形式；(2)流行的意义与规律；(3)流行变化的基本理论；(4)流行传播与信息收集。

Through learning this chapter, students will master the main features and forms of popularity, and understand the meaning and regulation of popularity. At the same time, through the interpretation of the fashion pendulum theory and some related theories of fashion, this chapter enables students to grasp the basic knowledge of fashion and fashion communication. It' s better for students to learn the content of subsequent chapters. The main contents of this chapter include: (1) features and forms of popularity; (2) meaning and regulations of popularity; (3) Basic theory of fashion changes; (4) Fashion dissemination and information collection.

第二节 流行的特征与形式

Features and Forms of Popularity

一、流行的主要特征(Main Features of Popularity)

(一)新异性(Difference)

这里的“新异”不仅指全新的、前所未有的，也包括对原有的服装进行再设计。服装流行的新异性往往表现在色彩、纹样、材料、廓形等方面，从而满足人们求新求异的心理。有时，构成服装的任一因素发生变化，都能引起服装的新颖感。

(二)时效性(Timeliness)

时效性是由服装的新异性决定的。一种样式出现，当被人们广泛接受而形成一定流行规模时，便失去了新异性，转而被新的样式取代。这种周而复始的更迭变化使流行具有很强的时效性。

（三）普及性（Popularization）

当一种新的服装样式处于流行初期时，通常只有少数人去模仿或追随，当被一定数量和规模的人所接纳并普及开来的时候就形成了流行。因而流行非个体、小众的，而是大众、市场的，更是大众传播理论范畴的概念。

（四）周期性（Periodicity）

周期性的含义有两种：一是流行服装具有类似于一般产品的生命周期，即从投入市场开始，经历导入、成长、成熟到衰退、消亡的过程；二是服装流行具有循环交替、反复出现的特征。

（五）民族性（Ethnicity）

世代相传的民族传统和习俗不易改变，这就使不同民族的流行服装在款式、色彩、纹样等方面有所差异。同样，各民族在色彩上也会有某种偏爱或禁忌等。

（六）地域性（Regionality）

服装流行与地理位置、自然环境有关。因气候寒冷，北欧人偏爱造型严谨、色彩深沉的服饰；而非洲人因气候炎热，喜欢造型开放、色彩鲜明的服饰。城市嘈杂喧闹，人们易采用淡雅柔和的自然色调；农村广阔而单调，人们则接受强烈、浓郁的色彩。

二、流行的表现形式（Expressions of Fashion）

（一）渐变式（Gradient）

表现服装设计的几个要素主要是廓形、结构、面料、色彩、细节与工艺。总的来看，服装的款式千变万化、日新月异，但服装的结构必须适应人体结构和活动需要，这决定了服装的基本形式是相对固定的，变化也往往局限于这种相对固定的基本形式范围之内，大多在长与短、大与小、松与紧、简单与繁复、华丽与朴实、装饰与实用之间变化着。这些变化表现为一种反反复复的循环，当然，这种循环绝不是简单的重复，而是带有鲜明的时代特征，呈螺旋式上升和前进的趋势。渐变式是服装流行的主要形式，也是服装流行的一般状态，其主要来自求新求异的心理。没有突如其来的外力作用时，服装的流行往往是以这种渐变的形式发展的。

（二）突变式（Catastrophe）

当一种流行风格走到其极端之际，极有可能产生回归现象；当社会生活在政治、经济和文化等外力的推动下发生巨变时，服装流行也会随之打破渐变规律，出现跳跃性的发展。这两种状况都是服装流行突变的表现形式。纵观服装发展历史，政权的更迭、战乱、经济大萧条，甚至某种文化思潮的出现都会给服装流行带来巨大变化。突变式的服装流行常常意味着服装的巨大变革，如第二次世界大战对于女装现代化和轻便化的影响，装饰由华丽繁复到简洁朴素，造型由夸张雕饰到轻便自然，仿佛在一夜之间，女装完成了几十年甚至是上百年的演变历程。

（三）多样式（Multi-Style）

自从特权阶级失去了对于服装形制的限制，服装的流行就更多地表现为一种社会文化现象。尤其是在20世纪60年代以后，多种亚文化的兴起，致使服装流行也进入了多样化时代。休闲装与正装同时出现，民族风与淑女装混搭，后现代设计与复古风潮并驾齐驱，服装流行令人眼花缭乱、难以捉摸。这就是服装流行多样化形式的表现，正是因为服装流行进入了空前的多样化阶段，才使服装流行变得如此丰富和斑斓。多样化的服装流行为流行追随者们提供了更多的选择余地，更为构建个性化、多样化市场创造了条件。

第三节　流行的意义与规律
Meanings and Regulations of Popularity

时装是时尚的核心内容，最能反映流行的基本特征和规律。在很多情况下，时装与流行几乎就是同义词，时装往往最能体现新的流行趋势。而流行更多是一个商业概念，且由特定的时尚体系催生。

一、流行的意义（Meanings of Popularity）

（一）人文思潮的反映（Reflection of Humanistic Thoughts）

作为一种审美意向的趋势，服装流行现象反映的是在不同文化、社会心理与经济条件等综合作用下所造成的人们服饰审美态度的共性特征和个性化差异。从心理上分析，流行是人们对“新事物”的构想与追求，并最终落实到实践上的一种过程。

As a trend of aesthetic intention, the phenomenon of clothing popularity reflects the common characteristics and individual differences of people's aesthetic attitude to clothing caused by the combination of different cultures, social psychologies and economic conditions. Psychologically, fashion is a process in which people conceive and pursue “new things” but finally implement them into practice. Of course, this new thing is not

当然，这种新事物并不一定是从未出现过的，也有可能是对以往的一种回溯。在这个过程中，并非所有的“新事物”都是符合人们价值诉求和审美观念的，但总是当时政治、经济、人文状况的产物。无论在哪个历史时期，在世界的哪个角落，都会出现服装流行的现象。这些现象有可能与同时期的时代潮流是一致的，也有可能是超前或滞后的。通过对各个时期流行现象的解读，我们可以对相应时期的社会人文特色有更加深刻的理解。

necessarily unprecedented, and it may be a retrospective of the past. In this process, not all “new things” are in line with people’s value propositions and aesthetic standards, but the popular factors that have been screened out must be the products that fully meet the political, economic, and cultural conditions of the time. No matter in what period of history, no matter where in the world, the phenomenon of clothing popularity will appear. These phenomena may be consistent with trend of the same period, or may be advanced or lagging. By exploring the fashion phenomenon of each period, we can have a deeper understanding of the social and humanistic characteristics of the corresponding period.

（二）商业价值的蕴含(Implications of Business Value)

服装流行所具有的价值还包括能不断地促进商业的繁荣。试想，无论是多么经典传统的品牌，如果背离了时代性，即使有着精湛的做工和悠久的历史，也无法满足不断变化的消费群体的需求。比起大品牌引领潮流来说，中小品牌跟风的现象对于流行的发展往往起着更重要的作用，同时这也能够为其品牌带来巨大的商业价值。诚如*Business World*杂志对它们的描述一样，作为“灵活的跟风者”，高效的供应链系统使得它们能将流行更迭加速，并以此作为自身的品牌优势。

Another significant meaning brought by the phenomenon of clothing popularization is that it can continuously promote the prosperity of the business. Just imagine, no matter how classic and traditional a brand is, if manufacturers give up epochal characters, even with superb workmanship and a long history, it will not be able to meet the needs of the growing consumer groups. Compared with big brands leading the trend, the phenomenon of small and medium brands following the trend often plays a more important role in promoting the popular wave, and can also bring great business value to their brands. As described by *Business World*, as “flexible followers”, the efficient supply chain systems allow them to change the challenges of frequent fashion changes, into the advantages of the brand.

(三)社会认同的需要(Need for Social Recognition)

每一个人都在社会中处于一定的位置并扮演着多种角色,同时还从属于或者说希望从属于某一社会群体。服装及配饰作为非语言信息的沟通符号,在划分社会群体上发挥着重要的作用。服务的方式为企业带来稳定的消费群和巨大的商机,服装流行的跟风现象同样是人类社会认同需求的表现之一,尽管不少消费者是在"不要落伍"的从众心理驱动下参与并推动了流行发展的整个过程。这种跟风现象在过去主要是自上而下的,贵族阶层的服饰是中下层群体争相模仿的对象。时至今日,任何一个对时尚有着敏锐观察力的个体都有可能是他人模仿的对象。当然,模仿与赶超流行的速度也在不断加快。此时,更独特的流行元素成为拉开社会认同差距的关键。

Everyone is in a certain position in the society and plays multiple roles, and at the same time belongs to or hopes to belong to a certain social group. As a communicational symbol of non-verbal information, clothing and accessories play an important role in dividing social groups. The service method brings stable consumer groups and huge business opportunities for the enterprise. The trend of following the trend is also one of the manifestations of people's social recognition needs, although many consumers are forced to participate in and promoted the process of fashion development under the control of herd mentality of "not falling behind". This follow-up phenomenon was mainly in the top-down order in the past. The costumes of the aristocratic class were what the lower and middle class groups imitate. So far, the follow-up phenomenon has begun to diversify. Individuals with a keen observation on fashion may be the objects of imitation of others, of course, the speed of imitation and catch-up is also increasing rapidly. At this time, the unique popular element becomes the key to widening the gap in social identity.

二、流行的规律(Regulations of Popularity)

流行的发生、发展基于消费者的需求,当人们对某种样式厌倦时就会试图改变它。这种由于心理状态而发生、发展的过程就是流行的基本规律,也可称之为流行的周期。

Popularity is based on the desire of consumer, and people can change it when they are tired of it. This process of occurrence and development due to psychological state is the basic regulation of popularity, which can also be called a fashion cycle.

（一）时间性（Timeliness）

时间性是随时间的流动而变化的，服装一旦过时就不时髦了，但过时的服装并不是不美，只是因为人们看多了，看久了，失去了新鲜感，才不再流行。一种流行过去，另一种新的流行又会兴起，循环往复，并加快了产品迭代的速度，进而创造新的商业价值。

（二）空间性（Spatiality）

同一款式风格的服装不会在同一时刻流行于世界上的所有区域。由于区域文化的差异，同一样式在不同区域的流行程度往往不同，且与各自的民族文化结合，显现出流行的适应性与多样性。

（三）周期性（Periodicity）

每一种服装的流行都要经过兴起、普及、盛行、衰退和消亡五个阶段。旧的流行过去，新的流行又会诞生。在流行的发展过程中，还会出现交替和反复，譬如裙子从长到短，又会从短到长；上衣从宽松到紧身，又会从紧身到宽松。色彩也是这样，红色调流行过后也许会流行蓝色调，蓝色调流行过后也许又会流行红色调，在不断地交替中一再反复。材料亦是如此，华丽、精致的面料看多了，会觉得朴实、粗犷的面料更亲切；朴实、粗犷的面料看多了，又会喜欢华丽、精致的面料。款式、色彩、材料的循环反复，使服装的流行永远呈现螺旋式周期变化特征。

第四节 流行变化的基本理论
Basic Theories of Fashion Changes

一、时尚钟摆理论（Fashion Pendulum Theory）

时尚钟摆指的是一个时装样式或流行现象从一个极端到另一个极端的周期性变化过程。（见图2-1）当一个流行趋势不能长期正方向发展时，就会朝着反方向发展，其转变速度可快可慢。在不同时代背景下，受政治、经济、文化影响，人们的衣着打扮也悄然发生变化，例如20世纪40年代女性裙长的变化。由于“二战”导致的物资短缺影响了纺织工业的发展，女性服饰也随之改变，更为实用的及膝裙开始流行。

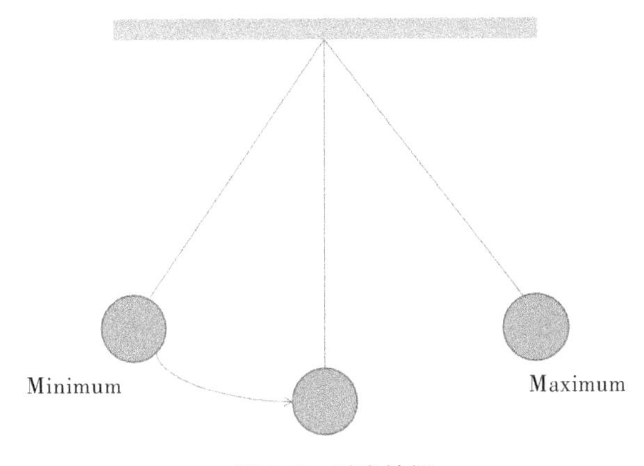

图2-1　时尚钟摆

时尚钟摆理论的另一个生动的例子就是裤腰高低位置的变化。传统的牛仔裤腰线位于人体自然腰围附近，而在某几年的时间段中，牛仔裤腰线呈“向下走”的趋势，最终会达到一个最低点进而演变成低腰裤。这种低腰裤，刚开始只有牛仔装，后来就开始向军旅装、工装、嘻哈装蔓延，并全面覆盖一切类型休闲女裤。现在，较正式的时装也采用低腰裤，甚至是有些男式休闲裤、牛仔裤也有低腰的款式。然而，这种低腰裤会随着时间的推移被人们慢慢抛弃，进而慢慢转向极端相反的一种趋势——高腰裤。高腰裤最大的优点就是可以很好地提升腰节线，拉长身材比例，同时显露出修长的双腿。这种由腰线转移而形成的低腰裤到高腰裤的转变通常会持续十余年。因此，理解社会和生活方式的变化与时尚之间的关系可以帮助人们预判时尚趋势的整体进程。

二、流行的相关理论（Related Theories of Popularity）

（一）从众论（Herd Theory）

推动流行现象扩散的重要原因之一是消费者普遍拥有从众心理。从众心理是指人们有被其所在社会阶层认同，获得社会归属感的心理需求。从众就是为了求得社会的承认，过分怪异的或与其社会阶层格格不入的服装会连同它的穿着者一起被这个阶层抛弃。

One of the important reasons that catalyze the spread of fashion phenomena is the herd mentality that consumers generally have. Herd mentality refers to the need for people to be identified by their social class and to meet their psychological needs of social belonging. In conformity with others is to seek social recognition, so clothing that is too weird and mismatched with its social class will be abandoned by this class along with its wearers.

服装的流行是自由的和可选择的。因此，只有当服装产品具有被人们普遍认同的共性，才得以大范围推广。当然，人们也可以借助被另外一个社会阶层认同的服装而进入该社会阶层，这是服装所具有的标识或者象征功能。

（二）创新论（Innovation Theory）

人类社会之所以不断进步，是因为人们始终不满足自身的现状。人类这种追求进步的“喜新厌旧”心理，成为社会发展的原动力。人们对于服装的要求也不例外，从一定意义上说，“新”代表着时尚和流行，符合人们的爱美心理。

The reason why human society has been making progress is that people are always dissatisfied with their status quo. The “loving the new and hating the old” mentality of mankind in seeking progress has become the driving force of social development. People’s requirements for clothing are no exception, In a certain sense, “new” represents fashion and popularity, which is in line with people’s aesthetic psychology.

创新论由美籍奥地利经济学家约瑟夫·埃尔斯·熊彼得最早提出。在其1912年出版的著作《经济发展理论》中，熊彼得指出所谓创新即“把一种从来没有过的有关于生产要素和生产条件的新组合引入生产体系”。新的生产方式、工艺、材料、市场、产品，以及它们之间新的组合方式均能催生新的流行。

（三）认同论（Identification Theory）

不满足现状的人们，总是企图进入更高一级的社会层次。每个社会层次都有一定的行为规范和集体认知标志。要跻身另一个社会阶层，就必须得到该社会阶层的认同，必须有与该社会层次一致的行为规范和认知标志。而服装具有阶级标识作用，有助于人们获得特定群体的社会身份认同。

People who are not satisfied with the status quo always try to enter a higher level of society, the so-called “people go higher, and water flows to lower places”. Each social level has certain behavioral norms and group cognitive signs. In order to squeeze into another social level, we must get the approval of that social level, and we must have the behavioral norms and cognitive signs consistent with that social level. And clothing has the role of class identification, which help us to obtain the social identity of a specific grouop.

第五节 流行信息传递与收集

Fashion Information Dissemination and Collection

一、橱窗中的流行信息(Fashion Information in the Shop Window)

橱窗是店铺对外宣传的有效手段,可以为品牌和店铺带来直观的信息传播效果。风格各异的橱窗设计,体现了各个品牌的独特品位,橱窗好似流动的幻灯片,吸引着不同顾客驻足浏览。

The shop window is a effective tool for publicity, which can bring direct communication effects to the brand and the store. The design of different styles of shop windows reflects the unique taste of each brand, and the shop window looks like a flowing slide, which attracts different customers to stop and browse.

橱窗可以告知顾客:品牌有什么特点?销售什么类型的产品?目标群体是谁?有什么促销活动?有什么品牌文化或故事?利用好这个广告空间,可以吸引消费者驻足。

The shop window can inform customers: what are the characteristics of the brand? what types of products are sold? who is the target group? what promotions are there? what kind of brand culture or story are there? Taking advantage of this advertising space can attract guests.

在中国,最早的商业橱窗展示兴起于20世纪20年代的上海,随后逐步在沿海地区发展。改革开放以后,随着商业体制改革的深入、消费观念的转变和西方经营体制的不断冲击,国内时装经营模式和卖场发生改变,橱窗展示受到重视。20世纪80年代至90年代,受到西方服饰文化的强烈影响,橱窗的展示方式也随之改变,商家开始在卖场的橱窗内大量地陈列商品,尽可能地将各种规格的商品齐全地展现在顾客的视线内,所以这个时候橱窗共有的一大特点就是饱满,以显示物品的丰富。在那个物资匮乏的年代,这种展示方式是极具吸引力的。到了20世纪90年代中后期,物资的丰富使得消费者的消费行为发生改变,消费者开始对商品进行了分层和分类。卖场的形象也逐渐趋于完善,其橱窗展示的要求也发生了变化,不再以饱满齐全为主,而是呈现出细分化、风格化特征。所以,当时装终端卖场逐步发展和成熟时,橱窗设计的表达方式与手段也在不断地探索中更新。

国外橱窗展示设计的发展经历了四个阶段。第一阶段起始于18世纪末,各生产商的销售摊点都直接摆在橱窗里,出现了早期的橱窗展示设计,主要用于美化商品以促进销售。第二阶段是在19世纪中期,由于英国产业革命和技术革新,易货形式彻底转变为商品经营,这在功能和空间上极大地改进了原有的销售方式。利用临街的墙面向行人展示商品的橱窗随之出现，店铺橱窗起到了把商品售货区和街道分开的作用。第三阶段始于20世纪中期，随着建筑材料的不断更新，店铺销售空间和橱窗展示呈现出大规模和具有梦幻色彩的发展趋势。同时，各种销售手段与视觉沟通方式紧密结合，橱窗展示设计逐渐成为品牌营销手段之一。20世纪90年代以后，橱窗展示设计的发展进入第四阶段，品牌旗舰店、概念店开始在欧美国家出现并流行起来，设计师和运营者通过大量创新性橱窗设计方案营造店铺氛围，并纳入了更多的店铺体验设计。此外，由于工业化进程，西方国家的产品得到极大的丰富，商店不仅仅是售点，更成为商品销售终端的沟通场所与视觉沟通媒介，起到联系消费者和商家的积极作用。回望历史，橱窗展示设计的发展始终与时代背景、技术迭代紧密联系。

如图2-2、图2-3所示，大规模玻璃的出现推动了当代橱窗设计的发展，也改变了如纽约第五大道、巴黎香榭丽舍大道、威尼斯圣马可广场沿街商圈等著名商业街的面貌。

图2-2　巴黎香榭丽舍大道

图2-3　纽约第五大道

二、卖场中的流行信息(Fashion Information in Store)

时装商店又可称为“时装商业零售空间”。现代营销理念认为，商业零售空间不单纯是商品买卖的场所，而是融文化、休闲、娱乐为一体的消费生活空间。时装商业零售空间的环境设计是企业或品牌传递给公众的个性和特质，它反映了品牌的时尚程度、市场地位以及对目标顾客的吸引力。

Fashion stores can also be called “fashion commercial retail space”. The modern marketing concept believes that the commercial retail space is not simply a place for the sale of goods, but a consumer living space that integrates culture, leisure and entertainment. The environmental design of the fashion commercial retail space is the personalities and traits that the company or brand conveys to the public. It reflects the brand's fashion level, market position and attractiveness to the target customers.

商业零售空间的形象策划与设计目的是建立一个符合品牌定位，能够给顾客提供舒适、方便的，具有品位的艺术化环境。因此，商业零售空间的设计要符合品牌与产品的市场定位，塑造强烈的个性特征，传达品牌的文化内涵。

三、建筑外观中的流行信息(Fashion Information in Building Exterior)

随着时装业创造力的迸发，展现潮流新风尚的不再局限于大型百货商店，还有时装设计师工作室及各大商业街。视觉营销成为设计师瞩目的焦点，诸多品牌以及商场在建筑外观上大做文章，以此提升形象并扩大知名度。

纽约时代广场位于西42街与百老汇大道交会处，是纽约剧院最密集的区域，以时代广场大厦为中心，附近聚集了近40家商场和剧院，是繁盛的娱乐及购物中心。时代广场大厦——世界上最大的超大规模的显示屏上Fox(福克斯)电视新闻正在播出，高超的清晰度，吸引了众多游人的目光。正前方右边的纳斯达克与道琼斯股票信息广告也占据了好几层楼，左右两侧的楼面上是巨幅广告的海洋——Canon(佳能)、HITACHI(日立)、SHARP(夏普)、Panasonic(松下)、Samsung(三星)。时代广场大厦作为一个标志性建筑成为纽约的象征。(见图2-4)

在上海恒隆广场，意大利知名珠宝品牌宝格丽(Bvlgari)为了与沪上民众共同迎接国庆佳节将经典杰作Serpenti蛇形图腾系列以灯光艺术形式美轮美奂地呈现在公众眼前。该灯光艺术装置由15万颗LED灯泡组成，总重约2.5吨，高度为20米，宽度为30米。需要超过百人历时一周，将9根钢索从恒隆广场顶层往下悬挂，并连接专业定制的龙骨结构将带有灯泡的鳞片一片一片固定于龙骨之上，这也是上海恒隆广场有史以来悬挂的最大型的灯光艺术装置。(见图2-5)

图2-4　纽约时代广场

图2-5　上海南京西路恒隆广场

四、广告中的流行信息(Fashion Information in Advertisement)

广告是表达品牌理念的有力工具，它是时装品牌最为常用的视觉推广与传播媒介。平面广告主要有杂志广告、报纸广告、街头广告、互联网广告、店铺中的POP售点广告等。时装品牌一般会精心挑选贴合品牌风格的形象代言人为其做宣传，广告投放遍布网络、杂志、车站站牌等媒介，大量的广告宣传增强了品牌的市场影响力。在广告的视觉设计中，设计师运用巧妙的构思，采用对比、抒情、夸张、比喻、联想、幽默等表现手法，营造一种生机勃勃、充满情趣的情境。

五、新媒体中的流行信息(Fashion Information in New Media)

体验经济背景下的消费者以更加个性化、矛盾多变的形象出现。而服装前所未有地与科技结合在一起，并不断更新人们的生活方式和消费文化。物联网技术、网上更衣室、Apple的风靡使得地理围栏技术得以普及，Twitter、Facebook、新浪微博、社区网络店铺等引发了店铺模式、传播模式的更新，使目标消费者信息接触节点不断增多。消费者的生活方式变得更加多元化，接触信息的方式更加复合化，产品选择更加个人化和差异化。消费模式的变化使得定制与大规模定制的界限一再模糊，互联网与电子商务的高度发展使服装产业时刻改变着面貌。各季时装周也不例外，各大品牌纷纷利用新媒体造势，在Facebook上直播成衣秀的全过程；时尚博主成为光顾秀场的常客；时装设计师和模特都拥有自己的Twitter账号并且频繁更新；积家、古驰等品牌推出了手机应用软件。社交媒体的环境造就了流行的快速发展，消费群体对于流行的敏感度与日俱增。

第六节 小结 Summary

(1)流行指一定历史时期内在一定的区域或全球范围内，由一定数量范围的人，受某种意识的驱使，以模仿为媒介，迅速地接受符合自身的价值观念、思想意识、认知方式的事物，从而使其在短时间内大量同化、广泛扩散的社会现象。同样，流行也可以用以形容某些新生事物的出现与风靡。作为一种社会现象，流行的最大特点在于其跨越阶级，具有社会性，并已被大多数

(1) Popularity refers to the rapid acceptance of values, ideologies, and ideologies that are consistent with one's own values by a certain number of people, driven by a certain consciousness, within a certain historical period, in a certain region or globally knowledge of things in a way that makes them a mass assimilation and widespread social phenomenon in a short period of time. Similarly, popularity can also be used to describe the emergence and popularity of certain new things. As a social phenomenon, the most noticeable feature is its cross-class, social nature, which has been recognized by most people.

人所认可与识别。

(2)流行的主要特征包括新异性、时效性、普及性、周期性、民族性、地域性;表现形式有渐变式、突变式、多样式。

(3)在很多情况下,时装与流行几乎就是同义词,新的流行趋势往往在服装中最能体现。流行的意义包含了人文思潮的反映、商业价值的蕴含、社会认同的需要。

(2) The main features of popularity include difference, timeliness, popularization, periodicity, ethnicity, regionality; the forms of expression include gradient, catastrophe, multi-style.

(3) In many cases, fashion apparel and popularity are almost synonyms, because new fashion trends are often best reflected in clothing. The meaning of popularity includes reflection of humanistic thoughts, implication of business value, need for social recognition.

第七节 思考与讨论 Thinking and Discussion

(1)结合本章的内容,联系所收集的流行资讯,走入卖场,发现卖场中的流行现象。

(2)结合本章介绍的流行信息收集方式,探讨消费者如何解读橱窗、卖场、建筑、广告、新媒体中的流行信息,以及这些信息又如何影响消费者的品牌价值感知。

第三章　流行趋势的内容与原理

Chapter Three　Content and Principle of Fashion Trend

第一节 导论 Introduction

本章详解了服装流行趋势的核心元素，通过学习使学生能够掌握追踪流行趋势，了解预测和分析流行趋势的渠道，并分别从大众生活角度和专业角度探讨获取未来时尚流行咨询的方法与途径，解读风格、时尚、流行的差异、联系与内在逻辑。通过带领学生到时尚店铺中分析品牌如何根据自身定位，结合流行趋势，更好地实现品牌价值。本章将理论与实际联系，加深学生对课堂上所讲知识点的理解，提升学生的动手能力和学习兴趣。

本章的主要内容包括：

（1）流行趋势及其相关定义；

（2）流行元素：颜色、面料、廓形、细节和图案等；

（3）预测流行趋势的方法；

（4）风格、流行与时尚；

（5）走入卖场寻找当季时尚元素；

（6）探讨流行生命周期与价格、消费者流行感知之间的内在关系。

By detailing the core elements of fashion trends, students are trained to track the fashion trends and understand the multiple channels for predicting and analyzing trends. From the public life perspective and professional viewpoint, we will explore ways and means to obtain future fashion consultations; interpret style, fashion and popular differences, connections and the internal logic. The practical part of this chapter is for students to go to the fashion stores to analyze how brands can position themselves and combine fashion trends to better realize brand value. Integrating theory with practice, this chapter aims to further deepen students' understanding of the knowledge points in the classroom, and enhance students' practical abilities and interest in learning.

The main contents of this chapter include:

(1) Definition of fashion trends;

(2) Fashion elements: colors, fabric, silhouette, details, patterns, and so on;

(3) How to obtain the fashion trends—ways to predict trends;

(4) Style, fashion and popularity;

(5) Combined with extracurricular practice, guide students to find the fashion style of the season in the store;

(6) Link trend prediction with market applications, prices, and brands to further explore the intrinsic relationship between fashion life cycle and price, consumer perception.

第二节 流行趋势的内容

Content of Fashion Trend

“流行”与“时尚”现象越来越多地出现在人们生活的各个领域。流行不仅与服装相关，还与其他多领域也紧密交织。音乐、影视、艺术、休闲、运动和种种社会与文化现象均不同程度地影响着流行。

与时尚不同，流行这个概念属于大众传播范畴，而时尚则是设计的前沿部分。流行趋势预测指在特定的时间，根据过去的经验，对市场、社会、经济以及整体环境因素所做出的专业评估，以推测可能出现的流行趋势的活动。

“Fashion”, as a phenomenon, is appearing in various fields of people’s lives increasingly. Fashion is not only related to clothing, but also closely intertwined with more fields. Music, films and television, art, leisure, sports and various social and cultural phenomena have affected the fashion to varying degrees.

Different from fashion, popularity is a concept of mass communication, and fashion is the forefront part of design. Popularity trend forecasting refers to activities that make professional assessments of market, society, economy, and the overall environmental factors at a specific time based on past experience to infer the possible trends.

在服装中，流行的服装被称作“时装”，是流行现象最典型的代表。因为服装在古代就已经成为人类社会活动的重要组成部分，它不仅能够遮风挡雨、保暖御寒，还是体现社会身份、地位的象征。所以，服装流行早在古代就已经产生，其发展历史大概可以分为三个阶段：第一阶段是在工业革命之前，服装流行是小规模、长周期的，主要集中在上流贵族社会；第二阶段是在进入工业革命之后，因为经济和技术的发展，服装流行的规模扩大、周期缩短，以夸耀社会地位和财富为特征；第三阶段是从20世纪60年代开始的现代流行，借助于信息技术，流行渗透到社会的各个层面，具有范围广、规模大、传播快和周期短的特点。

服装流行会因为政治、经济、文化影响而发生变化，所以具有新奇性、短暂性、普及性和周期性的特点。因而，服装流行会呈现出被大家誉为经典的未定型流行、骤然兴起后骤然结束的短暂

Clothing fashion changes due to political, economic, and cultural factors, so they are characterized by novelty, transitivity, popularity, and periodicity. Therefore, clothing fashion will appear as a classic unrecognized fashion, a sudden fashion that ends abruptly after a sudden rise, a repetitive fashion that

性流行、反复循环出现的反复性流行和呈现周期性变化的交替性流行四种。服装流行的产生也有多种模式,如自然发生模式、必然发生模式、偶然发生模式和暗示发生模式。在传播模式上,服装流行会从流行发源地向其他地区传播。根据社会群体的不同可分为自上而下模式、自下而上模式和水平传播模式。

appears repeatedly, and an alternating fashion that shows periodic changes. There are also many modes of occurence of clothing fashion, such as the natural occurrence mode, the inevitable mode, the accidental mode, and the implied mode. In the mode of dissemination, clothing fashion will spread from the birthplaces of fashion to other regions. According to different social groups, they can be divided into top-down mode, bottom-up mode and horizontal dissemination mode.

流行趋势是特定时期某一群体中流行的生活方式及对其发展规律的把握,是时代精神的映射。它是在一定的历史时期,一定数量范围的人受某种意识的驱使,以模仿为媒介而普遍采用某种生活行为、生活方式或观念意识时所形成的社会现象。

The fashion trend is the grasp of the popular life style and the law of its development among a certain group in a specific period, and is the reflection of the spirit of the times. It is a social phenomenon formed in a certain historical period when a number of people were driven by a certain consciousness, and adopted a certain life behavior, lifestyle or conceptual consciousness through imitation as a medium.

服装流行趋势是指构成服装的设计元素,比如廓形、款式、色彩、面料、图案、装饰等在未来所呈现出的一种态势。这种态势总是在生活中慢慢地发生,改变人们对服装的观念,影响服装流行的发展。

The trend of clothing fashion refers to what kind of situation the design elements that make up garments, for example, silhouette, styles, colors, fabrics, patterns, decorations, etc., will appear in the future. This situation always occurs slowly in life, changing people’s perceptions of clothing and affecting the development of fashion.

服装流行不会无缘无故地出现,虽然它的产生方式和影响因素不同,但总是具有一定的变化规律,大致分为循环式周期性变化、渐进式变化和衰败式变化,所以掌握这种变化规律对下一季服装新品的开发具有指导意义。

预测机构一般提前半年到两年发布流行趋势信息,为服装公司开发新产品提供参考。(见图3-1)现在主要的服装流行预测机构有法国Promo Style时尚资讯公司、美国棉花公司(Cotton of US)、英国世界时尚趋势网(World Global Style Network, WGSN)、中国纺织信息中心等。针对色彩流行色的组织有国际流行色委员会、中国流行色协会、日本流行色协会、《色彩权威》杂志、国际羊毛局、国际棉业协会等。

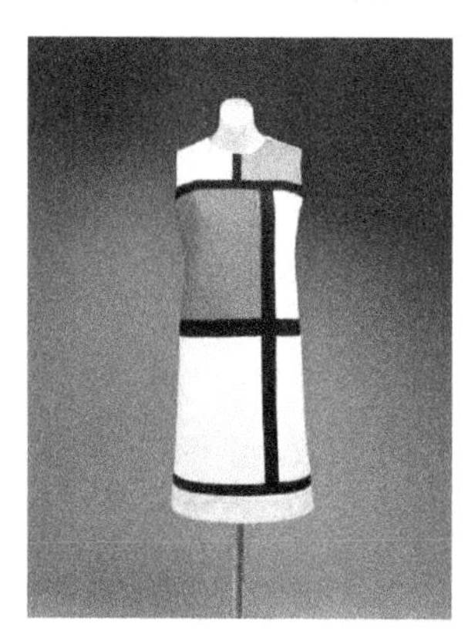

图3-1　各个时期的流行现象反映当时的审美标准

（图片来源：搜狐网）

第三节　流行趋势预测专业机构

Professional Organizations of Fashion Trend Forecasting

（一）彩通（Pantone）

彩通，这一名字因成为设计师、制造商、零售商和客户之间色彩交流的国际标准语言而享誉全球。彩通公司是美国爱色丽股份有限公司旗下的全资子公司，是一家以专门开发和研究色彩而闻名全球的权威机构，也是色彩系统和技术领先的供应商，为产业与时尚品牌提供各个行业的专业色彩选择和时尚信息。

Pantone, this name has earned a worldwide reputation as the international standard language for color communication between designers, manufacturers, retailers and customers. Pantone is a wholly owned subsidiary of X-Rite Incorporated. It is a globally recognized authority for the development and research of color. It is also a supplier of color systems and leading technologies, providing professional color selection and fashion information in many industries for fashion brand and industry.

1953年，彩通公司的创始人劳伦斯·赫伯特（Lawrence Herbert）意识到每个人对同一光谱见解各不相同，因此开发了一种革新性的色彩系统，可以进行色彩的识别、配比和交流，从而解决制图行业有关制造精确色彩配比的问题。彩通配色系统（Pantone Matching System）的配色工具是一册扇形格式的标准色。

在彩通公司旗下，有一个专门研究色彩的机构Pantone Color Institute（PCI）。PCI致力于色彩流行趋势的预测和色彩对于人类思维、感情等的影响。

Belonged to Pantone, Pantone Color Institute (PCI) specializes in color. PCI is committed to the prediction of the fashion trend of color and the impact of color on human thinking, feelings, and so on.

从2000年开始，PCI每年都会指定一款年度色彩，这是一种能在世界范围内产生共鸣的颜色。它既是对人们的期望的反映，也是以色彩的力量帮助人们得到所需的能量。是不是当年度最流行时髦的颜色并不重要，但年度色彩必须能够贯穿所有设计领域，站在消费者的立场上表达一种心情，一种态度。

PCI的团队尝试观察世界各个角落的风景去寻找未来设计和色彩影响，看哪一种颜色能够呈现上升的趋势并能在各个创意行业发挥重要影响。他们从世界各个方面去寻找灵感，不论是娱乐业、艺术界、旅游目的地、新兴科技，还是经济社会形势，乃至即将举行的、吸引了全球目光的体育盛事都会被纳入考虑范围。除了这些因素，色彩的情感成分和色彩的意义也被作为关键的因素来考虑。

如图3-2，以2019年度代表色“活珊瑚橘”（Living Coral）为例，为了提倡对海洋及海洋生物的保护，肩负着引导、激发和塑造设计世界的责任，彩通破例发布了新系列的珊瑚色——Glowing Purple、Glowing Yellow、Glowing Blue来聚焦全球性的海洋问题。Glowing是指鲜艳的、炽热的、发光的，而这些绚烂迷人的色彩，却是珊瑚在临死前用力向世人发出的警告色（见图3-3），所以彩通公司发布新流行色的背后意义是把这种鲜艳的、发光的颜色都驱赶出海洋，还珊瑚礁原本的色彩。这个事件反映了色彩在人与社会的联系中承担着提醒或警示作用，呼吁人类社会对自然社会的尊重、共生与保护。

图3-2　2019年度代表色“活珊瑚橘”（Living Coral）

（图片来源：WGSN官网）

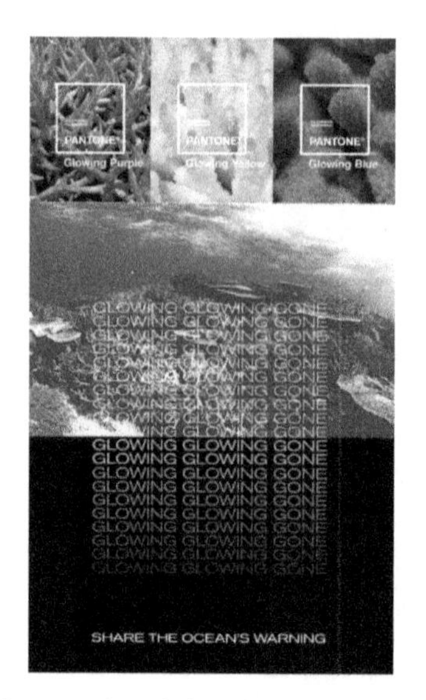

图3-3 彩通发布了新系列的珊瑚色

（图片来源：彩通官网）

（二）手工艺网站（Etsy.com）

Etsy.com是美国一个在线销售手工艺品的网站，网站集聚了一大批极富影响力和号召力的手工艺品设计师。在Etsy，人们可以开店，销售自己的手工艺品，模式类似易趣网（eBay）和中国的淘宝。

在Etsy网站交易的产品五花八门，服饰、珠宝、玩具、摄影作品、家居用品……只是，这些产品有个共同的前提：原创、手工。所以，Etsy聚集了一大批极富创意的手工达人和设计师，他们不仅在网上创造属于自己的品牌，开店销售自制手工艺品，还参加网络社区交流，进行线下聚会，参加Etsy赞助的工艺品集市或展览。今天的Etsy网站上聚集了几十万名专业或业余的艺术家，出售各种各样自制手工艺品，而他们的顾客则是遍布67个国家的上千万名网络用户。（见图3-4）

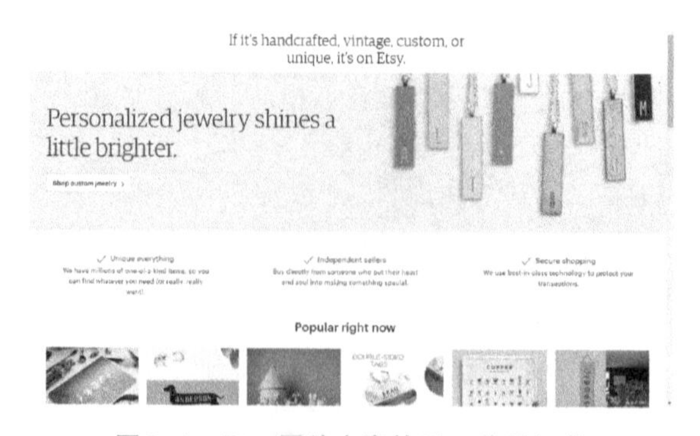

图3-4 Etsy网站丰富的手工艺品细节

（图片来源：Etsy官网）

（三）世界时尚网（World Global Style Network）

世界时尚网（World Global Style Network，WGSN）是英国在线流行趋势分析服务提供商。WGSN作为网络服务、资讯服务的提供者，专门为时装及时尚产业提供网上资讯收集、趋势分析以及新闻服务。

World Global Style Network (WGSN) is a UK service provider for online fashion trend analysis. As a provider of web services and information services, WGSN specializes in providing services such as online information gathering, trend analysis and news services for the costume and fashion industries.

WGSN的主要目标客户是零售商（如家乐福等）、制造商（如ABS Clothing等）、时装品牌(如Levi's等)、设计师(如Clavin Klein等)、鞋帽制造商（如Converse等）、邮购产品服务商（如Universal等）、室内设计公司(如Westpoint Steves等)、玩具公司（如Otto Versand等）、食品饮料(如Coca-Cola等)、文具(如Hallmark等)、美容产品(如L'Oreal等)、汽车(如GM等)。WGSN不仅为包括生产商和零售商在内的客户提供时尚产业的便捷和最新的咨询服务，同时也能为设计师、原料提供商提供视觉上的创新灵感。WGSN拥有百余名创作及编辑人员，为满足客户需求奔走于各大时尚之都，并与遍布全球各地的资深专题记者、摄影师、研究院、分析员及潮流观察员组成了强大的工作网络，实时追踪最新行业动向。

WGSN网站涵盖16大栏目，为消费者提供全面的服务，例如点击Think Tank（灵思妙

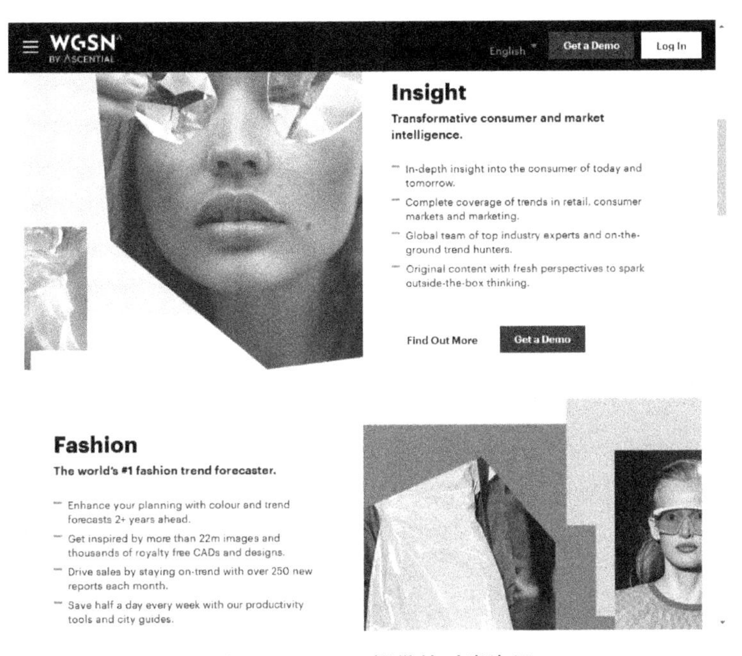

图3-5　WGSN提供的时尚资讯

（图片来源：WGSN官网）

想)及Business Resource(商务资源)可追踪全球创意资讯,包括关键基调、消费者行为模式、文化指标及影响时尚业务的长远趋势等。点击Consumer Attitudes(消费者观点)可以获得VIP消费者专业观点分析。点击Ideas Bank(创意智库)则可以了解不同行业公众的未来理念及产品,帮助品牌主管、销售人员等洞察业界行情。点击Trends(流行趋势)目录,则可以获取灵感和素材,从而激发创作等。

(四)国际流行色委员会(International Commission for Color in Fashion and Textiles)

国际流行色委员会是国际色彩趋势方面的领导机构,也是目前影响世界服装与纺织面料流行色的权威机构,拥有组织庞大的研究与发布流行色的团体,全称为国际时装与纺织品流行色协会。

The International Commission for Color in Fashion and Textiles is the leading agency for international color trends and is currently the authoritative organization that influences the world's fashion and the fashion color of textile fabrics. It has a large group researching and publishing popular colors, known as the International Fashion and Textile Fashion Color Association

国际流行色委员会总部设在巴黎,发起国有法国、德国、日本,成立于1963年9月9日。正式会员包括表3-1中的19个国家。

表3-1 成员国与流行色组织

成员国	流行色组织
法国 France	法兰西流行色委员会
德国 Germany	德意志时装研究所
日本 Japan	日本流行色协会
意大利 Italy	意大利时装中心
英国 England	不列颠纺织品流行色集团
西班牙 Spain	西班牙时装研究所
荷兰 Holland	荷兰时装研究所
芬兰 Finland	芬兰纺织整理工程协会
奥地利 Austria	奥地利时装中心
瑞士 Switzerland	瑞士纺织时装协会
匈牙利 Hungary	匈牙利时装研究所
捷克 Czech	捷克布尔诺针织工业研究所

续表

成员国	流行色组织
罗马尼亚 Romania	罗马尼亚轻工产品美术中心
中国 China	中国流行色协会
韩国 Korea	韩国流行色协会
保加利亚 Bulgaria	保加利亚时装及商品情报中心
葡萄牙 Portugal	葡萄牙服装委员会
土耳其 Turkey	土耳其时尚服装联盟
哥伦比亚 Colombia	哥伦比亚纺织协会

（五）美国国际棉花协会（Cotton Council International）

美国国际棉花协会（Cotton Council International, CCI）是美国国家棉花总会（National Cotton Council of America, NCC）的出口推广分支，是一个非营利性机构，致力于在全球范围内推广带有COTTON USA商标的美国棉花纤维、美国棉织物及棉制品。

The Cotton Council International (CCI) is the export promotion branch of the National Cotton Council of America (NCC). It is a non-profit organization dedicated to promoting American cotton fiber, American cotton fabric and cotton products with "COTTON USA" trademark on a global scale.

CCI一直致力于在行业内部和消费者层面推广美国棉花纤维及其所制造的棉制品。CCI与纺纱厂、面料制造商、服装制造商、品牌商、零售商、纺织协会、政府机构和美国农业部合作，在全球范围内推广美国棉花。CCI在世界各地设有20个办事处，在50多个国家/地区进行推广活动。如图3-6所示，美国国际棉花协会的研究领域早已超越纺织品，延伸至美妆产品的开发。

图3-6　美国国际棉花协会将研究领域拓展至美妆产品

第四节 流行趋势预测的周期
Cycle of Fashion Trend Forecasting

流行趋势预测的内容主要包括：色彩预测、面料预测、款式预测与综合预测等。一般流行趋势预测的周期为从色彩趋势、染色织物、面料设计到零售预测共计历时两年的时间。

The contents of the fashion trend forecasting mainly include: color forecasting, fabric forecasting, style forecasting and comprehensive forecasting. The general fashion trend forecasting cycle is a period of two years from color trends, dyed fabric, fabric design to retail forecasting.

色彩预测通常提前两年，事实上在更早的时间，各国流行色的预测机构就开始收集资料并准备色彩提案了，以便在国际流行色会议上提交方案并讨论。

纤维与织物的预测至少提前12个月。成衣生产商的预测则提前6—12个月。零售商的预测通常提早3—6个月。(见图3-7)

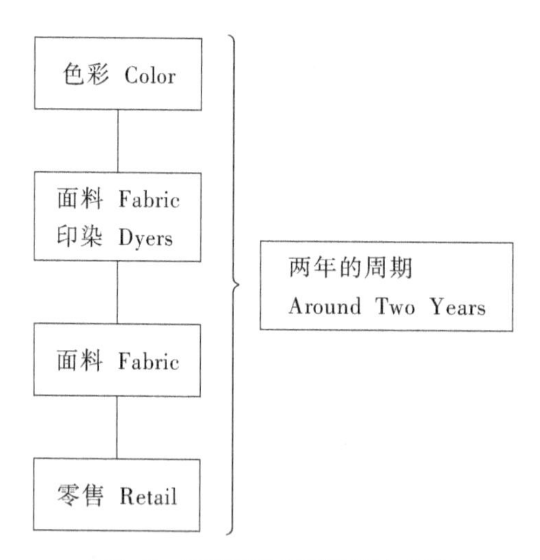

图3-7 流行趋势预测的两年周期

第五节　流行趋势的四种类型

Four Types of Fashion Trend

尽管每一种流行现象都有类似的流行过程，但流行的程度与时间却各不相同：某些流行很快达到鼎盛期，而有些却要漫长一些；有些流行缓慢地衰退，而有些却是急速下降；有些时装只能在一个季节里流行，而另一些却可能持续几个季节甚至更长；某些风格会迅速消亡，而另一些则经久不衰。整体而言，按照流行的时间长短，可将流行趋势分为四类。

（一）长期趋势（Long-Term Trend）

长期趋势指延续多年、缓慢的流行。长期预测指预判历时两年或者更长时间的流行，如对于风格、市场和销售流行的预判。

Long-term trend refers to the slow fashion which lasts for many years. Long-term forcasting refers to the fashion forcasting made over two years or longer, such as the fashion forcasting on style, market, and sales.

（二）大趋势（Mega Trend）

大趋势指流行与社会文化或者生活方式结合的整体趋势。如茧式生活（Cocooning Life）这一大趋势的产生，是因为人们长期处在紧张的都市生活节奏与工作压力下，向往更加舒适的生活方式与着装风格。于是这种趋势行为体现在家庭装修中，也体现在时装运动化趋势中。

Mega trend refers to the overall trend of the combination of fashion and social culture or lifestyle. For example Cocooning Life was generated because people were eager to have a more comfortable lifestyle and dressing style under the stress of urban life and work. Therefore, this trend behavior has been reflected not only in the home decoration, but also in the fashion trend of sporty costume.

2019年末爆发的新冠肺炎疫情 使这种生活方式与生活态度的影响进一步扩大。事实上，这种趋势在新冠病毒大流行之前就已经存在。紧张的工作和繁忙的社交使得人们对于安居的渴望更加强烈，因此人们足不出户，越来越多的人选择在网上购买食材并在家中烹饪。实质上，这也是一种可持续的生活方式。人们不必为室外发生的各种糟糕事件（如自然灾害、流感疫情）而感到恐惧，犹如把自己的房屋当作是一个茧，躲在里面而不受其他事物的干扰。（见图3-8）

图3–8 茧式生活

（图片来源：Pinterest网站）

（三）小趋势（Micro or Minor Trend）

小趋势指某一具体款式或细节的流行。《来自星星的你》热播，带动剧中时装单品热销，是Micro Trend的典型代表。

Micro or minor trend refers to the fashion of a specific style or the detail. The *My Love from the Star* hits the show, driving the fashion items in the show to sell well. It is a typical representative of Micro Trend.

（四）快潮（Fad）

快潮指快速出现又迅速消失的流行现象。快潮型产品往往快速成长又快速衰退，主要是因为它只是满足人类一时的好奇心或需求，所吸引的只限于少数寻求刺激、标新立异的人，但通常无法满足更强烈的需求。

Fad refers to the fashion phenomenon which appears rapidly and disappear rapidly. The life cycle of fad products tends to grow rapidly and decline rapidly, mainly because it only meets the curiosity or temporary needs of human beings. It attracts only a few people who seek stimulation and unconventionality, but usually cannot meet the stronger needs.

如20世纪80年代，麦当娜（Madonna）的《闪电舞》（*Flash Dance*）引发了腿套（Leg Warmers）的时尚快潮。

第六节 流行生命周期 Fashion Lifecycle

流行生命周期(Fashion Lifecycle)指

The fashion lifecycle refers to the duration

某一款式或趋势的持续时间，并按照流行程度与价格等内容划分为不同阶段。

of a certain style or trend, and is divided into different stages according to contents such as popularity and price.

如图3-9所示，服装流行生命周期大致可以分为导入期、成长期、鼎盛期、衰退期、消亡期五个阶段（类似于一般的产品生命周期）。每一种产品的流行都经历了这五个阶段，只是所经历的时间各不相同。每一种流行均有周期性，流行经历一个逐渐变化的过程。

As shown in Fig 3-9, the fashion lifecycle of costumes can be roughly divided into: introduction, rise, culmination, decline, obsolescence (similar to the general product life cycle). The fashion lifecycle of each product has gone through these five stages, but the time varies. Every fashion has a periodicity, and the fashion experiences a process of gradual change.

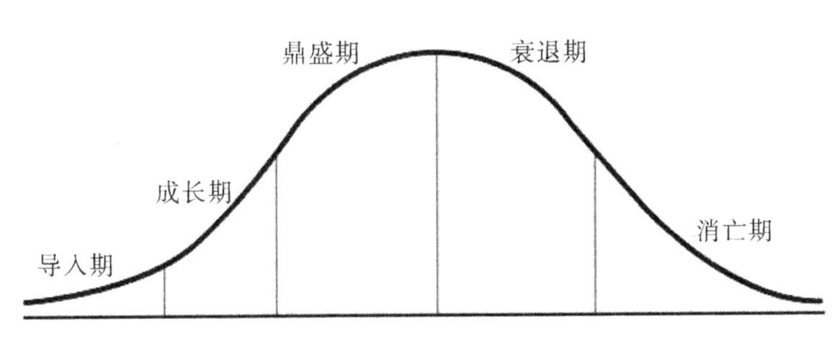

图3-9 流行生命周期的五个阶段

一、导入期（Introduction）

设计师依据自身对时代精神与趋势的理解推出一种具有创造性的款式，并通过零售渠道向公众提供这种新的服装商品。巴黎的某些“最新时装”可能未被任何人接受，因此处于导入期的流行仅仅意味着时尚和新奇。

在这一阶段，绝大多数的新款都以高价推出，因而，以创造性和能动性著称的设计师需要得到巨额财力的支持，结合高品质的原材料和精美的制作工艺，才能自由地进行创作设计。

二、成长期（Rise）

当某种新的时装被购买、穿着并为更多的人所了解时，它就有可能逐渐为更多的时尚消费者所接受。那些昂贵的时装可能是设计师一个系列中最流行的，甚至是所有高档时装中最流行的，但销售额可能永远也不会高。为此，在现实经营活动中，某种款式可以通过驳样和改制得以进一步流行，以此扩大市场份额。

一些企业通过品牌授权的方式进行生产，而后以较低的价格出售，而另一些企业则用较便宜的面料，或修改一些细节后进行批量生产，然后以更低的价格进行销售。著名设计师也许会对自己的设计进行一些修改以迎合他们的顾客需求和品牌的价格定位，许多知名服装设计师品牌通过这些方法获得不菲的市场收益。

三、鼎盛期(Peak)

当一种流行达到鼎盛期时，消费者对这类产品的需求就会激增，以至于许多服装企业都以不同的方式驳样或改制流行时装，并进行批量生产，使流行款式更多地被顾客购买。

四、衰退期(Decline)

而后，相同款式的服装被大批量生产，以至于具有流行意识的人们厌倦了这些款式而开始寻求新的样式，此时的消费者可能仍会购买或穿着这类服装，但他们不再愿意以原价购买，于是零售店铺将这些服装放在减价柜上出售，以便尽快为新款式腾出零售空间。

五、消亡期(Obsolescence)

流行周期的最后一个阶段是消亡期，这时消费者已经开始转向新的款式，因此又开始了一个新的流行周期。处于消亡期的商品即使折价也难以售出。

第七节 细分指标、消费者与流行
Segmentation Indicators, Consumers and Popularity

人口统计、地理统计、心理统计等变量既是进行流行趋势分析与预测的有效工具，也是进行消费群体细分的指标。

一、人口统计变量(Demographic Variable)

人口统计变量如一个人的年龄、民族、国籍、性别、婚姻状况、家庭生命周期、受教育程度、职业、种族和收入都是客观的和实证的。

The demographic variables, such as a person's age, ethnicity, nationality, gender, marital status, family life cycle, level of education, occupation, race and income, are objective and empirical.

社会阶层(Social Class)被认为是个统一体,各社会阶层成员处于特定社会地位。社会阶层可以定义为将一个社会成员划分为不同社会地位的等级制度,每个阶层的成员都拥有与其所属社会阶层相应的社会地位。将社会成员划分成小范围的社会阶层有利于研究者关注同一阶层内共同的价值观、态度和行为方式以及不同阶层间的不同价值观、态度和行为方式。可以通过三个变量的综合指标计算来衡量:收入、受教育程度、职业。研究表明,社会阶层在穿着习惯、家庭装饰、休闲生活、储蓄、消费等方面有所不同,营销者也需对各社会阶层的消费者采用不同的产品和促销策略。

二、地理统计变量(Geographic Variables)

地理统计变量是根据消费者的居住区域和地理条件界定目标消费群的工具,包括国家、区域、省份、气候、人口密度、城市、交通条件、城市规模等不同内容。

The geographic variables are defined as targeted tools which based on consumers' living area and geographical conditions, including nation, region, province, climate, population density, city, transportation and urban scale.

地理人口统计细分是一种常用的混合细分方式。这种细分方案可以统计出居住在临近区域的消费者是否有同样的理财方式、消费品位、偏好、生活方式和消费习惯。

Geo-demographic subdivision is a common way of hybrid subdivisions. This subdivision scheme can count up whether consumers living in the adjacent areas tend to have the same financing ways, consumer tastes, preferences, lifestyles and consumption habits.

三、地理人口统计变量(Geo-demographic Variables)

任何地方的任何事物,无论是物质的(如道路、桥梁)还是非物质的(如宗教信仰),都是一种地理现象,或称之为空间现象。纷繁复杂的地理现象都有空间位置和地理属性,而这些空间位置和地理属性在进行相关定性或定量描述后,即构成了地理变量。

Everything anywhere, whether material (such as roads, bridges) or non-material (such as religious beliefs), is a geographical phenomenon, or a space phenomenon. The complex geographical phenomena have spatial locations and geographical attributes, which will form a geographic variable after relevant qualitative or quantitative descriptions.

人口统计变量是人口学中的用语,指直接影响生育率的因素,1956年由美国人口学家J.布莱克(J. Black)和K.戴维斯(K. Davis)提出,这些变量还为人们研究各种社会文化因素的重要性及其相互关系提供了参考。

人口统计变量包括性别、年龄、民族、教育、健康、收入、亲属状况。

Demographic Variables include: gender, age, ethnicity, education, health, income, and relatives.

地理人口统计变量是结合地理变量与人口统计变量的综合变量,综合分析消费者的方式。

Geo-demographic Variable refers to a way comprehensively analysing consumers by combining comprehensive variables of geographic and demographic variables.

例如以消费者年龄、所在城市、收入这三个变量来区分某一消费群体,这里选取的变量就是综合两者的,被称为地理人口统计变量。

四、心理因素变量(Psychological Variables)

心理因素变量包括生活方式、性格、购买动机等。心理图式也可称为生活方式,包括活动、兴趣和意见,通常都是对各种各样问题的态度,并不能根据标准的定义来分类。例如"绿色消费者"之类的名词都是在特定的研究范围中定义的。类似的个性特征(Personal traits)、社会文化价值观(Social culture values)等抽象认知都是通过心理学的或者态度方面的工具来测量的。

Psychological factors include lifestyle, personality, purchasing motivation, etc. Psychological Schema, also called as a way of life, including activities, interests, and opinions (AIOS), is usually regarded as attitudes towards various problems, and cannot be classified according to the standard definition. The nouns like "green consumers" are defined in the specific research scope. Abstract cognition like similar personality traits , social cultural values is measured through the way in psychology or attitude.

个性特征。出于自我保护或根本没有意识到自己的性格特征等原因,人们通常很难说出自己是什么个性。但通过性格测试,研究者可以判断一个人的性格并在细分市场中使用它。

社会因素。服装是社会的镜子,是政治、经济、文化、科技等整个社会组成部分的缩影和体现。社会因素作为影响因素之一,主要包括政治因素、经济因素、科技因素、文化因素。

政治因素。服装流行的历史,正是人类社会发展的历史,欧洲宫廷、法国大革命、中国历朝历代的服饰都能对流行趋势产生影响。

经济因素。服装的消费水平在一定程度上显示了一个国家的经济发展水平。当世界经济趋于向低碳经济方向转型,低碳时尚也开始盛行。20世纪90年代的消费狂潮中,创纪录的债务引发了经济危机,导致消费者开始节俭生活,欧美经济一直处于不景气状态,能源危机进一步增强了人们的环境意识,"重新认识自我""保护人类的生存环境""资源的回收和再利用"成为人们的共识,这使人们对过去生活行为上的大量浪费开始反省,于是出现了"反对流行,反对浪费资源,反对过量消费"的口号等,意味着70年代初的"石油危机"时期的消费意识重新出现,70年代样式因此开始席卷而来。

科技因素。自从西方国家开始进入工业社会,经济发展规模和速度得到前所未有的提高之后,服装开始变得简洁、方便和优雅。其中女装的现代化彻底消灭了服饰上的阶级差和性别差,那是因为战争及战后的经济复苏带来的社会变革使女性不仅走出闺房,而且成为与男性一样的政治、经济地位独立的社会成员。资本主义社会经济的增长和女性地位的不断提高,使得女性有着自己的审美趣味和独特思想,女性服装的流行变化速度逐渐加快。

文化因素。不同的地域有不同的文化,文化的差异使得各地的服装大有不同。东方偏向统一、和谐,偏重抒情性和内在情感的表述;西方则重视客观化的本性美感。

第八节 影响当代消费者的几种重要趋势

Several Important Trends that Influence the Contemporary Consumers

一、时间匮乏(Lack of Time)

现代社会节奏日趋紧张,工作、应酬和个人事务几乎占据了消费者日常生活的全部时间。2015年初,一位教师的辞职信上写着"世界那么大,我想去看看",在社交媒体上引发了热议,反映了人们观念的改变,年轻人开始注重自我实现,挑战现有的社会信念,向往极简主义(Minimalism),慢时尚的观念也因此开始受到广泛关注。

在消费行为方面,人们热衷于消费购物,却又不愿花太多的时间购物,因此简单快捷高效率的购物方式逐渐成为主流方式。

二、休闲化与简单生活方式(Casual and Simplified Lifestyle)

舒适才是新奢侈品的必备条件,这种理念开始深入消费者的心,盛装打扮不再需要牺牲舒适度了。由于量感对于男女装来说都越来越重要,以往的紧身设计开始被宽松的廓形取代,高端的品牌纷纷走向休闲化,休闲的经典运动服装搭配极具柔软触感的服装,来打造半正装风格。时至今日,运动时尚概念与简单生活方式相呼应,这几乎影响了整个时尚界。

三、明星影响(Celebrity Influence)

卡戴珊家族是纽约的名媛家族。卡戴珊家族在美国体育圈和娱乐圈享有很高的声望和地位,被称为"娱乐界的肯尼迪家族"。卡戴珊家族的真人秀节目在美国拥有很高的收视率。受金·卡戴珊(Kim Kardashian)等一拨"大臀美女"的影响,人们的审美观也逐渐发生了变化。

四、民族风(Ethnic Style)

现代科技的迅速发展缩小了地球上的时空距离,整个世界紧缩成"地球村",人们对世界不同文化的了解也越来越深刻,同时也为避免城市化、现代化的进程使古老的文化消失,各类民族风的元素越来越多地被运用于设计中,并得到消费者的认可。

五、教育机遇、品牌认知度觉醒、女权(Education Opportunities, Brand Recognition Awakening, Women's Right)

Chanel 2015春夏秀场谢幕,"摇旗呐喊"的画面实则一场新世纪的女性革命。谁也没料到时装可以成为经济的风向标,但这也从另一个侧面体现女性服装市场的崛起。作为最先把男装穿到自己身上的设计师,香奈儿女士打破了性别程式化的束缚,大胆地将男士衣物的布料用于女装的设计。这无疑在20世纪初期,埋藏下了男性、女性服装可以进行通用穿着的基因。卡尔·拉格菲尔德以激进的形式将宣言呈现于巴黎街头,凌驾于时装之外的精神思想透过经典的斜纹软呢传承。米索尼(Missoni)则通过时装周秀场,以团队凝聚的力量来为女性权利发声(见图3-10),秀场上模特都戴着粉红小猫帽(Pink Pussyhat)进行走秀。

图3-10 Missoni 2017A/W系列的秀场图中的粉红小猫帽

(图片来源:Missoni官网)

六、技术影响与反技术(Technology Affect and Anti-Technology)

可穿戴技术是20世纪60年代,美国麻省理工学院媒体实验室提出的创新技术。利用该技术可以把多媒体、传感器和无线通信等技术嵌入人们的衣着中,可支持手势和眼动操作等多种交互方式。1977年,Smith-Kettlewell研究所视觉科学院的C.C.Colin为盲人做了一款背心,它把头戴式摄像头获得的图像通过背心上的网格转换成触觉意象,从广义上来讲,这可以算是世界上第一款可穿戴健康设备。

在科技迅速发展的同时,也有不少人开始怀念过去,Isabel Marant于巴黎时装周发布2016秋冬系列充斥着一股20世纪七八十年代的新复古风潮。千鸟格、格纹在大衣裤子上的大量运用,英伦风十足,动物纹和格子的混搭时髦新颖,金属拼皮腰带很好地提拉了身材比例,加上具糖果包装纸感觉的紧身衣裙和带有大胆装饰的复古短靴,仿佛将我们带到了嚣张叛逆的Disco时代。

七、运动休闲装的演变(Evolution of Athleisure)

运动休闲装通常是在体育活动、工作场所、学校或其他休闲或社交场合适合穿着的装备式服装。过去,人们仅在运动或者户外活动时换上休闲运动装,如今,休闲运动装的穿搭也能满足人们对于时尚或奢华穿着的要求。如图3-11所示,从运动装(Active),到运动休闲装(Athleisure),再到运动奢侈品(Ath-Luxury)的演变,展现了一种趋势变化,即“穿着运动衫也具有时尚感”。

图3-11 介于运动装和奢侈品之间的运动休闲装

(图片来源:WGSN官网)

时尚产业的发展和运动休闲装的革新进一步地激发了大众日益增长的兴趣和参与度。许多人积极参加健身俱乐部和各种体育竞赛，以充分响应这种生活方式及其带来的正面效益。此外，现代上下班通勤的生活方式也促使这一趋势逐渐渗透进大众生活中，例如某些城市的交通十分拥挤，人们则会在上下班路上换上运动鞋、运动衫，等到达了工作场所再换上工作服。运动服装品牌可以借此良好时机，来设计更高质量、更具有时尚感、更贴合大众生活的服装、鞋类以及配套的运动装备。一方面，运动休闲装确实更加符合人体的运动机能，又兼具美观性和功能性；另一方面，它让人们更好地展示自己，释放对新的生活方式的热爱，增加了顾客对品牌的忠诚度。不得不承认这种着装方式已成为一种新趋势。

第九节 小结 Summary

（1）时尚是设计的前沿部分，因此必然不是大众的，它往往对应于艺术文化思潮演变与各个领域的前沿设计理念。流行则是大众传播学概念，它属于大众市场，也属于主流时尚消费群体，是已然被主流社会与大众消费者认知的时尚现象。流行趋势预测指在特定的时间，根据过去的经验，对市场、社会经济以及整体环境因素所做出的专业评估，以推测可能出现的流行趋势的活动。

（2）对 WGSN、Etsy、Pantone 等专业流行资讯网站的现状与侧重点进行分析。

（3）从流行趋势预测的周期看，色彩趋势最早（提早两年以上）发布，接下来依次是纤维织物

(1) Fashion is the forefront part of design, so it is not necessarily popular, and often corresponds to the evolution of art and culture thoughts and the cutting-edge ideas in various fields. While pop is a concept of mass communication, which belongs to the mass market and the mainstream fashion consumer group. It is a fashion phenomenon that has been recognized by the mainstream society and the mass consumers. Fashion trend forecasting is a professional assessment for market, socioeconomic and overall environmental factors based on past experience at a given time to speculate on possible trends.

(2) Analyse on the status and focus of professional fashion information websites, such as WGSN, Etsy and Pantone.

(3) From the cycle of fashion trend forecasting, the color trend is released at the earliest, usually more than two years in advance. Subsequently, the trend of

趋势发布(提早18个月)、面料趋势发布(提早12个月)、成衣生产商趋势发布(提早6—12个月)、零售商趋势发布(提早3—6个月)。

(4)根据持续时间、传播范围等内容的不同,流行趋势主要有四类:长期流行、大趋势、小趋势、快潮。

(5)流行生命周期指某一款式或趋势的持续的时间,并按照流行程度与价格等内容划分为不同阶段。服装流行生命周期大致可以分为导入期、成长期、鼎盛期、衰退期、消亡期五个阶段(类似于一般的产品生命周期)。每一种产品的流行都经历了这五个阶段,只是所经历的时间各不相同。

(6)影响当代消费者的集中重要趋势:时间匮乏,休闲化与简单生活方式,明星影响,民族风,教育机遇、品牌认知度觉醒、女权等。

textile released 18 months earlier, the trend of fabrics released 12 months earlier, the trend of garment manufactures released 6—12 months earlier, and the trend of retailers released 3—6 months earlier.

(4) According to the different duration and the scope of communication, there are four types of main fashion trends: Long-term trend, Mega trend, Micro or minor trend and Fad.

(5) The fashion cycle refers to the duration of a certain style or trend, and is divided into different stages according to popularity and prices. The fashion life cycle of clothing can be roughly divided into: introduction, rise, culmination, decline, and obsolescene. Stages (similar to the general product life cycle). The popularity of each product has gone through these five stages, but the time varies.

(6) Important trends that can influence contemporary consumers: lack of time, casual and simplified lifestyle, celebrity influence, ethnic style, education opportunities, brand recognition awakening, women's right, and so on.

第十节　思考与讨论
Thinking and Discussion

(1)结合三个专业流行资讯网站的资料(WGSN、Etsy、Pantone),分析它们的特点与差异。

(2)你是否从街头观察到、在店铺看到、在网站或者其他资源中发现过这种流行款式?结合本章分析的几种主要流行现象,谈谈你的看法。

(3)结合本章关于四种流行趋势的界定,尝试分析当下流行现象中这四种流行趋势的差异与典型案例。

第四章　流行及其影响因素

Chapter Four　Popularity and Its Influential Factors

第一节 导论

Introduction

通过本章的学习，学生将掌握对多方面流行影响因素的分析能力，并理解流行是一种反映社会、经济、政治、文化、艺术的现象。本章主要包括以下三个方面的内容：(1)影响流行的环境因素来自宏观和微观两个层面。从企业或品牌的视角，宏观环境因素包括政治、经济、法律、文化、技术；微观环境因素包括消费者、中间商、竞争者、供应链成员、社会公众。(2)从文化、人口、社会、技术、经济、政治等六个方面分析外界环境因素对流行的影响。(3)从爱美、从众、模仿、喜新厌旧、求异、自然、气候、地域等视角分析这些心理因素对人们流行感知与流行选择的影响。

Through the study of this chapter, students will master the ability to analyze a variety of factors affecting fashion industry, and understand that popularity is a phenomenon that reflects society, economy, politics, culture and art. This chapter mainly includes the following three aspects: (1)Environmental factors affecting the fashion industry are from both macro and micro levels. From the perspective of enterprises or brands, the macro environmental factors include politics, economy, law, culture and technology; and the micro-environment factors include consumers, middlemen, competitors, supply chain members and the public. (2) From these six aspects——culture, demographics, society, technology, economy and politics to analyze environmental factors that affecting the fashion industry. (3) Analyze the influence of these psychological factors on people's fashion perception and fashion choices from the perspectives of aesthetic psychology, herd mentality, imitation psychology, "abandoning the old for the new" psychology, seeking difference psychology, natural factors, climatic factors and geographical factors.

服装流行是一种复杂的社会现象，体现了整个时代的精神风貌，它与社会的变革、经济的兴衰、人们的文化水平、消费心理状况以及自然环境和气候的影响紧密相连。这是由服装自身的自然科学和社会科学性所决定的。文化、人口统计、社会、科技、经济、政治都会在不同程度上对服装流行的形成、规模、时长产生影响，而个人价值观、生活方式和态度则会影响个人对流行的选择。(见图4-1)

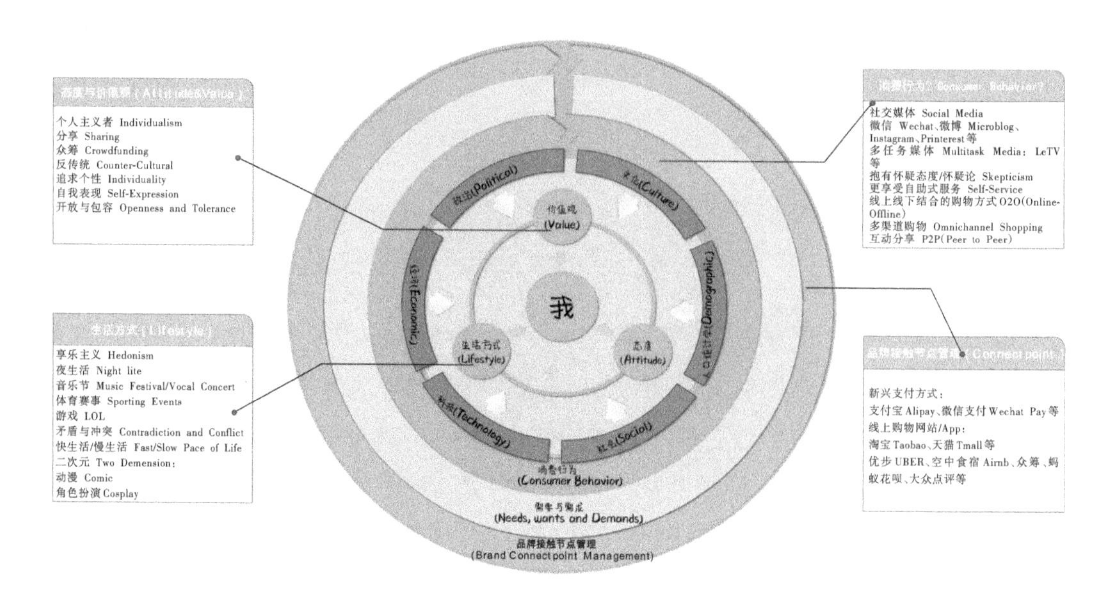

图 4-1 影响个人对流行选择的因素

在现代社会中,服饰流行敏感地追随社会事件的发展。社会学家曾指出:硝烟味一浓,卡其色就会流行;“阴柔风”的流行,是文化颓废期的共同现象。本章从宏观和微观两个层面,逐一分析文化因素、人口因素、社会因素、技术因素、经济因素、政治因素对服装流行与整体时尚趋势的影响。

作为社会人,我们受到所处环境的种种影响,因此对整体环境的动态跟踪与实时分析影响我们对流行发展轨迹的预判。当我们思考流行的影响因素这个问题时,可以从宏观和微观两个层面切入。从宏观环境层面看,包括来自经济、政治、法律、文化、技术方面的因素;从微观环境层面看,包括消费者、中间商、供应商、竞争对手、社会公众方面的因素。这些因素从宏观和微观两个层面共同影响消费者、流行与时尚世界。(见图 4-2)

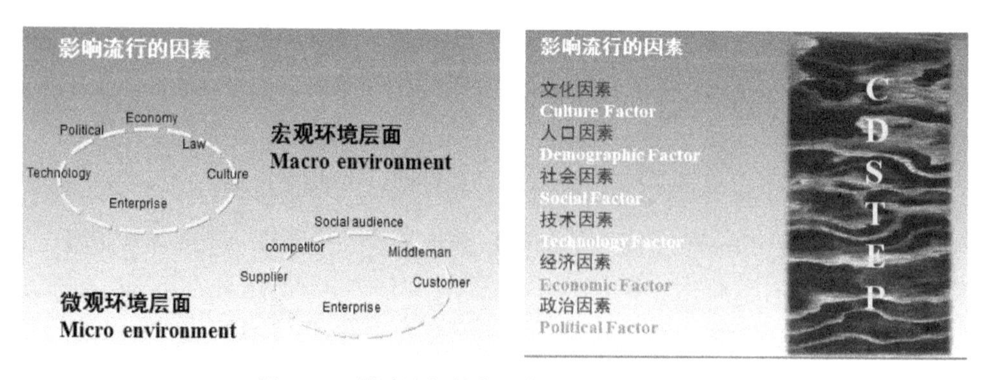

图 4-2 影响流行的主要方面与六个主要因素

第二节　文化因素对流行的影响

Culture Influence on Popularity

任何一种流行现象都是在一定的社会文化背景下产生和发展的，因此也受到文化观念的影响和制约。

从宏观来看，东方文化强调对称、和谐，偏重内在情感的表达，重视主观意念，常常带有一种潜在的神秘感。因此在形式上多左右对称、相互关联，精神上倾向端庄与宁静。而今各种文化之间的距离和界线逐渐淡化，各国的服装流行区域一致，同样的流行元素在不同的国家仍然持有特有的文化痕迹，但其表达方式也带有许多细节上的差异，例如西服套装，日本式带有明显清新、雅致的感觉，而欧式则更加强调立体感与成熟感。

地域文化同样对服装的流行有着相当的影响。它通过对人们的生活方式与流行观念的影响，使国际性的流行呈现出多元化的状态，丰富流行的表达模式，也为流行产业不断注入新的活力。

Regional culture also has a considerable impact on the popularity of clothes. Through the influence on people's lifestyles and fashion concepts, it has made the international fashion present in a diversified state, enriching the expression patterns of fashion, and constantly injecting new vitality into the fashion industry.

一、艺术思潮对流行的影响(The Impact of Artistic Trends on Fashion)

每个时代都有反映该时代精神特征的艺术风格和艺术思潮，它们都在不同程度上影响着该时代的服装风格和人们的生活方式。历史上有哥特式、巴洛克、洛可可等艺术风格，其精神内涵都反映在人们的衣着服饰中。尤其到了近代，服装设计师有意识地将艺术流派及其风格运用到服装中，拓展了服装的表达方式。

Each era has its artistic styles and artistic trends that reflect the spiritual characteristics of the era. They all influence the fashion styles and people's lifestyles of the era to varying degrees. Historically, there were Gothic, Baroque, Rococo and other artistic styles, and their spiritual connotations were reflected in people's clothing. Especially in modern times, fashion designers have consciously applied the art schools and their styles to clothing, expanding the expression of clothing.

二、影视对流行的影响(The Impact of Movies and TV Dramas on Fashion)

影视剧的社会影响是全方位、多层次的，它不仅带动了服饰的流行，而且深深地影响着现代人的生活方式和理念。服饰能够加强影视的艺术效果，影视作为文化传播手段同时也能推动服饰的流行与发展。

The social influence of movies and TV dramas are all-round and multi-layered. It not only drives the popularity of clothing but also deeply affects the lifestyles and concepts of modern people. Apparel can enhance the artistic effects of films and television. As a means of cultural communication, films and television can also promote the popularity and development of fashion.

一部成功电影的轰动效应是无法估量的，所以影星们的服装往往是最能体现时装设计最新潮流的。从20世纪50年代的奥黛丽·赫本、60年代的简·芳达，到90年代的莎朗·斯通和麦当娜，优秀的影片及人物造型的魅力犹如陈年佳酿，不断地激发设计师的灵感。

影视作品由于具有雅俗共赏的大众性和视觉传播的独特性，因此拥有非常广泛的受众群体。在影响服装行为的众多因素里，作为大众媒介的影视是非常重要的一项。事实上，在传播过程中，受众更像是一群进入自助餐厅的顾客，有着自己的选择。他们主动选择哪种造型设计更合心意，并且在外界的推动下，最终使小范围的潮流变成全社会大范围的大流行。

影视剧中的时尚会随时打动人们的心，剧中人物的服饰装扮、生活个性也都会成为人们追逐时尚的风向标。如1962年，电影《蒂芙尼的早餐》中，奥黛丽·赫本穿着出自纪梵希之手的小黑裙，其俏丽形象深得观众的喜爱，影片上映后欧洲街头到处可见穿着小黑裙的女性。(见图4-3)

图4-3　奥黛丽·赫本小黑裙形象

(图片来源:《蒂芙尼的早餐》电影截图)

1996年《贝隆夫人》中麦当娜展示了85套戏服、39顶帽饰、56副耳环、42种发型，甚至动用Ferragamo手工打造了多款“艾薇塔”鞋。观众被华丽的服饰所炫目时，设计师也受到启发。一时巴黎刮起了复古风，专卖店里出现了20世纪40年代艾薇塔夫人装束的现代版。

三、社会趋势对流行的影响(The Impact of Social Trends on Popularity)

当生态设计、有机食品、老龄化社会来临，人们对自身健康、环境保护等议题的关注不断增加，环保和生态作为一种整体趋势影响流行的整体走向。(见图4-4)

When ecological design, organic food, and aging society show up, people pay more attention to their own health and environmental protection issues. As an overall, environmental protection and ecology trend affect the overall trend of fashion. (Fig. 4-4)

美体小铺(The Body Shop)作为一个强调生态环保理念的美国品牌，通过不断强化可持续设计理念与绿色产品设计观念，谋求消费者认同。

本土品牌美特斯·邦威借力变形金刚，利用植入式广告影响年轻消费者。大黄蜂出现在镜头中所说的那句“我只喝伊利舒化奶”及男主角穿着MTEE的镜头均成为电影热播时的热点话题，并引发这两个品牌的热议。

图4-4 强化环保理念的品牌The Body shop

(图片来源:The Body Shop官网)

四、区域文化(Regional Culture)

每个区域都有自己独特的风格。对于不同区域文化特点、建筑、街道、商店、饮食特点、人们衣着方式、一般的品位水准等各方面的观察，有助于培养对趋势的理解或找出区域性趋势要点。

Each region has its own unique style. Observing different cultural characteristics, architecture, streets, shops, diet characteristics, people's clothing styles, and general taste standards in different regions helps to cultivate the understanding of trend or find out regional trend points.

绚丽的中东串珠、装饰链条、流苏和磨破面料的组合拼接，打造出充满部落风情的叠层项链款式。装饰性的生锈金属与镶嵌细工珠饰搭配在一起，浓郁鲜艳的色彩赋予其收藏品一般的精致格调。流苏和真丝线缝带来特有的纹理，也是该手工艺与可持续理念相结合的最好体现。(见图4-5、图4-6)

图4-5 Daks叠层项链

(图片来源:Daks官网)

图4-6 Master Piece帆布包

(图片来源:Master Piece官网)

耐用帆布材质与皮质条带相结合，打造原生态手工造型。超大版型设计顺应休闲潮流，配以拉绳套索扣合细节，兼具实用性和商业性。极简风格是关键，浓郁的自然大地色系尽显朴素低调。在外部和内里拼布上加入远东、中东和非洲风格印花，打造跨文化风格。

草帽为盛夏时节男士配饰市场中极具商业性的单品，彰显手工艺纪念品风格。柔软圆形帽身和小须边细节透着休闲气息。编织图案、印花帽围和多彩配色等新鲜尝试使经典的草帽设计焕然一新，尽显民族风情与BOHO(波希米亚与嬉皮风的结合)风格。(见图4-7、图4-8)

图4-7 Gucci圆形草帽

(图片来源:Gucci官网)

图4-8 Pitti Uomo男装展

(图片来源:Pitti Uomo官网)

颈巾为男士夏季衬衫和休闲外套造型更添精致民族风。皮革和金属套环创新采用了压花和编织工艺，打造原汁原味的手工细节。将航海风和几何印花头巾与浓郁多样的全球化色彩相结合，彰显旅行家风范。

第三节　人口因素对流行的影响
Demographic Influence on Popularity

人口因素主要指人口的数量和质量因素。它包括年龄、民族、国籍、性别、婚姻状况、家庭生命周期、教育程度、职业、种族和收入等，是构成社会物质生活条件的重要方面。从宏观视角来看，它还包括地缘与人口的关系，人口与经济的关系等；从微观视角来看，它则涉及特定商圈内的人口关系，即小区域范围的人口关系。

印度是个高出生率国家，人口增长速度飞快，这使其一直保持着人口大国的地位。据美国人口普查局预测，到2028年，印度人口将超过中国，成为世界上人口最多的国家。

总部位于印度班加罗尔的零售研究机构Insight Instore的首席执行官戈皮·克里希纳斯瓦米说："印度庞大并且仍在增长的儿童人口吸引了越来越多来自成熟市场的公司。"

印度商业和工业联合会（ASSOCHAM）称，除了高增长率的儿童人口，父母的人均可支配收入提高、行业压力加大、儿童时尚品牌意识增强等因素也会共同推动印度儿童服装销量增长。2011年，印度儿童服装销量超过3800亿卢比，其中大约500亿卢比是品牌儿童服装。儿童服装销量每年增长20%，印度成为增长最快的市场之一。

另外，童装也成为印度奢侈品市场中增长最快的领域，国际品牌蒙娜丽莎、智高、贝纳通、飒拉和哈姆雷斯等正忙于扩大它们的影响力和产品范围。

第四节　社会因素对流行影响
Social Influence on Popularity

流行是在特定时期特定群体的普遍风格，是一种动态的集体历程。作为一种社会现象，流行不仅是一种物质生活的流动、变

Popularity is the universal style of a particular group in a specific period. It is a dynamic collective process. As a social phenomenon, popularity is not only a kind of flow, change and development of material

迁和发展，而且反映了人们的世界观、价值观的变迁，是时代的象征。并且不同的社会环境造就不同的社会群体及民族。不同的社会群体和民族的服饰表现出群体和民族里每个个体之间的关系。服饰传递的穿着者的信息包括社会阶层与地位，地域、种族和宗教，节庆和特定仪式中的各种专职功能，年龄、已婚或未婚，城镇或乡村等。从形式上看，人类社会发展中无论是群体生活习惯还是民族文化都对服装及配饰流行有着重要的影响。

life, but also reflects people's changes on world outlook and values. It is a symbol of the times. And different social environments create different social groups and nations. The costumes of different social groups and nations show the relationship between each individual in the groups and nations. The costumes convey the wearer's information including social class and status, geography, ethnicity and religion, various special functions in festivals and specific ceremonies, age, the information of married or unmarried, the information of urban or rural. Formally, both the group life habits and the national cultures in the development of human society have an important influence on clothing and accessories.

纵观人类服装发展史，每一次服装的流行变迁都映射出当时的时代特征与社会变化的轨迹。各个历史时期的政治运动、经济发展、科技进步及文化思潮的变化都可以在服装流行中以不同的面貌特征反映出来。

第五节　技术因素对流行的影响

Technological Influence on Popularity

一方面，技术因素促进服装发展，为流行注入更多新元素；另一方面，它促进流行信息的交流，加快了流行信息的传播速度。

On the one hand, technical factors promote the development of clothing and inject more new elements into popularity; on the other hand, it promotes the exchange of popularity information and accelerates the spread of popularity information.

从服装史的发展来看，技术给人类的衣着带来了巨大的改变。近代的资本主义工业革命使科学技术迅速发展，缝纫机的出现促使服装从手工缝制走向机械化的生产，形成批量化的生产形势，大大缩短了服装流行的周期；20世纪30年代合成纤维的诞生带来40年代尼龙丝袜的风靡；60年代，美苏在太空领域的竞争促使了太空装的流行；90年代，高科技设计理念的流行致使21世纪初金属质感的面料出现在各大时装周中。纺织技术的进步和化学纤维的发明极大地丰富了人们的衣着服饰。现代纺织、染整、加工等技术，不断地满足着消费者的多种需求，加快了服装流行的进程。经济的发展刺激了人们的消费欲望，增强了人们的购买能力，科学技术的发展促进了服装生产和新材料开发，都推动了服装的流行。

新科技、新发明极大地丰富了人们的衣着服饰，不断地演绎成为流行元素。(见图4-9)

图4-9　技术变革均引发服装材质或者表现形式的变化

(图片来源：美国大都会艺术博物馆网站)

信息技术的突飞猛进，促使地球变成一个“地球村”，传播媒介极大地加快了流行的传播速度，在未来的设计中，科学技术对流行的影响力只会更加深远。如图4-10，Innisfree在店铺使用虚拟现实技术(Virtual Reality Technology)再现在济州岛的情境体验以吸引消费者并影响其品牌感受。可见，数字化、客制化、消费者体验前所未有地交织融合为一体。

图4-10　技术引发人们生活方式的变化

(图片来源：凤凰网)

第六节 经济因素对流行的影响

Economic Influence on Popularity

服装是社会经济水平和人类文明程度的重要标志。经济是社会生产力发展的必然产物，是政治的基础，是服装流行消费的首要客观条件，所以社会的经济状况是影响服装流行的重要因素。经济水平是服装流行的物质基础。一种新的服装样式广泛流行，首先是社会具备大量生产此类服装样式的能力，其次是人们具备相应的经济能力和闲暇时间。我国的流行服饰从20世纪60年代末的蓝、黑、灰色调到现在的与国际流行接轨，充分地显示了经济发展对服装流行的推动作用。

Clothing is an important indicator of the level of social economy and human civilization. The economy is the inevitable outcome of the development of social productive forces, the basis of politics, and the primary objective condition for the consumption of clothing fashion. Therefore, the economic situation of the society is an important factor affecting the popularity of clothing. The economic level is the material basis of clothing fashion, and a new style of clothing is widely popular. Firstly, society has the ability of producing such kind of clothing styles; and secondly, people have the corresponding economic ability and leisure time. China's fashionable costumes, from the tones of blue, black and gray in the late 1960s to the current international fashion, fully demonstrates the promoting effect of economic development on clothing fashion.

对于个体而言，经济因素同样也左右着人们对流行的选择。德国经济学家、统计学家克里斯蒂安·洛依茨·恩斯特·恩格尔(Christian Lorenz Ernet Engel)发现，一个家庭收入越少，家庭收入中(或总支出中)用来购买食物的支出所占的比例就越大，随着家庭收入的增加，家庭收入中(或总支出中)用来购买食物的支出比例则会下降，我们将这个支出比例称之为恩格尔系数。恩格尔系数越小，人们在服装、住宅、休闲、娱乐、教育等方面的开支比例上升，人们对服装的需求也会由衣能蔽体发展到心理满足、符合社会潮流等。

一方面，经济的发展刺激了人们的消费欲望，增强了人们的购买力，使服装的市场需求扩大，从而促使服装推陈出新；另一方面，服装市场的需求也促进了生产水平和科技水平的发展、服装新材料的研发以及制作工艺的进步，很大程度上增强了服装设计的获利，从而推动了服装流行的发展。

经济不仅对流行的大趋势有一定的影响，对具体服装款式也有一定的影响。1929年经济危机的爆发导致市场低迷，高级时装产业一度下滑，进而引发关店潮。女性被迫回归家庭，服装风格也逐步回归优雅。据女装裙长与世界经关系的相关调查研究显示，1900年后，在经济增长阶段，女性的裙长逐步减短；经济衰退阶段，女性的裙长逐步加长。

第七节 政治因素对流行的影响

Political Influence on Popularity

虽然一个时代的政治因素是造成流行的外部因素，但它直接影响到人们的生活观念、行为规范，促使人们的着装心理和着装方式与之协调，所以往往能够影响时代的着装特征。

一般来说，发达的经济和开放的政治环境使人们着意于服饰的精美华丽与多样化的风格。任何一种流行现象都是在一定的社会文化背景下产生、发展的。服装的流行也必然受到该社会的道德规范及文化观念的影响和制约。

Although the political factor of an era is the external factor that causes fashion, it directly affects people's life concepts and behavioral norms, and promotes people's dressing psychology and dressing style to coordinate with it, so it can often influence the dressing characteristics of an era.

In general, a more developed economy and open political environment make people concentrate on the exquisite and diverse styles of clothing. Any kind of popularity is produced and developed under a certain social and cultural background. The popularity of clothing is also inevitably influenced and restricted by the ethics and cultural concepts of the society.

历史上，许多典型的政治事件都对服装的流行起到推动作用。例如：18世纪80年代至90年代初的法国大革命时期，“长裤汉”成为革命者的象征，之后引起男子长裤的流行并逐渐成为男士的固定着装；我国辛亥革命引发了对几千年封建专制制度的革命，男子开始流行中山装、西装，女子流行轻便适体的改良旗袍。

如图4-11，2016年世界级经济会议G20的召开把杭州推上了世界舞台，连星巴克这类全球化咖啡品牌都特别推出了杭州风味的三明治以迎合消费者关注焦点的走向。

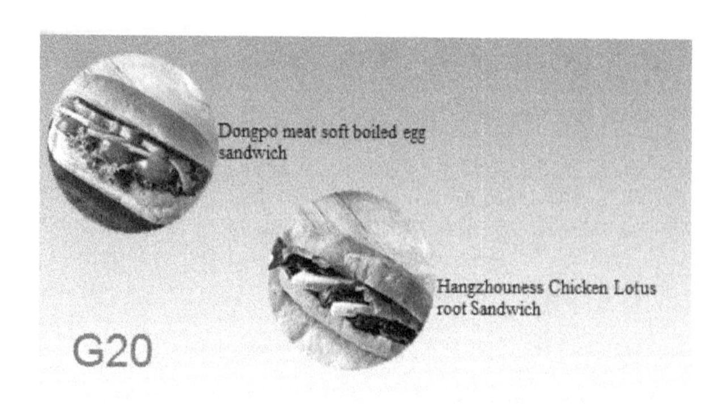

图4-11 关于G20的热议把杭州推上了世界舞台

（图片来源：星巴克官网）

如图4-12，两部电影《撒切尔夫人》《昂山素季》伴随两位知名女性人物的故事，引发了消费者对剧中植入服装品牌纪梵希（Givenchy）的关注。

由两次影响很大的政治事件引发的流行现象：(1)肯尼迪遇刺和著名的粉红香奈儿（Pink Chanel）；(2)威廉王子与凯特王妃的世纪婚礼引发人们对品牌（Gieves & Hawkes）的热议。

图4-12 影片《撒切尔夫人》和《昂山素季》引发“纪梵希热”

（图片来源：《撒切尔夫人》电影截图，《昂山素季》电影海报）

战争作为政治的特殊表现形式，每一次大的战争都会给服装的传播和交流带来一定程度的影响。第一次世界大战中，妇女开始出门工作，由此妇女的裙子由脚踝以上缩短到小腿肚处，并在战争结束后，这样的样式一直延续了下来，女性的裙子进一步缩短到膝盖处，并开始盛行小男孩样式的服装风格。第二次世界大战则引起军服式的服装流行，肩章、铜扣、明线迹的军服样式成为当时的流行款式。

第八节 心理因素对流行的影响

Psychological Influence on Popularity

经济快速发展的今天，人们对着装诉求早已超越了最初的保暖功能。在服装审美方面，每个人都在有意识或无意识地受到流行的影响并产生一些微妙的心理反应，同时，正是由于这些心理反应使服装流行不断地向前发展。主导人们心理的因素很多，其主要体现在以下几个方面。

一、爱美心理(Aesthetic Psychology)

爱美之心人皆有之，人类试图满足修饰的本能从原始社会就已经开始了，而炫耀、求同从众等心理则带有更多的社会化成分。整体着装形象美分为外在形式的美和通过外在形式显示出的内在意蕴美两种。人们在议论某一着装形象时常说“这身衣服真美”，这种美只限于服装本身；“他穿那件衣服非常有风度”，这种美则综合体现出个性和风度的着装效果，是对这种着装形象综合美的一种肯定。

二、从众心理(Herd Mentality)

从众心理指客观上存在着众多着装形象而造成的一种规模宏大的社会现象，是一种比较普遍的社会心理和行为现象。它是服饰在众多人身上显示出的一种总趋势，主要概括为两种，即有意从众和盲目从众。

Herd mentality refers to a large-scale social phenomenon caused by the existence of many fashion images. It is a relatively common phenomenon of social psychology and behavior. It is a general trend of fashion that are shown on many human. It is mainly summarized as two kinds, namely intentional congregation and blind obedience.

盲目从众的着装者的心理表现为没有个人主见，不懂艺术鉴赏，认为着装随大流是天经地义的行为。越是在文化发展迟缓的地区，盲目从众心理越普遍。有时，随波逐流的着装则是迫于某种社会或团体需要和压力，改变自己的知觉、意见、判断和信念，在行为上顺从多数群体与周围环境的心理反映。一种新的服装样式出现，周围的人开始追随这种新的样式，便会产生一种暗示：如果不接受这种新样式，便会被讥笑为保守。为了消除这种不安感，一些人因追随心理而不得不放弃旧的样式，加入到了流行的行列中。随着接受新样式的人数增加，压力感也在增加，最终形成新的服装流行潮流。因此，时间、人数、传播范围都会影响服装流行的程度。(见图4-13)相同传播范围内,不同地区产生的流行时间不同,发源地的流行时间早于城市,更早于乡镇。

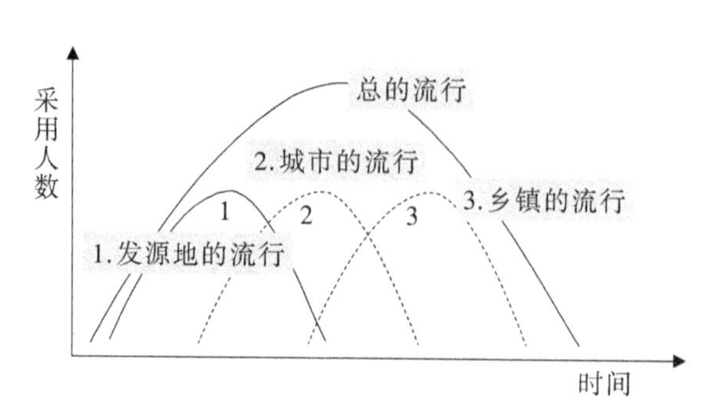

图4-13 流行的时间、人数、传播的范围差异

三、模仿心理(Imitation Psychology)

模仿心理是个人受到非控制的社会刺激引起的一种行为,以自觉或不自觉地模仿他人行为为特征。模仿是一种群众性的社会心理现象,使某一群体的人们表现出相同的举止行为,例如,一些特定人群常常有类似的衣着打扮,青少年常常以偶像明星为模仿对象。

Imitation Psychology is an act caused by an uncontrolled social stimulus that is characterized by conscious or unconsciously simulating the behaviors of others. Imitation is a mass social psychology phenomenon that enables people in a certain group to exhibit the same behavior. For example, some specific crowds often have similar dressing and make-up, and teenagers often imitate their idol stars.

在服装的流行过程中,模仿是一种行之有效的手段。因为人们对自身的审美常常处于模糊状态,而对于旁人常常会有比较清楚的判断,所以常常会模仿一些影视明星或是时尚达人的穿着。人们对于服装的模仿,往往表现为有选择和有创意的模仿。前者在看到自己满意的服装时,十分理智地进行效仿,选择自身合适的款式;后者表现为对服装流行信息进行筛选,并根据自己的审美情趣和内在气质进行再创造,但总体上不脱离流行的方向。模仿在一定时间内流动、扩大,形成一定规模的广泛流行。

四、喜新厌旧心理("Abandoning the Old for the New" Psychology)

喜新厌旧心理的产生可以理解为同一种享乐不断重复后,其带来的满足感会不断递增,于是兴趣减少。在服装选购方面,表现在服装的风格、款

The generation of "abandoning the old for the new" psychology can be understood as the same enjoyment continually repeating, and the satisfaction it brings will continue to increase, so the interest will reduce. In the aspect of clothing purchase, it is

式、色彩、配饰等多个方面。人们逃避平淡的生活，在服装上寻求改变和刺激。喜新厌旧心理包括集体求新、个人一贯求新和个人偶尔求新等。

manifested in the styles, colors, accessories and so on. People evade a dull life and seek changes and excitement on clothing. The new and old-fashioned psychology includes collective innovation, personal pursuit of the new and individual occasional innovation.

五、求异心理(Seeking Difference Psychology)

求异心理在服装方面可以从财富、地位、超前意识、品牌品位等方面得以表现，是通过展示外表来达到心理上的一种满足感，或获得超越感，或引人注目，或张扬个性。无论哪种，都是通过自我的着装形象，在人群中制造个人的超越感和鲜明的印象。

In the clothing industry, seeking difference psychology can be expressed in terms of wealth, status, advanced consciousness, brand taste, etc., it is through displaying the appearance to achieve a psychological satisfaction, obtain a sense of transcendence, be in the spotlight, or extend individuality. Either way, through the self-dressing image, the individual's transcendence and vivid impression are created in the crowd.

爱美、喜新厌旧、求异心理可以归纳为求新求异心理，而从众和模仿心理可以归纳为惯性心理。人们求新求异，渴望不同的心理是流行产生的基础和重要动力，这种心理推动了新事物的产生和发展。当新事物发展到一定程度并形成一定的势力和规模后，惯性心理开始发挥作用，吸引了更多的人来跟随新事物，从而形成大众层面的流行行为。

六、自然因素(Natural Factors)

地域的不同和自然环境的优劣使各地服装的形成保持了各自的特色。从全世界的服装发展进程来看，其都是顺应本地域的自然环境和条件而发展的。自然因素对于服装流行起着一定的影响，这种影响常常是一种外在和宏观的，主要包括地域因素和气候因素。

The difference in geography and the quality of the natural environment make the formation of garments maintain their own characteristics. From the perspective of the world's garments development process, it is developed in accordance with the natural environment and conditions of the local domain. Natural factors have a certain impact on the clothing fashion. This influence is often an external and macroscopic one, mainly including geographical factors and climatic factors.

七、气候因素(Climatic Factors)

保温、御寒是服装的基本功

Insulation and warmth are one of the basic

能之一。因此,服装的流行也受到气候的变化和四季更替的影响。从古至今,人们在设计、制作服装的时候,相当程度上是为了适应其生存环境的气候条件。气候条件的区域性和综合性特点又直接决定了此地区的服装风格。

functions of clothing. Therefore, the popularity of clothing is also affected by climate change and seasonal changes. Since ancient times, when designing and making garments, people have adapted to the climatic conditions of their living environment to a considerable extent. The regional and comprehensive characteristics of climatic conditions directly determine the clothing style of the region.

对于服装的流行,人们都需要根据各地的气候条件进行适度的调整和选择,使之适应气候特征。

八、地域因素(Geographical Factors)

地理条件是人们居住地的地理环境影响下的因素,服装要充分考虑到地理条件对人体生理的影响。设计制作最适合某种特定地理条件的服装来保证人体生理需求的最大限度满足。对于不同地域的人,其所处的自然环境、风俗习惯、思想观念等都会影响自身对服装的态度。对于服装流行信息的获得与影响程度,都因地理位置和人文环境的不同而各有差异。

Geographical conditions are factors under the influence of the geographical environment in which people live. Clothing must fully consider the influence of geographical conditions on human physiology. Design and manufacture garments that are best suited to a particular geographical condition to ensure maximum human physiological needs. For people in different regions, their natural environment, customs, ideas and so on will affect their attitude towards clothing. The degree of acquisition and influence of clothing fashion information varies according to geographical location and humanistic environment.

大城市的人们更容易接受新的观念并对流行产生推动作用,他们能够及时地获悉和把握服装的流行信息,并积极地参与到服装潮流中去;而一些小城镇的人们则会较少或较慢地接受服装的流行信息,对新的流行缺乏亲和力;那些身处边缘山区、岛屿的人,还会固守自己的风俗习惯和服饰行为。也正因为如此,在世界范围内形成了一些极具地域特色的穿着方式,这些穿着方式也可以成为流行元素,对国际服装流行起到积极作用。

第九节 小结 Summary

（1）当我们思考流行的影响因素这个问题时，可以从宏观和微观两个层面切入。从宏观环境层面看，包括来自经济、政治、法律、文化、技术方面的因素。从微观环境层面看，包括消费者、中间商、供应商、竞争对手、社会公众方面的因素。这些因素从宏观和微观两个层面共同影响消费者、流行与时尚世界。

（2）文化因素。任何一种流行现象都是在一定的社会文化背景下产生和发展的，因此也受到文化观念的影响和制约。

（3）社会因素。纵观人类服装发展史，每一次服装的流行变迁都映射出当时的时代特征与社会变化的轨迹。各个历史时期的政治运动、经济发展、科技进步及文化思潮的变化都可以在服装流行中以不同的面貌特征反映出来。

（4）技术因素。一方面，它促进服装发展，为流行注入更多新元素；另一方面，它促使流行信息的交流，加快了流行信息的传播速度。从服装史的发展来

(1) When we think about the factors affecting popularity, we can cut in from the macro and micro levels. From the macro-environment level, it includes factors from economic, political, legal, cultural and technological aspects. From the micro-environment level, it includes factors such as consumers, middlemen, suppliers, competitors and the public. These factors affect the consumers, fashion and the fashion world from both macro and micro levels.

(2) Cultural factors. Any kind of popular phenomenon is produced and developed under a certain social and cultural background, so it is also influenced and restricted by cultural concepts.

(3) Social factors. Throughout the history of development of human ' s clothing, every change of popularity of clothing reflects the traits of the ego and the trajectories of social changes. Changes of political movements, economic development, scientific and technological progress, and cultural trends in various historical periods can be reflected in different features in the fashion.

(4) Technical factors. On the one hand, it promotes the development of clothing, injects more new elements into popularity; on the other hand, it promotes the exchange of popularity information and accelerates the spread of popularity information. From the perspective of the development of clothing history, technology has

看，技术给人类的衣着带来了巨大的改变。新科技、新发明极大地丰富了人们的服饰，不断地演绎成为流行元素。

brought tremendous changes to human clothing. New technologies and inventions have greatly enriched people's clothing and accessories, and they have ceaselessly become fashion elements.

(5)经济因素。服装是社会经济水平和人类文明程度的重要标志。经济是社会生产力发展的必然产物，是政治的基础，是服装流行消费的首要客观条件，所以社会的经济状况是影响服装流行的重要因素。经济水平是服装流行的物质基础，一种新的服装样式广泛流行的原因，首先是社会具备大量生产此类服装样式的能力，其次是人们具备相应的经济能力和闲暇时间。

(5) Economic factors. Clothing is an important indicator of the level of social economy and human civilization. The economy is the inevitable outcome of the development of social productive forces, the basis of politics, and the primary objective condition for the consumption of clothing fashion. Therefore, the economic situation of the society is an important factor affecting popularity of clothing. The economic level is the material basis of popularity of clothing, and the reasons why a new style of clothing is widely popular include: firstly, the society has the ability to produce such clothing styles, and secondly, people have the corresponding economic ability and leisure time.

(6)政治因素。虽然一个时代的政治因素是造成流行的外部因素，但它直接影响到人们的生活观念、行为规范，促使人们的着装心理和着装方式与之协调，所以往往能够影响时代的着装特征。历史上，许多典型的政治事件都对服装的流行起到推动作用。

(6) Political factors. Although the political factors of an era are the external factors that cause popularity, they directly affect people's life concepts and behavioral norms, and promote people's dressing psychology and dressing ways to coordinate with them, so they can often influence the dressing characteristics of the ego. Historically, many typical political events have contributed to the popularity of clothing.

(7)心理因素。在经济快速发展的今天，服装的功能早已超越了保暖，而更多地体现在审美方面。每个人都在有意识或无意识地受到流行的影响并产生一些微妙的心理反应，同时，正是由于这些心理反应使服装流行不断地向前发展。主导人们

(7) Psychological factors. Today, as the economy is developing fast, the function of clothing has long surpassed keeping warm, and represented on the aesthetic aspect more. Everyone is consciously or unconsciously influenced by the fashion and produces some subtle psychological reactions. At the same time, due to these psychological reactions, the fashion trend continues to develop. There are many factors that lead

流行心理的因素很多，其中主要体现在以下几种：爱美心理、从众心理、求异心理等。

people's fashion psychology, which are mainly reflected in the following types: aesthetic psychology, herd mentality, and seeking difference psychology and so on.

第十节　思考与讨论 Thinking and Discussion

(1)结合本章内容，联系某一时尚事件，思考是哪一种影响因素引发该流行现象。

(2)谈谈你对近年流行现象中出现的手工艺热的理解。

(3)请思考政治因素如何影响流行发展。

(4)请谈谈经济因素如何影响流行发展。

第五章　流行趋势预测信息的收集

Chapter Five　Collection of Fashion Trend Forecasting Information

第一节 导论 Introduction

本章的学习目标是使学生理解流行信息的来源,学会通过各种渠道收集流行情报。主要内容有以下几个方面:

(1)几类主要流行趋势预测机构。

(2)流行色发展的过程。

(3)对流行趋势信息收集的来源进行归纳。除了一级、二级、三级市场信息,消费者信息,媒体信息,区域文化信息,新兴科技及相关行业信息以外,还包括来自网红、街拍、社群、意见领袖等的信息。

(4)品牌调研的方式与一手、二手趋势信息资源的收集。

(5)流行趋势的主要参考网站与主题。

(6)消费者的流行采用与接受时间。

(7)时尚中心的必要条件(包括人口密度高、经济发达、文化多元等)。具体框架见图5-1。

The goal of this chapter is to enable students to understand the sources of fashion information through various methods. The main contents of this chapter are as follow:

(1) Several types of main fashion forecasting agencies.

(2) The overall evolution of fashion colors.

(3) Summarize the sources of fashion trend information collection, which include: the primary, secondary and tertiary market information; consumers, media, regional culture, emerging technologies and related industries information; information from celebrities, street shooting, community, and opinion leaders.

(4) Brand research and first-hand and second-hand trend information collection.

(5) The main reference websites and theme of fashion trends.

(6) Consumers' popularity adoption and acceptance period.

(7) Necessary conditions of becoming a fashion center (including high population density, developed economy, multiculture, etc.). See Fig. 5-1

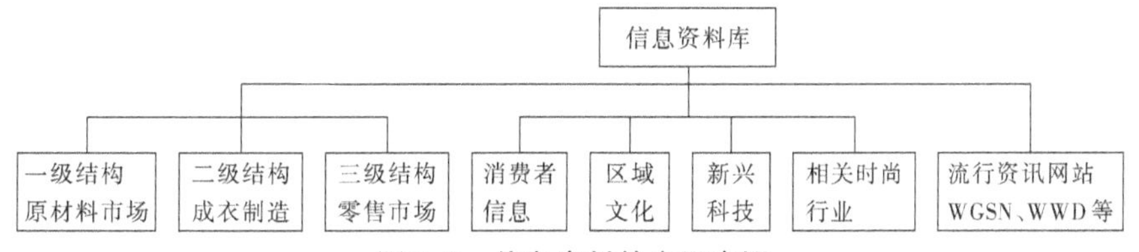

图5-1　信息资料的主要来源

第二节 一手资料

Primary Information

一手资料(Primary Information)也叫原始资料,是指经过自己直接收集整理和直接经验所得,包括原创性的文献资料、实物资料和口述资料。一手资料具有实证性、生动性和可读性的优点,特点是证据直接,准确性、科学性强。

Primary information refers to the direct collection and experience, including original literature materials, physical materials, and oral materials. Also, the primary information has the advantages of demonstration, vividness and readability, as well as being characterized by direct evidence, high accuracy and scientificity.

第三节 二手资料

Secondary Information

二手资料(Secondary Information)是对一手资料的分析、摘要和重组,甄别和总结了一个或者多个一手资料或者二手资料。二手资料指别人就别的目的先前已收集好了,而不是研究者就手边的研究而自己收集的资料。二手资料是非原创的,不具有新的观点。典型的二手资料如文献综述、教科书、非独家新闻、传记等,一般经过了仔细的品质审查,可以视作该专业领域中的共识,也是可靠的资料来源之一。

Secondary information is the analysis, summary and reorganization of primary information. It identifies and summarizes one or more primary information or secondary information. In addition, secondary information refers to the data others have previously collected for other purposes. Secondary information is non-original and does not have new perspectives. Typical secondary information such as literature reviews, textbooks, non-exclusive news, biographies, is generally subject to careful quality review which can be considered as a consensus in this professional field and also one of the reliable source.

第四节 流行信息来源

Resources of Fashion Information

一、来自一级结构的信息(Information from Primary Structure)

一级结构指服装制造原材料，范围包括各种面辅料，如纤维、毛皮、羽毛、金属、塑料等材料。对于设计师而言，了解有关服饰原材料的发展动向是创造流行的起点。(见图5-2)

The primary structure refers to the raw materials for garments manufacturing, and the scope includes various surface accessories, such as fiber, fur, feather, metal, plastic. For designers, understanding the development trend of apparel materials is the originating point of creating fashion. (Fig. 5-2)

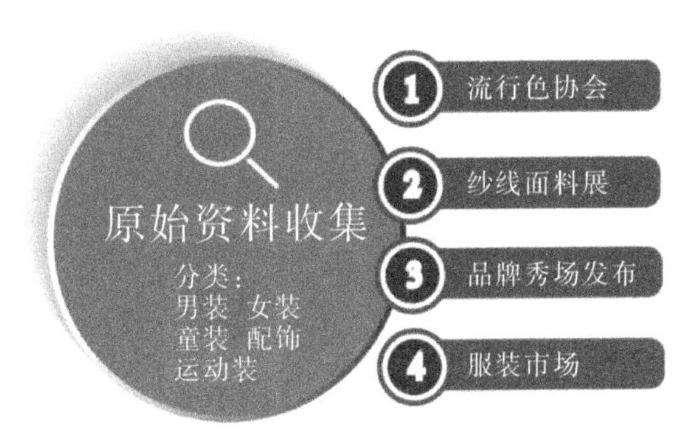

图5-2　原始资料的收集

纱线包括天然、合成以及混纺三种。新科技的不断创新使面料的种类、呈现效果不断更新和丰富，如天然颜色的棉花、天丝、莱卡等，都为新面料的开发生产提供了条件。同时，生产商们也会注意新的流行动向，如色彩、消费者对环保面料的需求等。

面料的开发早于款式设计，吻合流行趋势的服装材料才能获得消费者的青睐。大的零售商或品牌经营者会进行面料市场的研究，根据流行趋势预测报告(如色彩、纤维、印花图案等预测报告)定制面料，指导成衣制造商的生产。消费市场变化快速，纱线与面料的生产商必须不断进行流行趋势的研究，才能推出时尚的款式。

对于服装业来说，服装面料博览会在很大程度上决定了来年的趋势。面料供应商每年会在此时展示他们的成果，如随着技术的革新而变得更轻的粗花呢，每年都会有细微变化的单宁等。在这样的博览会上，一些大品牌会对某些面料进行独家采购。季节流行的色彩、面料材质等在时装周前的服装面料博览会上已经初见端倪。

国际性质的纱线、面料博览会对于整个流行市场起到相当重要的作用，这些博览会主要有法国国际纱线展(Expofil)、意大利国际纱线展(Pitti Immagine Filati)、第一视觉面料展(Première Vision)、纽约国际时装面料展(International Fashion Fabric Exhibition)、米兰国际面料展(Intertex Milano)、德国面料展(CPD Fabrics)等。目前我国较有影响力的展览是上海国际流行纱线展(Spinexpo)。

二、来自二级结构的信息(Information from Secondary Structure)

二级结构指的是成衣制造业。较之服装原材料的生产商，成衣制造商要在预定价格之内运用灵感源和服装廓形变化，创造出各种风格的服饰。他们对流行的预测更加依赖于设计师、买手和零售商提供的信息要求。

The secondary structure refers to the garments manufacturing industry. Compared with the manufacturers of clothing, the raw materials, garments manufacturers should use the inspiration and clothing silhouette changes within the predetermined prices to create a variety of styles. Their predictions for fashion are more dependent on the information requirements from designers, buyers and retailers.

二级结构信息来自国内外市场中的服装、服饰的制造商与设计师。各大百货商场、设计师品牌店、买手店等都是人们了解现行风格的场所。制造商、设计师和预测人员都必须不断地收集各种相关资料，相互观察、了解，以明确新的流行发展动向。

各大成衣博览会以及各国家或地区时装周是收集这些资料信息的丰富来源，这一级资料要尽量做到超前、快速，甚至侦探式收集。例如，巴黎、伦敦、纽约、米兰四大时装周，德国科隆国际男装展，东京时装周，中国国际服饰博览会，等等。

三、来自三级结构的信息(Information from Tertiary Structure)

三级结构指的是各级零售业。零售业是单纯地以获利为出发点的买卖过程。其中的获利程度灵敏地反映出准确的市场调研、谨慎的采购以及正确的销售定位。

The tertiary structure refers to the retail industry. The retail industry is a purely profitable business process. The profitability sensitively reflects accurate market research, careful procurement, and proper sales positioning.

来自各级零售业的信息是获取消费者消费偏好的第一手资讯。预测工作者首先从自家公司着手，分析自身业务、数据信息。同时还

Information from retailers is the first-hand advice to capture consumer preferences. People involved in the forecasting work, including designers, often need to start with their own companies first. At the

需要观察竞争对手的品牌销售与市场状况，比较自身的优缺点，在下一季调整。

same time, they need to observe the competitors' store status, compare their own advantages and disadvantages, and make adjustments in the next quarter.

卖场经过统计后的销售数据与报表如销售总量、同类款式的同期比较、同一款式在各级市场上的销售记录等都有助于对趋势的分析。品牌需要与各级零售商协调好关系，以便及时收集某一款式的销售记录。例如有些时尚品牌就有销售点情报系统(Point of Sales)，此系统通过扫描货品条形码，可实时收集商店各类销售、进货、库存等数据。

同时，品牌预测工作还要尽可能地了解竞争对手的销售情况，一些专门的分析机构是这类数据的来源，如中国市场情报中心、中国纺织信息中心等。

四、消费者信息(Consumer Information)

有关消费者的信息收集与分析是进行趋势调查的重要部分，通常会通过调查表、调查访谈、图像拍摄等方式来获得直接的信息，同时通过与经济相关的研究组织收集整理的数据与结论来获得部分辅助信息。

(一)街头调研(Street Research)

调研街头流动的人群是观察某个区域流行的直接渠道，也是采集某个区域消费者信息的一手资料来源。街头调研的方法包括对该区域大型服装卖场服装品牌状况、自营店风格状况等进行调研，对这些信息的观察有助于对本区域街头风格的认识。街拍也可以生动地记录该地区的流行特点及其与整体流行的契合度。

(二)价值观与生活态度的观察(Observation of Values and Attitudes towards Life)

在创造一个新品牌或是推广一个新理念之前，对于消费者价值观与生活态度的观察十分重要。消费者的生活方式是严谨还是休闲、消费者具有哪些特定的喜好活动、消费者喜欢哪些社交活动等都是新产品和新样式在宣传与推广时的决策依据。

(三)人口统计(Demographics)

人口统计资料可以从政府相关部门的网站、图书馆、某些贸易与消费杂志的研究部门、市场营销专家等渠道获得。

对流行造成影响的人口统计因素包括出生率、年龄分布、家庭结构、家庭收入、单身人士或情侣的收入情况、人口迁移、文化融合情况等。例如，出生率的增加可能带来对婴儿服装的需求，而老龄化人口的增加将推动特定服装的市场繁荣。这些基本资料可以帮助趋势预测人员发现新的消费趋向。

五、媒体信息(Media Information)

21世纪传媒的高度发达使流行传播变得更直接、快速。期刊、书籍、网络等提供的信息,几乎囊括了流行服饰行业中各个层面的相关信息和知识:对流行信息的研究与报道;揭示流行时尚的内幕;建议最新流行时装的穿戴方式;对过去流行现象的总结,预测未来流行趋势;评论各大品牌、设计师、社会名流的最新动态;介绍商家的运营与发展状况以及时装界的各种大小事件;等等。如Tommy Hilfiger在本季时装周加入"See Now, Buy Now"(即秀即买)模式,掀起一场创意狂潮。消费者可以通过各种社交平台购买本季秀场的时装,平台包括Snapchat。Snapchat广告显示在Stories上播出的服装,Tommy × Gigi联名系列成为头条,用户可以在故事里搜索、选择并购买单品。

Nordstrom尝试在Snapchat上发布独家内容,吸引青年大学生。该品牌推出现代化的抽奖活动,在校区鼓励学生参与在平台上发起的活动,赢取购物券。Nordstrom的关注度因此暴增60%,该滤镜被使用23万多次。(见图5-3、图5-4)

图5-3 Nordstrom在Snapchat上的抽奖活动

图5-4 ME UNDIES在Snapchat上加入故事内容

(图片来源:Snapchat官网)

该内衣与家居服品牌希望将Snapchat上的内容转化为交易。故事内容融入了品牌网址,将用户直接引导到其购物网页,该策略的转化率在目前已有10%—12%。虽然这是在程序内购买的功能,但是品牌可以通过这种方式驱动消费者登录其网页。

Live Stories直播功能为用户提供活动实况,并从不同用户角度展现多元化场景。最近,Snapchat与活动策划公司AEG合作,由AEG公司直播多个音乐节现场。故事还融入了来自用户的制作与幕后拍摄的内容。这一合作进一步建立Snapchat在音乐界的影响力。

BARE MINERALS美妆品牌借着Snapchat的影响力来拓展年轻人市场,为新产品Blemish Remedy做宣传。(见图5-5)广告与Amy Pham合作,推销新产品并展示视频,达到吸引青少年的效果。广告获得超过500万的观看量,提升了网站搜索流量。

图5-5　BARE MINERALS新产品Blemish Remedy

（图片来源：BARE MINERALS官网）

六、新兴科技(Emerging Technology)

随着科技的发展，越来越多的技术被运用于面料中，为服装注入新鲜的血液，对流行趋势造成重大影响。如3D打印技术、激光切割等。（见图5-6）

With the development of technology, more and more technologies are being used in fabrics, injecting fresh blood into garments, which has a major impact on fashion trends, such as 3D printing technology, laser cutting and so on. (Fig. 5-6)

图5-6　3D打印技术在服装中的运用

（图片来源：Iris Van Herpen官网）

纽约初创公司Vixole设计了一款运动鞋原型，帮助Pokémon大师们为游戏注入时尚元素。这款运动鞋与Pokémon应用程序（以及任何扩增实境和虚拟现实游戏）联结，当

Pokémon临近时会震动和发亮，同时发送推送消息，告知玩家它的位置。这款运动鞋采用内置的定制化LED屏幕，以及动作和声音传感器，提示穿者收到文字、电话和社交媒体信息。当其与Google地图结合使用时，则成为一种震动的脚部导航器。（见图5-7）

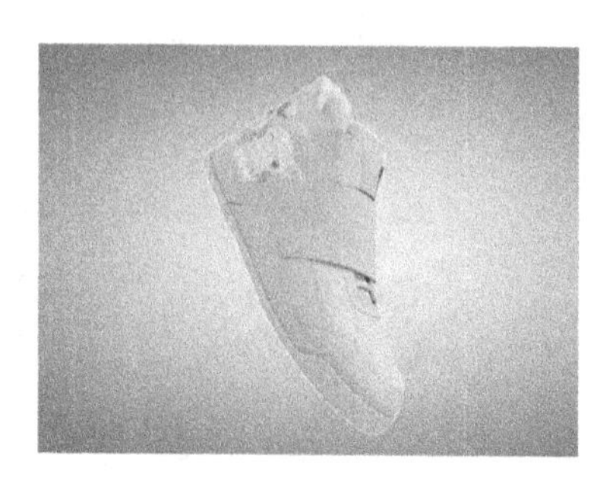

图5-7　Vixole的Pokémon运动鞋

（图片来源：Vixole官网）

APC × Outdoor Voices系列，名为A.P.C.O.V.，并被称为“融汇运动与都市的专题系列”，男女系列都将巴黎雅致风格与科技运动装相结合。高性能面料为过渡基本款增添吸汗、防风雨功能和运动弹性，适合于健身房或街头穿着。其黑色、灰色和海军蓝组成简约调色板，同时搭配碎花和迷彩印花。（见图5-8、图5-9）

图5-8　APC × Outdoor Voices系列

图5-9　自动修复面料

（图片来源：A.P.C.官网）

对于户外运动爱好者而言，衣服损坏现象时有发生。宾夕法尼亚州立大学的研究人员表示，你不必再丢弃昂贵的防水夹克，因为现在它可以自我修复。被视为下一代智能面料的所谓“活的面料”使用细菌和酶进行“自我治愈”。通过酵母和细菌，鱿鱼齿蛋白质被转化为一种液态涂层。将温水涂在破洞边缘，形成一种结实、灵活的可机洗黏合。尽管处于初级阶段，这项技术在运动、军事和医疗领域都有着巨大潜能。

七、时尚相关行业(Fashion Related Industries)

时尚相关行业指与服装行业相关的时尚产业,如美容美妆业、时尚杂志等。

The fashion related industries refer to fashion industries that are related to the apparel industry, such as cosmetic industry, fashion magazines and so on.

(一)美容美妆业(Beauty Industry)

美容美妆行业的流行趋势常与服装流行趋势结合,许多当季流行趋势都是从时装周后台最先开始的。美发与美容企业与时装周建立合作伙伴关系,并将其发展成强大的品牌市场营销工具。美妆品牌离不开时尚,时装周是源源不断的灵感之源。所以无论是产品开发,还是艺术、教育、培训,都能从时装周中采集灵感。这也进一步巩固了美妆品牌在彩妆界的权威地位。

(二)时尚杂志(Fashion Magazines)

时尚杂志作为普通人能够最易接触到的流行资讯期刊,融服装时尚潮流、美容美妆、珠宝配饰、趋势解读于一体,相较于动辄十几万元年费的流行趋势网站,它显得平易近人得多。在技术推进和政策宽松的情况下,在今天这样一个大众传播媒体无比发达的时代,传统杂志依然受到不小的冲击,开始纷纷寻求转型开发线上业务。

八、流行信息的其他来源(Other Sources of Fashion Information)

(一)网红(Online Celebrity)

网红全称"网络红人",网红已经成为网络时代的一大文化生态现象,是"草根明星"和"泛偶像"结合的成果。网络受众交流的群体比较广泛,但对网红所产生的消息最为敏感的是青少年群体。随着网络消费的不断增长,网红流行讯息的传播能力也随之提高。

2008年,张辛苑的一辑名为"马尔代夫的假期"的照片在网络上被转载,张辛苑也因此走红于网络。而往后张辛苑也以红唇和浓眉的复古式妆容形象被网络大众所熟知。2014年2月,*ELLE China*携手张辛苑参加国际时装周。在时尚界的高曝光率使得张辛苑的妆容慢慢被大众所喜爱,也使得许多人群使用类似的妆容来装扮自己。网络红人通过"同款"将这种流行讯息传达给受众群体。

微博上的美妆、搭配博主@YUKKIK以一辑"豆沙色口红"登上微博热搜之后,拥有了大量的粉丝,她的图片质量高且精美,在粉丝内具有一定的号召力。

(二)街拍(Street Snap)

近年来,捕捉街头时尚的"街拍"愈演愈烈。时尚网站、论坛、微博中的"街拍"也是十分火爆，如"中国时尚街拍网""海报时尚网——街拍"。而这种"街拍"最早来源于国外杂志，为了体现时尚元素，这些杂志不仅要及时介绍各大时尚秀场上的时装发布，还要传递来自民间的最新流行讯息。所以看得出"街拍"的出现源自对流行与时尚的关注与追逐，时尚在这个过程中不断地被模仿被创新。对比"中国时尚街拍网""海报时尚网——街拍""YOKA时尚网——街拍"，不论是按地域区分、按拍摄人群来看，还是按照拍摄品类来看，大部分的街拍内容无非是明星、模特或者普通人上街的着装和搭配，其目的性和着重点都在于传播流行讯息。

（三）社群（Community）

社群是一个社会群体圈子，是将有共同精神追求的人聚集在一起。

Nike SB在2013年底推出的一款运动手机App，为全世界的滑板爱好者打造交流学习的专业平台。其目的是聚集世界各地的滑板"发烧友"，打造有持续发展潜力和关注度的交流平台，满足多样化需求。这款App让玩家们爱不释手，大大增强了他们对该运动品牌的忠诚度；同时借助这款App，该运动品牌也极大提升了旗下产品的曝光率。

（四）意见领袖（Opinion Leader）

实际上，许多人并不是直接通过大众传媒获取讯息，而是通过意见领袖获取。意见领袖作为媒介信息和影响的过滤和中继环节，对流行讯息传播的效果产生了重要的影响，这样的传播方式常常是多级传播，一传十，十传百。

自媒体的发展与壮大使得许多意见领袖出现，时尚自媒体YangFanJame以时尚设计、穿搭作为基础对象进行评论，其毒辣和精准的评论受到许多读者的追捧。YangFanJame也通过自媒体平台将自己所接收的流行讯息传达给受众群体。

第五节　国内外流行资讯网站

Domestic and Aboard Websites of Fashion Information

一、世界时尚资讯网（Worth Global Style Network）

世界时尚资讯网（Worth Global Style Network，WGSN）是全球领先的趋势预测机构，为时装、时尚、设计以及零售等各大产业提供具有创

Worth Global Style Network (WGSN) is the world's leading trend forecasting organization, providing the innovative trend information and business information for clothing, fashion, design and retail

意的潮流资讯和商业信息。WGSN自1998年初成立以来，一直被视为最具活力的在线服务。由WGSN旗下200多名经验丰富的编辑和设计师组成的团队，走访于世界各大城市，并与遍及世界各地的资深专题记者、摄影师、研究员、分析员及潮流观察员组成了强大的工作网络，带回独特的见解和创意灵感，并发回实时零售报道、季度趋势分析、消费者研究和商业资讯。其资料库拥有超过10年以来的原创CAD图、趋势分析、时装秀报告和竞争情报。

industries. Since its inception in early 1998, WGSN has been regarded as the most dynamic online service. WGSN's more than 200 experienced editors and designers visited various major cities around the world, formed a strong network with experienced journalists, photographers, researchers, analysts and trend observers around the world, brought back with unique insights and creative inspiration, and sent back real-time retail coverage, quarterly trend analysis, consumers' research and business information. Its database has the original CAD drawings, trend analysis, fashion show reports and competitive intelligence for more than 10 years.

数据库的内容可根据趋势分析周期分为以下三个部分：

第一，提前24个月预测未来的资讯：包括《灵感源泉》《创意指导》栏目的消费者态度和行为、设计创新、文化和思潮的发展动态、文化与艺术灵感、思想领袖访谈。

第二，提前12个月超前趋势的分析：包括《设计与产品开发》《色彩与面料》《标牌与包装》《采购》《市场营销》栏目的特色分类/行业、色彩方向、季度系列、面料与纺织品预测。每个领域的季度资讯和产品报告都是从早期的研究成果发展而来的。专家对每部分都精选了导向性的色彩、当季的主要单品、趋势影响、面料、针织品、图案、饰边与细节以及造型概述。

第三，实时追踪全球行业分析：包括《展会博览》《时尚店铺》《零售和橱窗布置》《营商策略》栏目的展会分析、街拍、零售概念和设计、比较购物报告、产品报告、商业资讯。

WGSN网页主要有报告、图片、设计资源、新闻、博客、潮流都市、活动日历、媒体与视频八大块内容。（见图5-10）

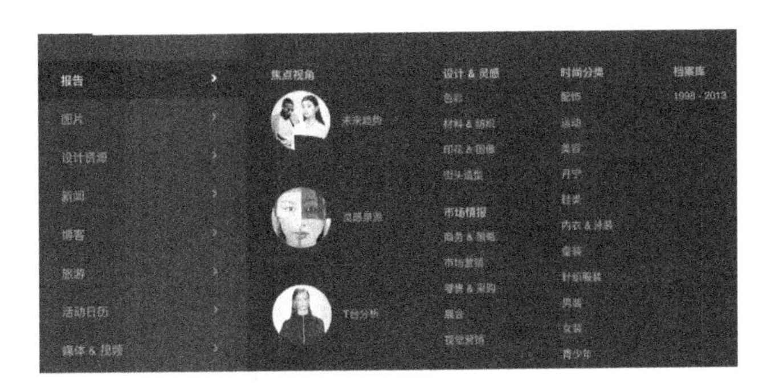

图5-10　WGSN网站截图

（图片来源：WGSN官网）

报告内容极具前瞻性，主要有关于未来趋势的预测、市场情况的调研报告以及可用于服装的新兴科技报告等。不论是流行色预测还是面料、印花、廓形等预测都可在此模块中找到。为了满足不同企业不同的生产周期，WGSN提前两年就开始发布一些预测报告，让设计师有一个整体的观点，并将它们转换成成衣。图片模块主要为一些T台秀场照片和已经上市的服装产品，街拍，各类型展会或是与视觉营销有关的图片。设计资源模块内更多的是色彩、款式、笔刷、原创印花等资源。（见图5-11）博客模块主要为一些时尚博主撰写的文章，可以通过Facebook、Twitter、Insgram等社交软件分享。旅游模块则是各地一些有趣的店铺或是与艺术、时尚有关的事件。媒体与视频是WGSN开发的相关App链接及介绍和秀场展会等活动相关的视频链接。（见图5-12）

图5-11　设计资源栏

图5-12　WGSN的都市板块

（图片来源：WGSN官网）

活动日历模块是世界范围内一些展会或是时装发布的时间。新闻模块内主要为国内外企业、品牌、外贸、政策、科技、家纺、展会、零售等与时尚行业相关的消息。（见图5-13）

企业, 品牌, 国际, 服装, 零售

H&M拟在印度大举扩张

2016年04月06日

瑞典时装零售巨头H&M将投资70亿印度卢比（约1亿零530万美元）用于扩张其在印度的店铺规模，并将探索在城郊地区开设新店铺的机会。

H&M计划今年在印度开张4家新店铺。该品牌的印度区域总监Janne Einola告诉印度报业托拉斯称，在本次扩张中，店铺位置是否有足够的商业吸引力是主要的决定因素。

Einola说："我们相信还有很多的业务增长空间，我们不会把自己局限在闹市区。"他补充道："H&M将会把重点放在开设全资拥有的店铺上，而不是特许经营店。

尽管实体店是本次扩张的重点，但是Einola称将来也会和印度的设计师以及电商行业合作开发更多的商业模式。该品牌目前在印度拥有四家店铺。

打印　添加到收藏夹

图5-13　WGSN的新闻板块

（图片来源：WGSN官网）

WGSN深入19个专业领域，从行业新闻、产品开发、色彩、面料、趋势分析、展会、零售、秀场、街拍、名流时尚、市场营销等各个方面分析报道，包括女装（Womenswear）、男装（Menswear）、牛仔装（Denim）、少年服装（Youth）、运动装（Sport）、童装（Kidswear）、纺织品（Textiles）、印花与图案（Print & Graphics）、鞋品（Footwear）、配饰（Accessories）、妆容（Beauty）、室内设计（Interiors）、针织物（Knitwear）、内衣（Intimates）、泳装（Swim）、细节及饰边（Details & Trims）、学生及毕业生（Student & Graduate）。

二、美国棉花公司（Cotton USA）

美国棉花公司是在1970年由美国棉花生产商和棉织品进口商出资成立的，当时的主要任务是解决因消费者转向合成纤维产品而造成的棉织品市场份额流失问题。那时除了牛仔裤、T恤衫和浴巾之外，市场上几乎没有棉织品。为挽救棉花和棉织品市场，美国棉花公司采用了"推/拉"的市场战略，目标是通过产品和工艺研发"推动"棉织物的创新以满足客户需求，同时通过广告和促销"拉动"棉织产品销售。为此，美国棉花公司在宣传中，把棉花定义为美国发展历程的一部分，打出了"感受棉花，享受生活"的口号。经过一番艰苦努力，到1983年，美国棉花公司成功地止住了棉织品市场份额的下滑，在很长一段时期内保持了消费者人数和市场份额的稳定增长。服装和家纺等棉织产品的市场零售份额在1998年达到了60%。这标志着从20世纪60年代引入合成纤维以来，棉花首次占据市场主导地位。（见图5-14）

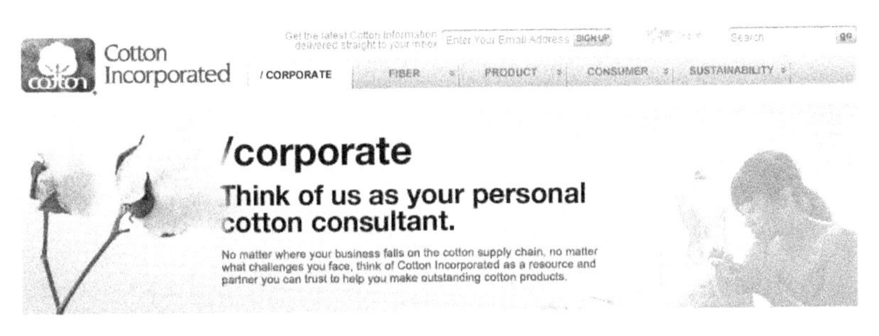

图5-14　美国棉花公司官网页面

（图片来源：美国棉花公司官网）

美国棉花公司负责流行预测的流行市场部位于纽约曼哈顿麦迪逊街488号，共分成三个小组：流行色与面料趋势预测小组、服装款式预测小组和家用纺织品预测小组。美国棉花公司的时尚专家每一年都会到世界各地收集有关棉纺织品的最新流行信息，参加各地的主要流行趋势预测会，并把收集到的信息进行汇总，通过系统的分析，得到有关棉纺织品的色彩面料等其他方面的流行趋势。这些信息对及时把握市场动态、制订市场策略都非常有帮助。每年，流行趋势专家还在伦敦、巴黎、米兰、香港、东京、新加坡、上海、洛杉矶、纽约等25个城市开展流行趋势巡回演讲，听众为来自1700家公司的4000多名专业人士。每年的流行趋势讲座极大地影响了采购商和设计师，目的是使棉及富含棉的纺织品在市场上居主导地位。

美国棉花公司通过工业、文化和生活方式获取的灵感——概念、颜色、面料应用、轮廓，来解读新一季的流行趋势，深受服装设计师、面料设计师、品牌市场企划、产品研发和采购人员的关注。其目标是通过产品和工艺研发“推动”棉织物的创新以满足客户需求，同时通过广告和促销“拉动”棉织产品销售。

美国棉花公司流行趋势包括印花织物流行趋势、织物面料趋势、牛仔织物趋势、ACTIVE服装面料趋势、色彩趋势、家纺色彩趋势。图5-15为2017春夏美国棉花公司家纺色彩趋势。

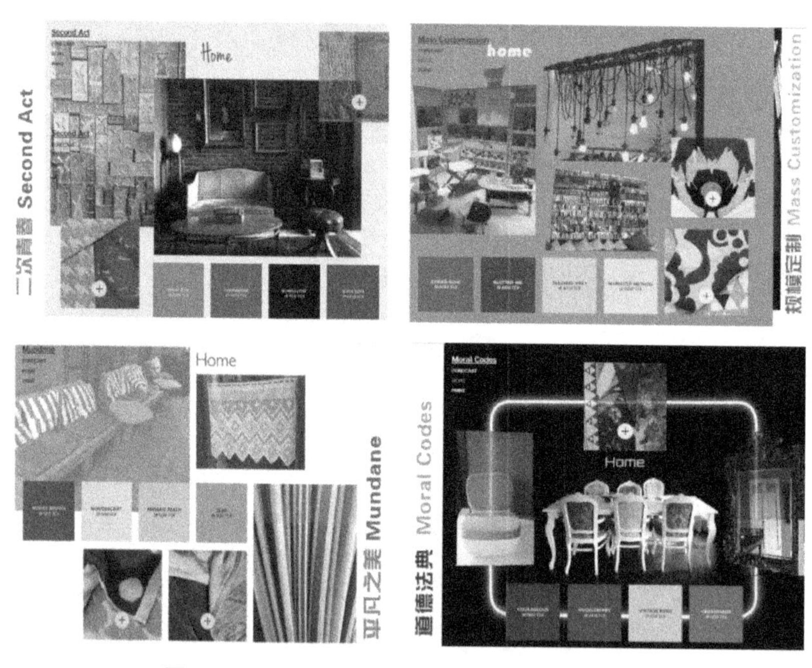

图5-15　2017春夏美国棉花公司家纺色彩趋势

（图片来源：美国棉花公司官网）

三、第一视觉面料展（Première Vision）

第一视觉面料展即Première Vision面料展，简称PV展。第一视觉创建于1973年，是以1100家欧洲组织商为实体，面向全世界的顶尖面料博览会。它分为春夏及秋冬两届，2月为春夏面料展，9月为秋冬面料展。PV博览会不仅仅是搭建了一个成功的贸易平台，它还是最早对纺织面料产业进行产品引导的博览会。（见图5-16）

图5-16 2018春夏法国巴黎第一视觉面料展展厅

（图片来源：WeArTrens时尚资讯网）

2018春夏Première Vision巴黎面料展规模创历史新高，吸引了1898个参展商。尽管当时的政治环境和经济局势不佳，却也没有影响品牌前来展示自己的最新成果。除了常规纱线和面料厂商展示，展会还新增了纱线&针织趋势论坛，Sophie Steller Studio也带来了不少在针织和服装结构上的创新。其休闲造型增多，出现了各种触感效果，从凸纹布、涂层布、褶皱面料的干燥手感，到跨季拉绒面料的舒适手感，应有尽有。

整个面料展的展品囊括毛型及其他纤维制面料、亚麻面料、丝绸类面料、牛仔灯芯绒面料、运动装/休闲装用面料、色织/衬衫面料、蕾丝/刺绣/缎带、印花面料以及针织面料等。

从春夏季到秋冬季，Première Vision展示了最具创意、最令人震惊的服装面料。中国有许多大的纺织和服装企业以及优秀的设计师，但在面料的设计及后整理等客观因素上与欧洲面料依然存在着不小的差距。而服装品牌在市场中的优胜劣汰在一定范围内取决于面料的质量与品位。PV展不仅给中国的企业及设计师们提供一个广阔的创作空间，也给中国的服装企业带来西方视角的时尚信息解读。图5-17为面料图案趋势内容。

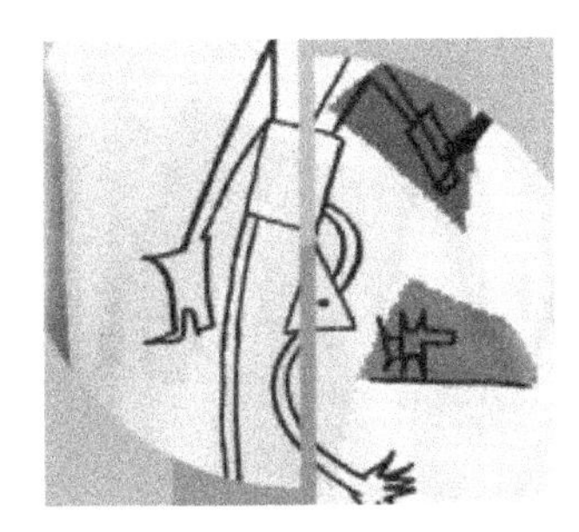

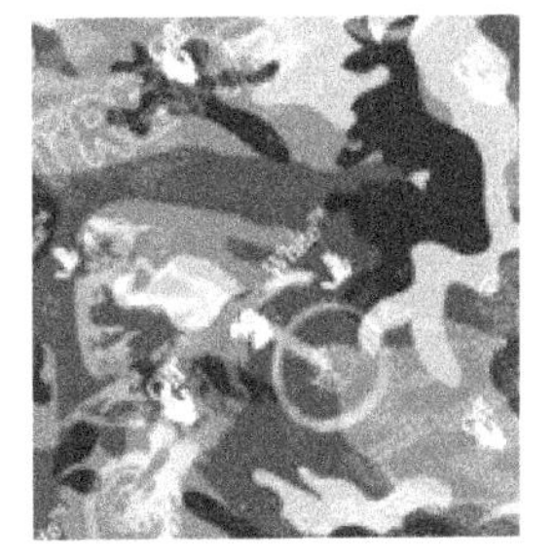

图5-17 面料图案趋势

（图片来源：POP服装趋势网）

表5-1对三大国外流行资讯网站进行了对比分析。

表5-1 三大国外流行资讯网站对比分析

	WGSN	美国棉花公司	第一视觉面料展
机构属性	全球时尚趋势预测和分析公司	美国陆地棉花生产者及进口商的研发和推广机构	面料博览会
机构诉求	提供有关服饰、潮流、设计和零售方面的创意指导和商业分析	保持和继续拓展棉花的市场份额和棉制产品的可营利性	发布最新面料和流行趋势，公布世界纺织品和服装的最新走向
目标客户	设计师、买手、时装品牌、零售商、制造商、室内设计公司、电子产品公司、玩具公司、邮购产品服务商、文具、美容行业	生产者和零售商、成衣厂商、家用纺织品制造厂商、采购商和设计师	面料厂商、生产者和零售商、成衣厂商、设计师
流行趋势预测范围	深入19个专业领域，从该行业的新闻、产品开发、色彩、面料、趋势分析、展会、零售、秀场、街拍、名流时尚、市场营销等各方面分析报道	围绕棉、印花、牛仔织物以及家纺从色彩、面料等方面展开趋势预测，一般以4—5个主题的形式呈现	展示最新的各类纺织面料实物
小结	各类流行趋势预测的大数据让未来设计方向维度更广也更精准	趋势预测内容具有明显的对于棉纺织品的针对性。同时局限性也不可避免	各类高端创新的服装面料在数量和质量上都非常惊人，使得服装行业更加富有创新性

四、国内服装类高校提供的趋势预测平台（Trend Prediction Platform Provided by Domestic Fashion Colleges）

时尚资讯对于服装类学院来说是必要的信息，所以国内各大服装类高校的图书馆都为学生提供了各种时尚资讯趋势平台，比如英国时尚预测机构WGSN时尚版、Berg时尚图书馆、Data Park（数据公园）等，详见表5-2。

表5-2 国内服装类高校提供的时尚资讯趋势平台

高校名称	时尚趋势平台
北京服装学院	WGSN时尚版、Data Park（数据公园）、Berg时尚图书馆、The Vogue Archive、*WWD*（《女装日报》）
东华大学	WGSN时尚版、Berg时尚图书馆、The Vogue Archive、*WWD*（《女装日报》）
武汉纺织学院	WGSN时尚版、Data Park（数据公园）、Berg时尚图书馆
清华大学美术学院	WGSN时尚版

续表

高校名称	时尚趋势平台
中央美术学院	Data Park(数据公园)、The Vogue Archive、*WWD*(《女装日报》)

(一)WGSN时尚版(WGSN Fashion Edition)

在各大高校使用最多的时尚趋势平台就是英国的WGSN时尚版(见图5-18),WGSN时尚版是全球领先的在线时尚预测和潮流趋势分析提供商,通过在线网络为各时尚产业以及业界精英提供来自全球时尚之都的最新专业时尚资讯。WGSN拥有百余名创作及编辑人员,常年奔走于各大时尚之都,与遍及世界各地的资深专题记者、摄影师、研究员、分析员及潮流观察员组成了强大的工作网络,实时追踪新近开幕的时装名店、设计师、时装品牌、流行趋势及商业创新等行业动向。2014年,WGSN和StyleSight合并,于8月4日推出全新的综合性平台,既保持了资讯分析的敏锐精良,同时使报告及图片的浏览检索更为便捷。WGSN报告有英文、西班牙文、中文、日文和韩文等5种语言的版本,某些板块或报告只推出英文版,网站有特别标注。WGSN报告每天更新,不同类型的报告发布的时间不一。

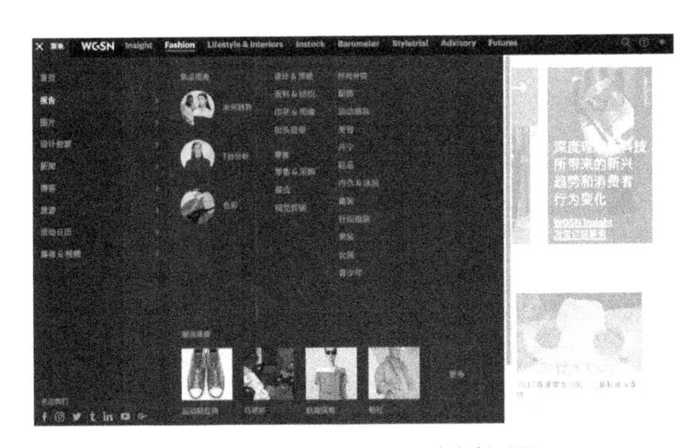

图5-18 英国的WGSN时尚版网页

(图片来源:WGSN的官网)

(二)数据公园(Data Park)

数据公园(见图5-19)是由数库(北京)科技有限公司推出的创新趋势、设计研发、商业与用户监测和数据分析公司,立足于中国行业情况,以全球视角提供领先的设计趋势洞察、消费者研究、创新和商业决策数据支持,以帮助设计和创新决策者发展具有竞争力的想法、创意和创新结果。数据公园的数据库分为建筑数据库、室内数据库、产品数据库、时装数据库、品牌数据库、消费者洞察数据库，其中时装数据库从设计灵感、趋势洞察、营商三个方面提供最近资讯和分析。

图5-19　数据公园网页

（图片来源：数据公园官网）

（三）Berg时尚图书馆（Berg Fashion Liberary）

Berg时尚图书馆（见图5-20）是由牛津大学出版社出品的全球权威的时尚与服装设计类数据库，能满足处在各个不同职业阶段的时尚与服装设计工作者的需要。Berg时尚图书馆提供在线教师课程教案、每年更新两次的《Berg世界服饰和时尚百科全书》、独家收录的时尚界专家的专业观点与评论、超过70册的Berg时尚类在线电子图书、全球著名博物馆名录和研究图片、时尚领域的经典文章，还有由世界知名的时尚历史学家Valerie Steele主编的《A-Z of Fashion》《时尚历史字典》等。

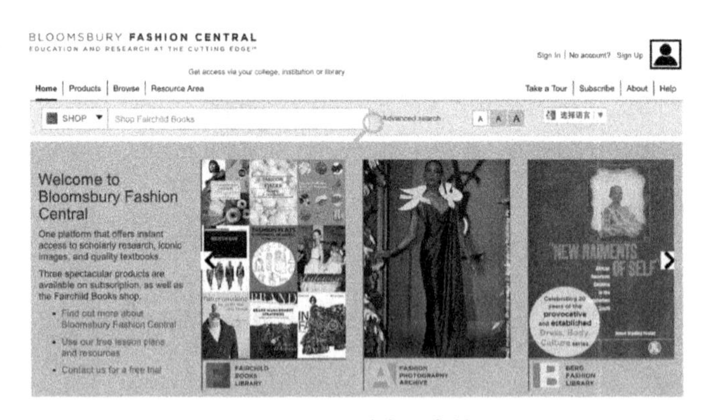

图5-20　Berg时尚图书馆网页

（图片来源：Berg Encyclopedia of World Dress and Fashion网站）

（四）The Vogue Archive

The Vogue Archive（见图5-21）属于ProQuest，提供*Vogue*（美国版）的电子版现刊及

回溯内容，囊括了*Vogue*(美国版)自1892年至今发行的全部期刊以及300余万页20到21世纪最伟大的设计师、摄影师、造型师和插图画家的佳作，构成了美国和国际社会流行文化的独有的记录。不论是过去、现在还是未来，The Vogue Archive都是学习时尚、性别和现代社会历史研究必不可少的资源。该数据库每月与杂志新刊发行同步更新，主题涵盖纺织品和服装、时装发展史、流行文化、性别研究、摄影和平面设计、市场营销和广告等，内容格式包括广告、文章、时尚摄影等。数据库再现了杂志高分辨率的彩色页面图像，包括每一页资讯、广告、封面和折页，里面的社论、封面、广告和图片专题都可以被单独准确检索到。可以按服装类型、设计师、公司、品牌、时尚风格、材料、图中人物、摄影师、造型师、插图作者等进行精确搜索。

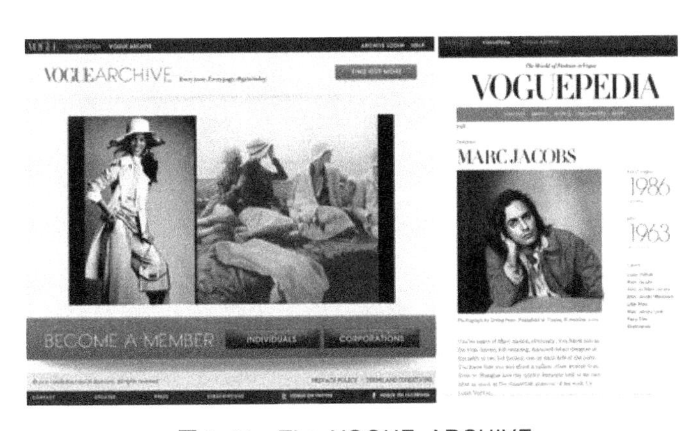

图5-21　The VOGUE ARCHIVE

(图片来源：VOGUE官网)

(五)《女装日报》(*Women's Wear Daily*)

《女装日报》(*Women's Wear Daily*, *WWD*)(见图5-22)发售于1910年，被业内人士广泛认为是"时尚圣经"，或时尚界的"华尔街日报"，是时尚产业中最具影响力的刊物之一。该报每日发行，是时尚和美容的商业记录，商业聚焦在企业形象、新闻报道和评论上。该报追踪行业日常新闻、评论及社会经济趋势，出版记录了时尚行业的关键历史时刻、主流的女性时尚趋势、主要的设计师、品牌、零售商、广告等。ProQuest收录了《女装日报》的往期资源，回溯从1910年创刊号至今的全部刊物内容，以高分辨率的图像重制，每一页的文章、广告和封面都提供文本检索和索引，可对配件、广告、美容、商业、通信、时尚、头版、零售和小道消息等内容进行搜索。内容按公司、品牌、摄影师、造型师等分类，可进行精确搜索，适用于零售业、时尚史、流行文化、性别研究、市场营销和广告等研究。

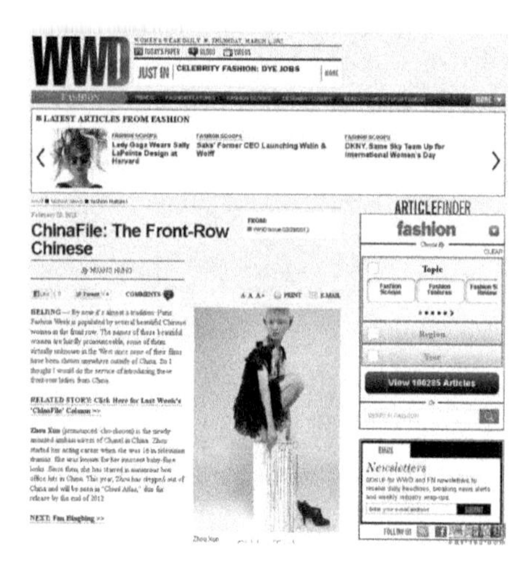

图5-22　*WWD*(《女装日报》)网页

(图片来源:ProQuest数据库)

除了购买使用时尚咨询公司的数据库外,不少高校也纷纷建立起富有自身特色的时尚信息资源库,创办立足于中国服装市场,服务于国内品牌,以高校研究为核心的时尚趋势研究中心。

北京服装学院先后创办了TRANSTREND时尚趋势研究与设计中心和中国时尚研究院。TRANSTREND时尚趋势研究与设计中心由谢平老师于2007—2009年创建,属于BIFTPARK的一部分。BIFTPARK,即2012年3月由北京市人民政府与北京服装学院共建的"中关村科学城第四批签约项目——北京服装学院服饰时尚设计产业创新园",由北京北服时尚投资管理中心负责运营管理。TRANSTREND以流行趋势预测与应用为特色,并将研究成果服务于相关行业机构,如流行趋势预测与设计、企业产品开发、服装服饰系列产品设计等,实现高校创新资源和研发成果的市场化转移。

中国时尚研究院于2015年7月16日成立。研究院由北京服装学院、广州例外服饰有限公司、中国社会科学院财经战略研究院、爱慕集团、龙信数据(北京)有限公司、中关村智慧环境产业联盟、《艺术与设计》杂志社、北京荣邦天翼文化创意投资有限公司等8家创始成员联合创办。中国时尚研究院旨在通过学术研究、人才培养与行业实践的有效结合,以"深化时尚领域研究,服务行业发展,构建交流合作平台,打造特色高端智库"为宗旨,坚持"共有、共建、共享"之理念,不断探索实行新型体制机制,凝聚整合全球研究力量,培育全领域专兼结合的研究队伍,促进"产学研用"结合,建设国际时尚领域的科研高地和数据中心,在学术研究、人才培养、决策咨询、社会服务、国际交流等方面发挥思想理念引领、推动行业发展的积极作用。

上海的东华大学也拥有雅戈尔男装研究中心、职业装研究所、TREND INDEX时尚咨询、海派时尚这些高校创办的时尚咨询趋势平台。

“东华大学-雅戈尔男装研究中心”于2007年10月22日，由雅戈尔集团股份有限公司与东华大学共同创立。研究中心设在东华大学校内，由雅戈尔集团提供资金支持。中心致力于研究先进的国际男装文化、行业动态、发展趋势、品牌经营、企业管理、市场营销和设计理念、媒体运作模式。

东华大学服装与艺术设计学院职业服研究所成立于2008年(见图5-23)，是国内高校中第一个职业服领域的专业研究基地，针对金融、航空、交通、学校、酒店、餐饮、物业、速运、医院、消防、大型活动等各行各业开展职业服文化研究和设计服务。研究所针对我国职业服现状开展职业服文化与理论、职业服流行趋势、各行业职业服分类及职业服标准研究，致力于职业服专业人才培养及职业服学术交流。

职业服流行趋势(UTREND)是东华大学服装与艺术设计学院职业服研究所的流行趋势研发平台，依托东华大学的学术专业背景，平台为企业提供各类职业服与校服资讯、流行趋势研究与发布，为职业服的科技创新和未来发展提供支持和引导。

图5-23　东华大学职业服流行趋势

(图片来源:东华大学职业服流行趋势官网)

2020年9月23日—25日，在上海国家会展中心举办的2020PH VALUE中国国际针织(秋冬)博览会上，东华大学服装与艺术设计学院职业服研究所携手针织界领先的纱线企业新澳共同推出一系列具有高科技功能的羊毛针织商务职业服，包括针织西装、针织衬衫、针织毛衫、针织裙、针织裤、针织袜等，这些将成为商务职业服趋势中的新亮点。此次推出的2021功能针织羊毛商务职业服流行趋势共分为四大主题:“极致舒适”“轻奢品质”“便捷生活”“健康呵护”。(见图5-24)

图 5-24　2021 功能针织羊毛商务职业服流行趋势

（图片来源：东华大学服装与艺术设计学院职业服研究所官网）

2021 年 3 月 31 日，东华大学服装与艺术设计学院职业服研究所联合上海服饰学会职业服与校服专业委员会、上海青禾服装股份有限公司、上海职尚创意设计有限公司共同发布了 2022 年酒店行业职业服流行趋势。（见图 5-25）同时，现场模特展示了一系列应用于酒店餐饮行业的职业服款式。

图 5-25　2022 年酒店行业职业服流行趋势"“

（图片来源：东华大学服装与艺术设计学院职业服研究所官网）

本次趋势分为“防护未来”“创新环保”“功能主义”“国潮态度”四大主题，立足于现代人的新旅行方式和生活态度，汇聚了当今时尚设计和潮流风向，通过对酒店行业文化背景和未来发展的分析和职业服流行趋势的宣讲和解读，多维度分析了酒店行业背景对职业服时尚流行的影响，描绘了未来酒店职业服的发展趋势方向。

TREND INDEX时尚咨询（见图5-26）是东华大学-上海高校知识服务平台旗下专门从事流行趋势与品牌咨询的研究机构，以微信公众平台的方式推送信息，每年发布原创流行趋势，为国内外纺织服装企业与机构提供品牌与产业服务咨询。其核心服务有流行趋势、品牌咨询、精英培训，前身为东华大学服装研究中心，主要推送一些时尚资讯。

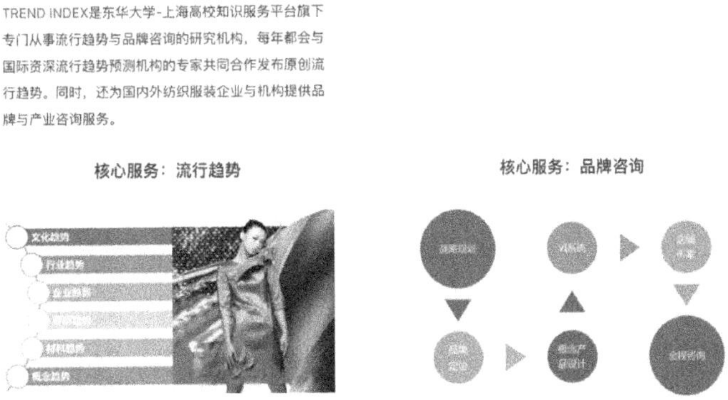

TREND INDEX是东华大学-上海高校知识服务平台旗下专门从事流行趋势与品牌咨询的研究机构，每年都会与国际资深流行趋势预测机构的专家共同合作发布原创流行趋势。同时，还为国内外纺织服装企业与机构提供品牌与产业咨询服务。

核心服务：流行趋势

核心服务：品牌咨询

图5-26　TREND INDEX时尚咨询

（图片来源：东华大学官网）

海派时尚是东华服装与艺术设计学院、业界设计名家以及产学研合作企业的集体智慧结晶，包含本土设计师及品牌企业人士在内建立的咨询网站（http://www.style.sh.cn/）。（见图5-27）公众均能免费查阅文化、男装、女装、鞋履、箱包、图形和面料最新潮流趋势分析报告。

图5-27　海派时尚网站

（图片来源：海派时尚官网）

除了以上介绍与分析的流行趋势预测及发布网站之外，还有许多类似的网站，详见附录。

第六节 小结 Summary

本章首先分析了几类主要流行趋势预测机构，了解流行色发展的整体演进过程。然后对流行趋势收集的来源进行归纳，介绍了流行趋势的主要参考网站与主题模块以及消费者的流行采用与接受时间。最后分析时尚中心形成所必要的基础条件，如人口密度大、经济发达、文化多元等。

This chapter firstly analyzes several types of main fashion trend forecasting institutions, and finds out the overall evolution of trendy color development. Then summarizes the sources of fashion trend collection, and introduces the main reference websites and theme modules of fashion trends, as well as popularity acceptance period of consumers. Finally analyzes the basic conditions which are necessary for the shaping of the fashion center, such as high population density, developed economy, multiculture and so on.

第七节 思考与讨论 Thinking and Discussion

(1)以小组形式(每组4人左右)，各选取一个本知识单元介绍的流行资讯网站，浏览其中的各个板块，并收集相关流行资讯。下次上课时，就所发现的内容进行分析汇报，以小组为单位讨论。

(2)何谓一级、二级、三级市场？如何选择其中一种收集相关流行资讯？

(3)成为时尚中心的必要条件有哪些？为什么？

(4)探讨一线城市和二、三线城市中时尚现象与流行趋势存在的异同。

第六章　色彩理论与流行

Chapter Six　Color Theory and Popularity

第一节 导论 Introduction

对色彩的理解需从揭示色彩现象的本质入手，以便明了光与色彩、物体与色彩之间的关系。本章揭示同一物体由于不同的色光照射而产生不同色调的原因。解析物体在平面状态和立体状态下对相同或相异色光的反应，色彩处在不同空间场合所发生的变化，乃至不同区域、不同民族、不同文化对同一组色彩会产生不同的反映等色彩现象。

本章将对色彩理论、色彩术语进行解析，对各种色彩关系、色彩心理学、色彩地理学等内容展开讲解。包括：(1)色彩理论；(2)色彩趋势预测；(3)色彩循环与历史；(4)色彩板与色彩故事；(5)色彩心理学；(6)色彩地理学；(7)案例。

The understanding of color needs to start from revealing the essence of color phenomenon, so that we can have a better understanding of the relationships between light and colors, objects and colors. This chapter reveals the reason that the same object produces different color tones due to the irradiation different colored light. It analyzes the reaction of the object to the same or different colored light when it is in the horizontal and three-dimensional state, the changes of the color in different spatial occasions, and even the different reactions of people from different regions, different nationalities and different cultures to the same set of colors.

This chapter will analyze color theory and color terminologies and explain various color relationships, color psychology, color geography and other contents. It includes:

(1) Color theory;

(2) Color forecasting;

(3) Color cycle and history;

(4) Color palette and color story;

(5) Color psychology;

(6) Color geography;

(7) Cases.

第二节 色彩理论
Color Theory

一、色环(Color Wheel)

色环其实就是在彩色光谱中所见的长条形的色彩序列，再将首尾连接在一起，显示原色、间色、复色之间的关系。(见图6-1)

The color wheel is actually a long color sequence seen in the color spectrum, and then the beginning and the end are connected together to show the relationships between the primary color, the secondary color, and the tertiary color. (Fig. 6-1)

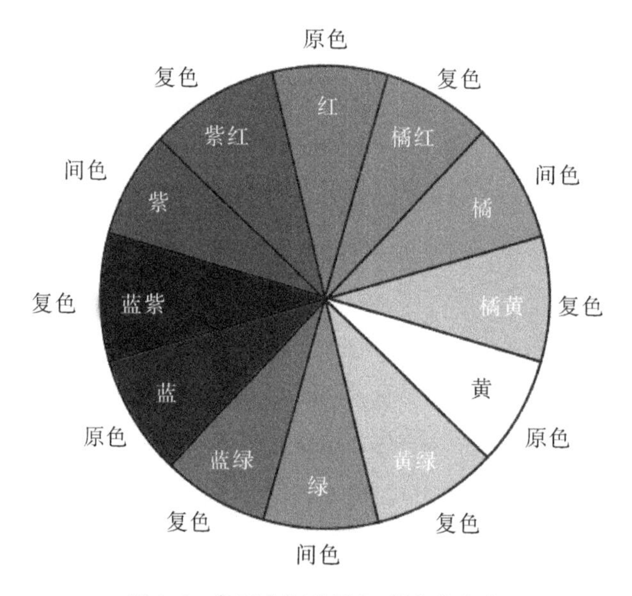

图6-1 色环中涵盖原色、间色和复色

二、原色(Primary Color)

原色是最基本的颜色，通过一定比例混合可以产生其他任何颜色。通常，原色为黄色、红色与蓝色。

The primary color is the basic color, and any other color can be produced by mixing primary colors at a certain ratio. Usually, the primary colors are yellow, red and blue.

三、间色(Secondary Color)

间色为任意两种原色以各50%的比例混合而成的颜色。红色加蓝色混合成紫色;蓝色加黄色混合成绿色;红色加黄色混合成橘色。

The secondary color is a color in which any two primary colors are mixed at a ratio of 50% respectively. Red plus blue is violet; blue plus yellow is green; red plus yellow is orange.

四、复色(Tertiary Color)

复色是任意一种原色与间色以各50%的比例混合而成的颜色,有蓝绿色、蓝紫色、红紫色、橘红色、橘黄色和黄绿色。

The Tertiary color is a color in which any one of the primary colors and the secondary colors are mixed at a ratio of 50% respectively. There are blue-green, blue-violet, red-violet, orange-red, orange-yellow and yellow-green.

五、冷色与暖色(Cool and Warm Color)

冷色和暖色是依据色彩心理感受而划分的。色彩的冷暖感觉是人们在长期生活实践中由于联想而形成的。通常我们把红、橘红、橘、橘黄、黄、黄绿定义为暖色,把绿、蓝绿、蓝、蓝紫、紫、紫红定义为冷色。(见图6-2)

Cool color and warm color are divided based on psychological feeling for color. The feelings of warmth and chill are formed from people's association in long-term life practice. Conventionally, we define red, orange-red, orange, orange-yellow, yellow and yellow-green as warm colors; green, blue-green, blue, blue-violet, violet and violet-red are defined as cool colors. (Fig 6-2)

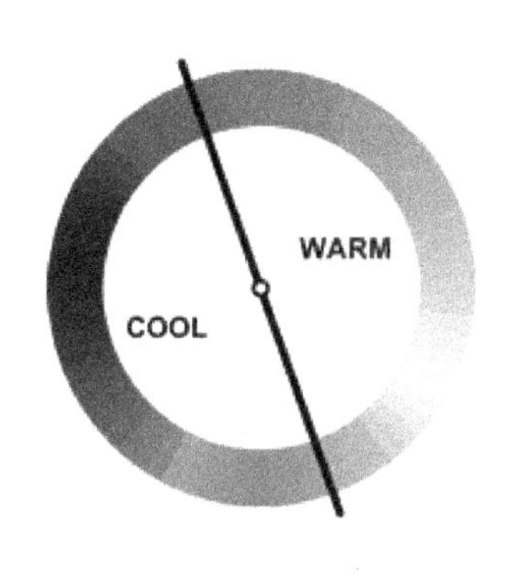

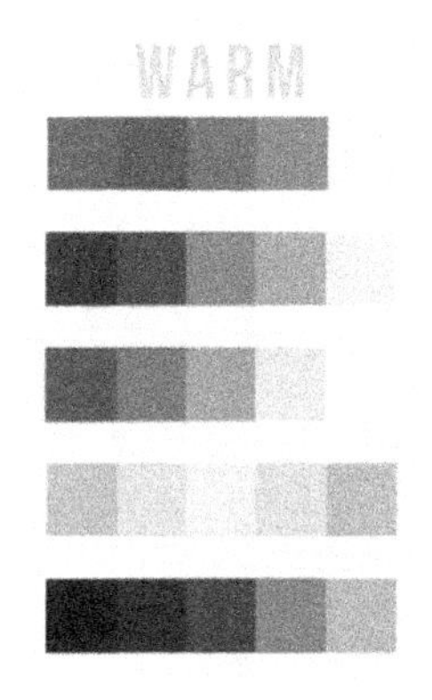

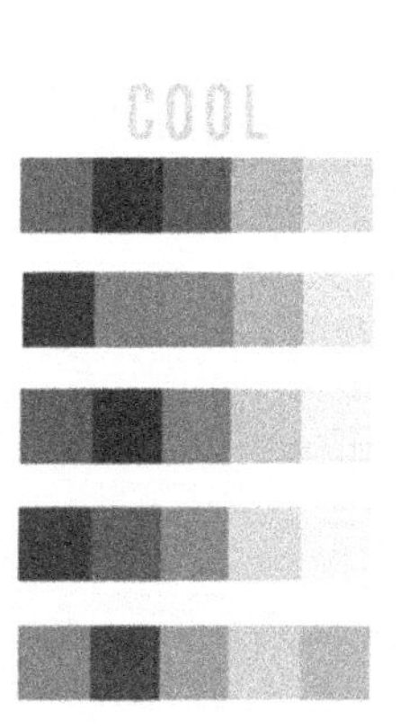

图6-2　冷色与暖色

六、补色(Complementary Color)

色环上相对的颜色为各自的补色，如：红色的补色为绿色；橘红的补色为蓝绿色。(见图6-3)

The relative colors on the color wheel are the respective complementary colors, such as the complementary color of red is green; the complementary color of orange-red is blue-green. (Fig. 6-3)

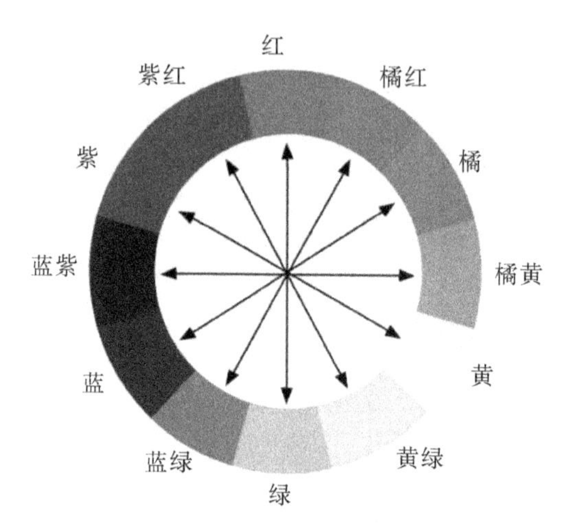

图6-3 补色

七、侧补色(Split Complementary Color)

该颜色补色的近似色为此颜色的侧补色，如：红色的侧补色为蓝绿与黄绿；橘红的侧补色为蓝色和绿色。(见图6-4)

The approximate color of the complementary color of the color is the split complementary color of this color. For instance, the split complementary color of the red is blue-green and yellow-green; the split complementary color of the orange-red is blue and green. (Fig. 6-4)

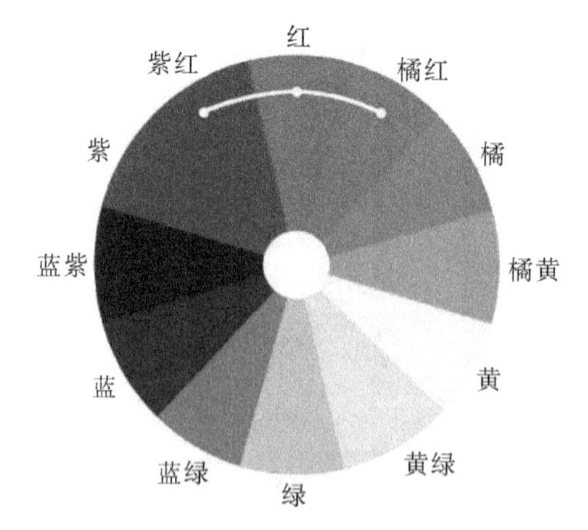

图6-4 色环中的侧补色

八、近似色(Analogous Color)

近似色指的是色环上任意一种颜色与之相邻的两种颜色。例如,红色的近似色为紫红和橘红。

Analogous color refers to two colors adjacent to any color on the color wheel. For instance, the approximate colors of red are purple and orange.

九、色相(Hue)

色相是色彩的首要特征,是区别各种不同色彩的最准确的标准。色相是由原色、间色和复色构成的,即为纯色。(见图6-5)

Hue is the primary feature of color and the most accurate standard for distinguishing different colors. The hue is composed of primary colors, secondary colors and teriary colors, which is the solid color. (Fig. 6-5)

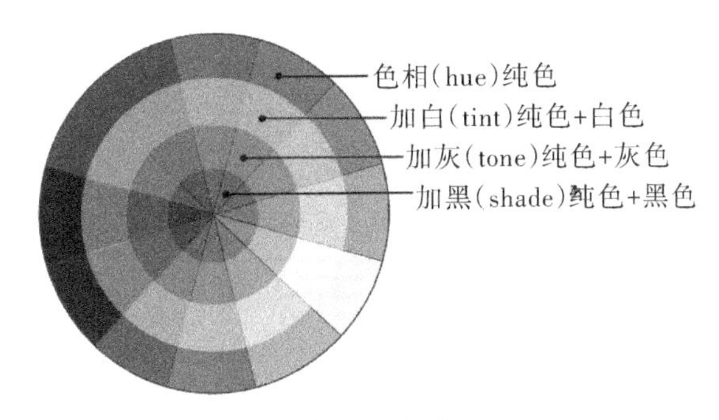

图6-5　色相

十、灰度(Tone)

纯色上加一定比例的灰色而显示出的颜色。

The color is displayed by adding a certain proportion of gray to the solid color.

十一、亮色(Tint)

纯色上加一定比例的白色而显示出的颜色。

The color is displayed by adding a certain proportion of white to the solid color.

十二、暗色(Shade)

纯色加一定比例的黑色而显示出的颜色。

The color is displayed by adding a certain proportion of black to the solid color.

十三、饱和度（Saturation）

饱和度是指色彩的鲜艳程度，也称色彩的纯度。饱和度取决于该色中含色成分和消色成分（灰度）的比例。含色成分越大，饱和度越大；消色成分越大，饱和度越小。（见图6-6）

Saturation refers to the vividness of color, also known as the purity of color. The saturation depends on the ratio of the color components and the achromatic components (grayscale) in the color. The larger the color component, the greater the saturation; the larger the achromatic component, the smaller the saturation. (Fig. 6-6)

图6-6　色彩的饱和度

十四、明度（Value）

色彩明度是指色彩的亮度。（见图6-7）

Value refers to the brightness of color. (Fig. 6-7)

图6-7　色彩的明度

第三节　色彩趋势预测

Color Trend Forecasting

色彩趋势每年发布两次，色彩趋势的发布往往提早两年，因此其

Color trends are published twice a year, and color trends are often released two years earlier, so

对市场的影响是一个渐变的过程。同时，色彩趋势往往涵盖几组不同类型的趋势，以迎合不同消费群、不同产品类型的需求。(见图6-8)

their impacts on the market is a gradual change process. At the same time, color trends often include several different types of trends to cater to the needs of different consumer groups and different product types. (Fig. 6-8)

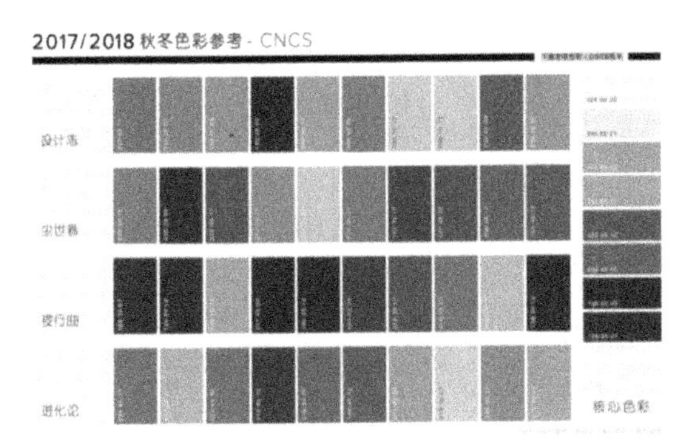

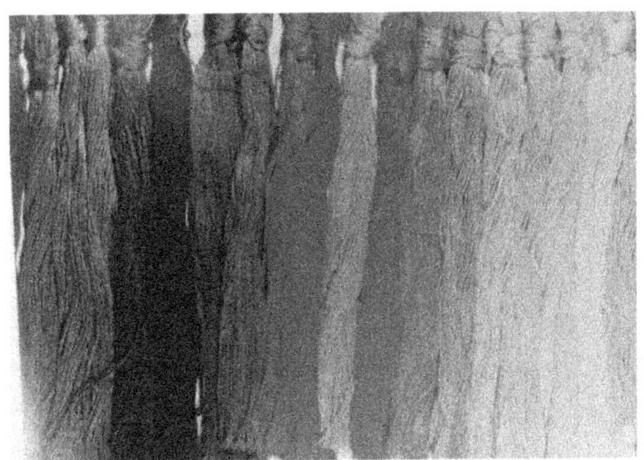

图6-8　四个色彩主题与纱线染色效果

（图片来源：WGSN官网）

第四节　色彩循环与历史

Color Cycle and History

色彩的变化是有规律的，大体上是一个循环渐进的过程，有时经历多年渐进会往相反的方向发展。

从英国时尚预测机构WGSN发布的2009春夏到2019春夏的21个色彩演变报告中提取粉色的颜色变化情况并按时间排列，可以很明显地看出粉色在这十年半中的色彩变化是个起伏循环的过程。根据WGSN发布的2017春夏色彩演变报告，我们可以发现色彩趋势的演变过程，2016春夏柔美的红色，在2016/2017秋冬过渡成甜腻的番茄红。到了2017年春夏，抢眼的钢铁红是新兴色彩，黏土红与珊瑚红最为突出。(见图6-9、图6-10)

2016春夏清淡的黄色在2016/2017秋冬过渡成荧光黄和金黄色。其在2017春夏演变为冰冻果子露黄色，拥有柑橘色调的清新感以及日落时的温暖基调。(见图6-11)

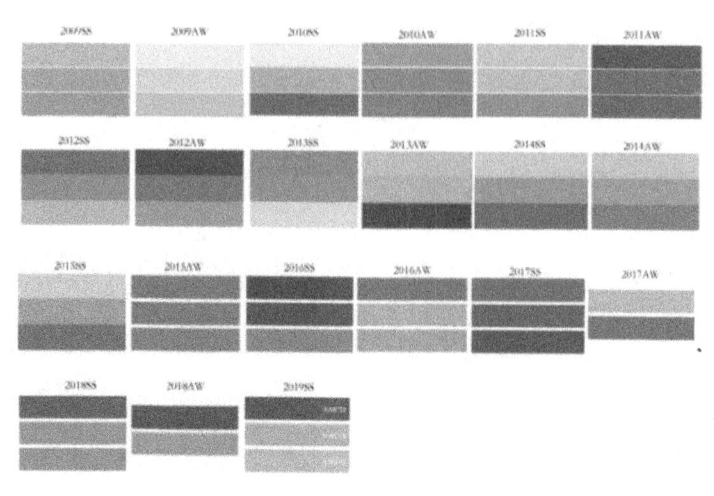

图6-9　2009春夏季至2019春夏季粉色演变

（图片来源：WGSN官网）

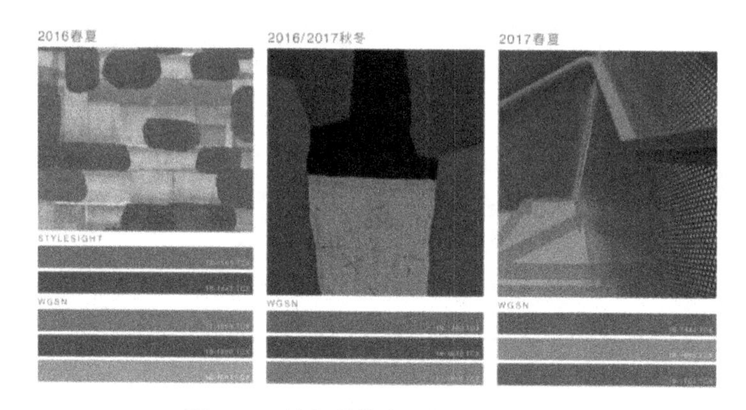

图6-10　流行趋势中红色的逐年变化

（图片来源：WGSN官网）

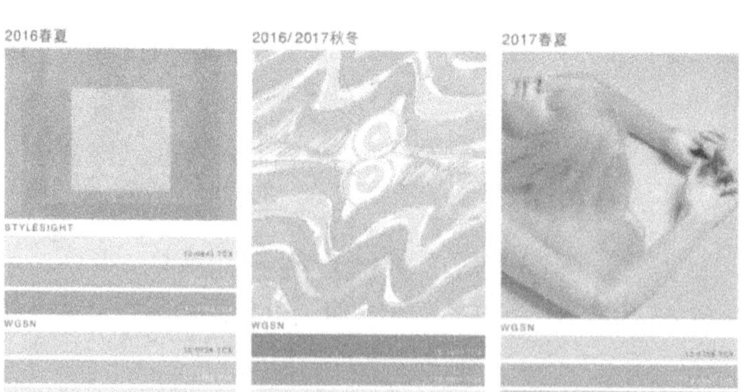

图6-11　流行趋势中黄色的逐年变化

（图片来源：WGSN官网）

第五节 色彩板与色彩故事
Color Palette and Color Story

产品在上市发布之前，研发人员会根据权威的流行色彩机构发布的未来流行色进行调研和甄选。通常来说，流行色的预测是在产品上市并被消费者购得之前的两到三年开始的。在这个过程中，流行色预测分析团队在开发其初始概念时，首先就要制作一块色彩板。色彩板就是按一定的计划和秩序搭配的色彩，通常是一组或者几组色彩，用于产品研发的初始阶段，在视觉上呈现出不同组合的色彩元素。就像艺术家的调色板一样，颜色组的范围可以从几种到多种。色彩故事就是根据相对应的色彩板，用于标识、组织和连接特定季节或系列的创意和产品。它可以是一个具体的事件或者事件引发出的一系列想法，也可以是一个模糊的概念、一种思想观念或者行为方式等。例如，受热带主题启发的色彩故事相对应的色彩可能是加勒比海蓝、鹦鹉绿、珊瑚红、日落风琴和椰子奶油等。因此，在开始创建色彩预测之前，预测人员必须先了解色彩理论、色彩心理学和色彩周期，再进行色彩板和色彩故事的构建。

Several years before the colors are used in products, color specialists predict and select the fashionable colors of the future. Color forecasting begins two to three years before specific products are available to the consumer. This process starts when forecasters (often in teams) develop their initial concepts and new color palette, which is a range of colors. Like an artist's color palette, the group of colors can range from just a few to many colors. A color story is a palette of colors that are used to identify, organize, and connect ideas and products for a certain season or collection. An example of a color story that was inspired by the tropics may include colors such as Caribbean blue, parrot green, living coral, sunset organ, and coconut creme. Before beginning to create a color forecast, forecasters must understand color theory, color psychology, and color cycles.

第六节 色彩心理学

Color Psychology

色彩在客观上是对人们的一种刺激和象征，在主观上又是一种反应与行为。色彩心理透过视觉开始，从知觉、感情到记忆、思想、意志、象征等，其反应与变化是极为复杂的。人们在应用色彩时，很重视这种因果关系，即由对色彩的经验积累而变成对色彩的心理规范，受到什么刺激后能产生什么反应，都是色彩心理所要探讨的内容。在东西方文化差异背景下，同样的色彩给人带来的心理感受也不同，比如白色，在东方象征葬礼、不祥等，而在西方往往意味着纯洁、婚礼。（见图6-12）

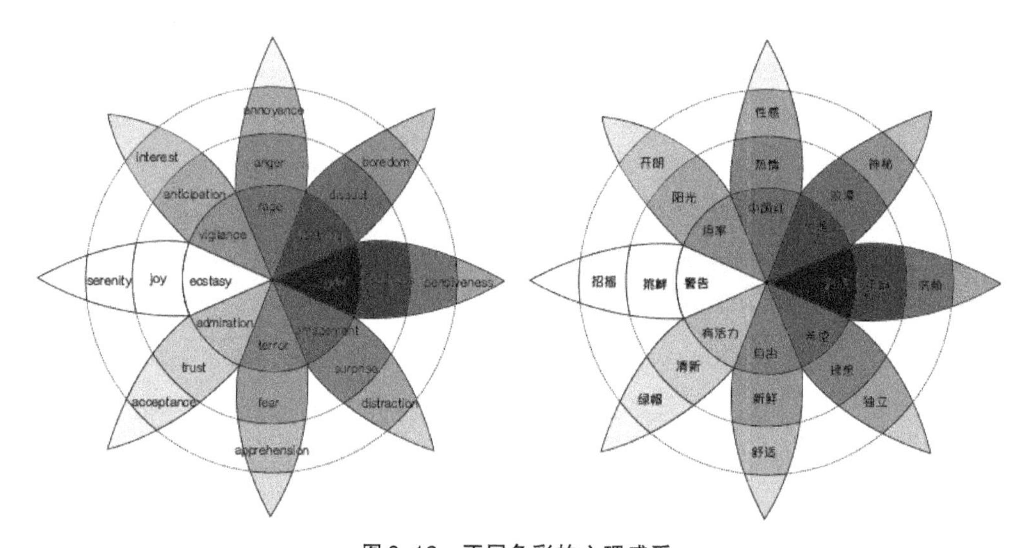

图6-12　不同色彩的心理感受

一、红色(Red)

红色是我国文化中的第一崇尚色，具有至高无上的心理地位，它体现了中国人在精神和物质上的追求，后来也成为国外眼中的中国象征色彩。中国人把它视为吉祥、喜庆和进步的象征。挂大红灯笼，贴红对联、红“福”字，男娶女嫁时贴大红“喜”字，把热闹、兴旺叫作“红火”；它也象征顺利、成功，如人的境遇很好被称为“走红”“红极一时”，给人发奖金叫“送红包”等；它还象征美丽、漂亮，如指女子盛装为“红妆”或“红装”，指女子美艳的容颜为“红颜”等。但是，红色在西方却受到了不同的待遇。西方文化中的红色是“火”“血”的联想，它象征着残暴和血腥，如残杀和暴力统治(The Red Rules of Tooth and

Claw)、血腥复仇(Red Revenge)。(见图6-13)

图6-13　红色的象征性

(图片来源:海报网)

二、白色(White)

在中国文化中,白色与红色相反,是一个忌色。在中国古代的五方说中,西方为白虎,西方是刑天杀神,主肃杀之秋,古代常在秋季征伐不义、处死犯人。所以白色是枯竭而无血色、无生命的表现,象征死亡、凶兆。古人常以白色为丧事或丧服之色。白色在中华民族传统观念中,具有矛盾性的文化象征意义。白色象征贤明、清正的品格。同时,它还象征知识浅薄、没有功名,如称平民百姓为"白丁""白衣""白身",把缺乏锻炼、阅历不深的文人称作"白面书生"等。

西方文化中所有积极的事物往往与白色相联系。西方人认为白色是完美、理想和优秀的色彩,所以它是西方文化中的崇尚色。白色是复活的色彩,复活者身着白色衣服出现在上帝面前;白色是高雅纯洁的色彩,婚礼中的新娘都身着白色的婚纱。(见图6-14)

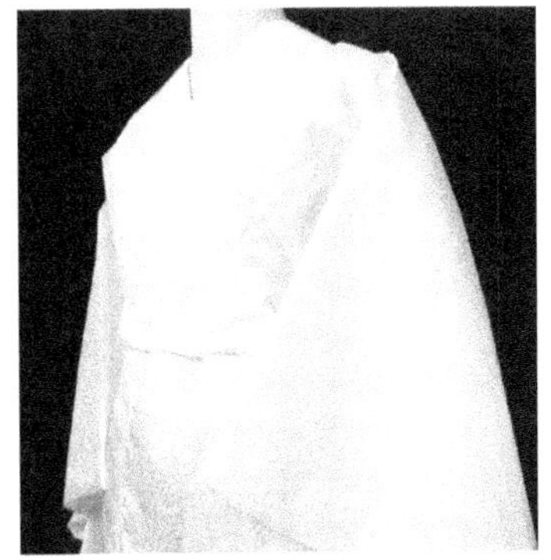

图6-14　白色的象征性

(图片来源:搜狐官网)

三、黑色(Black)

古代黑色为天玄,原来在中国文化里只有沉重的神秘感,是一种庄重而严肃的色调,它的象征意义由于受西方文化的影响而显得较为复杂。一方面它象征严肃、正义,如民间传说中的"黑脸"包公,传统京剧中的张飞、李逵等人的黑色脸谱;另一方面它又象征邪恶、反动,如称阴险狠毒的人是"黑心肠"、反动集团的成员是"黑帮""黑手",把统治者为进行政治迫害而开列的持不同政见者的名单称为"黑名单"。它又表示犯罪、违法,如将杀人劫货、干不法勾当的客店称作"黑店"、用贪赃受贿等非法手段得来的钱叫"黑钱"等。黑色是西方文化中的忌色。象征死亡、凶兆、灾难方面,如为她父亲戴孝(To Wear Black for Her Father),不吉利的话(Black Words),凶日(Black Letter Day);象征邪恶、犯罪方面,如极其恶劣的行为(A Black Deed),恶棍、流氓(Black Guard),敲诈、勒索(Blackmail);象征耻辱、不光彩方面,如污点(Black Mark),败家子(Black Sheep),丢脸、坏名声(Black Eye);象征沮丧、愤怒方面,如沮丧情绪(Black Dog),前途暗淡(The Future Looks Black)。(见图6-15)

图6-15 黑色的象征性

(图片来源:搜狐网)

四、黄色(Yellow)

黄色在中国文化中是红色的一种发展变异,如旧时人们把宜于办大事的日子称为"黄道吉日",但是它更代表权势、威严,这是因为在古代的五方、五行、五色中,中央为土黄色。黄色象征"中央政权""国土"之义,所以黄色便为历代封建帝王所专有,普通人是不能随便使用"黄色"的,如"黄袍"是天子的"龙袍","黄钺"是天子的仪仗,"黄榜"是天子的诏书,"黄马褂"是清朝皇帝钦赐文武重臣的官服。(见图6-16)

西方文化中的黄使人联想到背叛耶稣的犹太(Judas)所穿衣服的颜色,所以黄色带有不好的象征意义,它除了表示低级趣味的报刊、毫无文学价值的书籍如黄色报刊(Yellow Press)、黄色办报作风(Yellow Journalism)、廉价轰动一时的小说(Yellow Back)之外,还表示卑鄙、胆怯,如卑鄙的人(Yellow Dog)、胆小的(Yellow-Livered)。

图6-16　黄色的象征性

（图片来源：搜狐网）

五、绿色(Green)

在中国传统文化中，绿色的含义具有两重性，它可以表示义侠，也可以表示盗匪。例如，聚集山林、劫富济贫的人被称为“绿林好汉”，占山为王、拦路抢劫的人也被称为“绿林”。这是因为在人类初始时代以及其以后的漫长生活过程中，人类借助绿色保护自己，赖以生存下来。但同时，绿色也保护着人类的天敌及其他凶猛的食人动物。此外，绿色还象征低贱，如汉朝时的仆役着绿帻，元明两代规定娼妓及乐人家的男子裹青碧头巾。

西方文化中的绿色象征意义跟青绿的草木颜色有很大的联系，是生命的象征。阿思海姆说：“绿色唤起自然的爽快的想法。”它象征着青春、活力，如在青春旺盛的时代(In the Green Wood)、血气方刚(In the Green)、老当益壮(A Green Old Age)；而且表示新鲜，如记忆犹新(Green Recollection)、永远不忘(Keep the Memory Green)、新伤口(A Green Wound)。但是它也表示幼稚、没有经验，如生手(A Green Hand)、幼稚(As Green as Grass)、容易上当的糊涂虫(A Green Horn)；它也象征妒忌，如忌妒(The Green-eyed Monster)、充满忌妒(Green with Envy)、忌妒的眼神(Green Eye)。(见图6-17)

图6-17　绿色的象征性

（图片来源：搜狐网）

六、紫色(Purple)

在中国民间传说中，天帝居于天上的“紫微宫”(星座)，故而以天帝为父的人间帝王(天子)和以天帝为信仰的道教都以紫为瑞。紫色作为祥瑞、高贵的象征，更多地被封建帝王和道教所采用，如称吉瑞之气为“紫气”“紫电”，称皇宫为“紫禁城”。历代皇帝为了笼络人，往往将“紫袍”赐予品阶低的臣下，而“著紫”则成为封建文人奋力追求的荣禄。人们还把道书称为“紫书”，把神仙居所称为“紫台”。

早在波斯时期，紫色的大袍已经被作为权力的象征。国王身着紫色的大袍子，上面还要装饰金色的刺绣，高僧也系着紫色腰带，披着紫色的披肩。

罗马帝国的第一位皇帝奥古斯都曾用相当于现在的150美元买了1磅紫色毛织物，而当时的1磅紫色染料需要花费相当于今天的1万美元。因此，当时的罗马人都想得到这种高贵的紫色，于是，元老院规定只允许皇族穿着紫色衣物。这种禁令反而更激发了富裕阶层的欲望。

在拜占庭时期流行一种被称为泰而紫的染料，它是从紫螺和荔枝螺中提取的，生产1磅的泰而紫，需要数千只骨螺。而如同紫色一样，工业文明前的染色多取自天然，越是艳丽的色彩越难染制。色彩之富如同珠宝之光一样是权势的标记，奢华的颜色仅有贵族、神职人员等富有的阶层才有资本消受，以至于至今西语中仍将出身高贵富裕的人称为“生既着紫衫(Born in the Purple)”。英语中的紫色象征意义也跟帝王将相和宗教有关，如帝位、王权(The Purple)。(见图6-18)

图6-18　紫色的象征性

(图片来源：搜狐网)

七、蓝色(Blue)

蓝色在中国传统文化中几乎没有什么象征意义,但在现代中国,蓝色是非常女性化的色彩。相对而言,它在西方文化中的象征意义稍多一些。阿斯海姆在评析蓝色时说"蓝色像水那样清凉"是"阴性或消极的颜色"。它象征高贵、高远、深沉、严厉,如名门望族(Blue Blood),最高荣誉的标志(Blue Ribbon),严守教规的卫道士(Blue Nose),严格的法规(Blue Laws);它又象征忧郁、沮丧,如不高兴(Feel Blue),悲观的人生观(A Blue Outlook),不称心的事(Things Look Blue),不开心的星期一(Blue Monday)。(见图6-19)

图6-19 蓝色的象征性

(图片来源:花瓣网)

八、粉红色(Pink)

粉红色是红色的一种变异,可以将其视为红色的一种应合或回归。在中国文化中,粉红色又叫桃花色。粉红色(桃色)可以象征女性,如白居易《长恨歌》中有"回眸一笑百媚生,六宫粉黛无颜色",青年男子把心爱的女子称为"红颜知己"。

在西方文化中,粉红色象征精华、极致,如十全十美的东西或人(The Pink of Perfection)、十分彬彬有礼(The Pink of Politeness)。它又象征上流社会,如高格调鸡尾酒(Pink Lady)、上流社交活动(Pink Tea)、高层次女秘书(A Pink-collar Worker)。同时,在1825年至1850年间的欧洲女装属于典型的浪漫主义风格,宽肩、细腰和丰臀,多用光亮飘逸的绸粉红色。(见图6-20)

图6-20 粉红色的象征性

（图片来源：WGSN官网）

第七节 色彩地理学
Color Geography

色彩地理学的提出者是法国的菲利普·郎科罗教授。他是世界上第一个从色彩角度向发达的工业社会提出保护色彩和人文环境的人。

Color geography was put forward by a French professor named Philip Lenclos. He was the first one who put forward protecting color and humanities environment to developed industrial society from the color perspective in the world .

色彩学是研究人的视觉发生色彩关系的自然现象的科学。地理学本是以研究如何科学地描述以地球表面为对象的自然科学。色彩地理学是将色彩学与地理学联姻而建立起的一门边缘学科，成功地促进了跨专业操作的色彩设计方法在色彩学、色彩设计界的推广，使得职业化的色彩设计师日益从专业设计师的队伍里分化出来。在色彩设计的过程中，自然、人文环境因素对区域人群色彩审美心理的影响越来越受到关注。

Color science is a kind of science which focuses on natural phenomena of human visual color. Geography used to study how to scientifically describe to the surface of the earth as an object of natural science. Color geography is an edged discipline establishing the relationship between color science and geography .

色彩地理学可笼统地分为三块主要内容："景观色彩特质"概念为城市色彩研究奠定了基本理论，"色彩家族学说"为色彩审美构成提供基本原则，"新点彩主义"为色彩营造提供一种技术方法。色彩地理学主张对某个区域的综合色彩表现方式(主要是民居)做调查与编谱、归纳的工作，目的在于确认这个区域的"景观色彩特质"，阐述这个区域居民的色彩审美心理。

色彩地理学的研究方法通常为：以调查、测色记录、取证、归纳、编谱、总结色彩地域性特质等实践方法为主要研究形式，综合某一区块色彩调查的结果，总结出该地域的色彩构成情况，以便让人们了解如下特征：认识该区域的色彩特质；为维护景观色彩特质提供现实依据；为其他项目的色彩设计提供案例；比较其他地域的色彩差异性，引导人们学会多样性地认识自然与人文景观。

Color geography research methods are usually as follows: synthesized one block color survey, and summed up the color composition of the region, in order to let people know about the following characteristics: knowing the color characteristics of the region; providing reality basis for maintaining landscape color characteristics; providing design cases for other project of color; comparing the color differences of the other regional, which can guide people to learn how to know the natural and humanistic landscape diversely.

在研究流行色时，人们往往忘记了那个相对于流行色的非流行色要素。这个景观色彩特质其实就是特定地域中的相对稳定的非流行色要素。它反映了特定地域中人们比较稳定的传统的色彩审美观念。当设计师具有了这种"色彩地理学"意识时，就很容易把握产品所销往国家和地区的消费喜好的基本心理，有效地控制色彩设计风格流行趋势。

世界上第一套正式由市政府规划色彩机构组织进行的都市色彩调查报告——东京色彩调查报告，是在1970至1972年间完成的，目的是解决战后日本复兴建设时期存在的问题，在传统景观和现代建筑的入侵发生矛盾的时候，寻求合理的方法。这份报告成为后来东京城市发展色彩设计规划的重要依据。(见图6-21)

图6-21　东京城市景观

(图片来源：搜狐网)

我国对城市的色彩规划起步较晚，1999年宋建明教授编译的《色彩设计在法国》将西方色彩地理学概念引入中国。

第八节 案例

Cases

一、粉色追踪(Pink Tracking)

(一)经济、政治、文化背景(Economic, Political and Cultural Background)

1. 经济背景(Economic Background)

第二次世界大战结束后至今,经济全球化发展迅猛,世界各国之间经济联系愈加密切。随着纺织技术的进步和市场的分化,以美国为中心的服装成衣业发展迅速,许多欧洲老牌时装屋也陆续展开成衣化业务,服装产业迅速发展。

2. 政治背景(Political Background)

20世纪初经历了两次损失惨重的世界级大战,加之许多殖民地国家独立,第三世界崛起,战后和平呼声强烈。世界格局由美苏冷战的两极模式,慢慢变成多极化模式。全球的政治经济联系越发密切,为时尚的发展提供了良好的土壤。

3. 文化背景(Cultural Background)

两次世界大战后,由于全球经济和政治的发展,各国之间的文化交流也越来越多,催生了多种多样的艺术文化。比如反对战争、呼唤爱与和平的嬉皮士文化,围绕着重金属音乐和声嘶力竭的呐喊的摇滚乐文化,源自美国黑人的街头嘻哈文化。这类文化对于服装产业的影响是巨大的,因此衍生出各种各样的服装风格,比如波希米亚风、朋克风、嘻哈风等。因为多样的艺术文化,服装产业的发展也愈加红火。

(二)粉色发展的历史轨迹及案例分析(History and Case Analysis of the Pink Development)

粉色是被人类使用了千百年的颜色,具有温柔、娇嫩、温暖的感觉,甚至被当作女性化的颜色。在中世纪的欧洲,粉色其实是小男孩的颜色,代表勇敢,而象征纯洁的蓝色才是女性化的颜色。直到20世纪的两次世界大战,粉色才被慢慢定义为女性化的色彩。下文从洛可可时代起,讲述粉色的发展轨迹。

1. 洛可可时代到“二战”时期的粉色(The Pink from Rococo Period to the World War Ⅱ)

1767年,法国画家弗拉戈纳尔创作了油画《秋千》(*The Swing*)(见图6-22),画中的贵族少妇穿着橘粉色的裙装在公园里荡秋千,画面轻佻俗艳,但粉色的裙装在深绿色的背景下尤为惹眼。

此时法国的宫廷中正流行着蓬巴杜夫人引领的洛可可风尚。这个时期男女服装的特点是繁复的荷叶边、轻柔的面料、娇艳明快的色彩且大量使用嫩绿、浅蓝、粉红、猩红色。(见图6-23)

图6-22　油画《秋千》

图6-23　洛可可时期插画

(图片来源:花瓣网)

其实在20世纪初期,粉色一直没有被当作女性化的色彩,而且有不少男性也会选择穿粉色。比如在《了不起的盖茨比》中,男主人公就因为身着粉色西装而被人嘲笑品位不好。

1937年,意大利设计师艾尔莎·夏帕瑞丽(Elsa Schiaparelli)将超现实艺术融入了时装设计。在20世纪30年代,她最有革命性的时装设计就是裙装上一抹闪电般耀眼的粉,被称作"惊人的粉红色"(The Shocking Pink)。(见图6-24、图6-25)后来这抹耀眼的粉色也成为Schiaparelli高级时装屋的标志元素。

图6-24　夏帕瑞丽龙虾裙

图6-25　夏帕瑞丽粉色连衣裙

(图片来源:搜狐网)

"二战"时期，在德军纳粹关押犯人的集中营里，他们用不同颜色的倒三角形臂章区别犯人的"犯罪类别"。（见图6-26）比如犹太人用黄色臂章，政治犯用红色臂章，同性恋就用粉色臂章，如果既是同性恋又是犹太人就佩戴黄色加粉色臂章。后来在同性恋平权运动中，人们将翻转的倒三角变成正三角形，成为除彩虹旗外最有标志性的象征，提醒世人不要再让悲剧发生。（见图6-27）

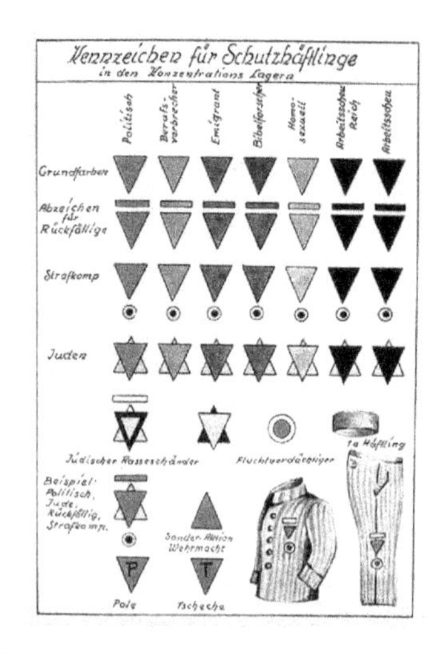

图6-26　纳粹集中营的三角臂章

图6-27　现代的正粉色三角

（图片来源：百度百科）

2. "二战"后疯狂的粉色效应(Crazy Pink Effects after the World War Ⅱ)

"二战"后，由于战争带来的女性地位的变化还有商品经济的发展、好莱坞文化的影响，粉色逐渐被视作女性化的色彩。下文列举几个对粉色时尚影响巨大的人物和例子。

After the Second World War, due to the changes in the status of women, the development of the commodity economy and the influence of Hollywood culture, pink was gradually seen as a feminine color. Here are a few of the characters and examples that have a huge impact on pink fashion.

(1)玛米·艾森豪威尔。

1953年，美国总统艾森豪威尔就职典礼前夕，第一夫人玛米·艾森豪威尔(Mamie Eisenhower)身着镶满水钻的淡粉色大摆晚礼服，搭配同色长手套，与战时妇女们穿去工厂工作的工装形成鲜明对比。（见图6-28）好像整条裙子的每块布料都竭力在说现在男人们回家了，女人可以回归自己的传统角色啦。当然，玛米对这一理念身体力行——她曾说"艾克领导这个国家，我煎猪排！"以及"我有我的事业，那就是艾克"。玛米绝对是粉色的钟爱者，不仅在各种场合穿着粉色的礼服和套装，就连居住的白宫里也有粉色的家具、粉色的厨房。在艾森豪威尔当政期间，由于白宫的室内装饰用了太多的粉色，甚至被人们笑称为“粉宫”。

(2)简·曼斯菲尔德。

与此同时,好莱坞女明星简·曼斯菲尔德(Jayne Mansfield)也不断地表达出对粉色的钟爱。(见图6-29)她的生活基本被粉色包围,粉色的婚纱、粉色的汽车、粉色的豪宅、粉色的地毯,甚至连宠物狗都染成粉色。她解释说这是因为“男人们喜欢女孩穿粉色,娇弱无助,经常深呼吸的样子”。简这样的言论,加上玛米的总体态度,令人们在脑海中将穿粉色衣服的女人与娇贵精致的女人联系了起来。

图6-28　玛米·艾森豪威尔身穿粉色礼服

图6-29　简·曼斯菲尔德杂志封面

(图片来源:穿针引线官网)

(3)玛丽莲·梦露。

1953年,在霍华德·霍克斯执导的电影《绅士爱美人》中,玛丽莲·梦露饰演一位拜金的歌舞女郎,她身穿粉红色的礼服在一群绅士中游走,打算钓一位金龟婿,并说出“钻石是女人最好的朋友”这样的言论。(见图6-30、图6-31)一身粉衣的玛丽莲·梦露让人为之倾倒,立刻成为许多姑娘的效仿对象。

图6-30　玛丽莲·梦露在电影中的剧照

图6-31　玛丽莲·梦露身穿粉色小礼服

(图片来源:穿针引线官网)

(4)奥黛丽·赫本。

1957年,好莱坞推出由奥黛丽·赫本、弗雷德·阿斯泰尔、凯·汤普森等主演的歌舞电影《甜姐儿》。片中将女性的粉色气息渲染得更加浓重,奥黛丽·赫本穿着粉色的裙装也成为她被后世认可的经典造型之一。(见图6-32)凯·汤普森(Kay Thompson)饰演的是以当时的"时尚女魔头"戴安娜·弗里兰(Diana Vreeland,曾在*Harper's Bazaar*任职23年,后来成为美版*Vogue*的主编,是安娜·温图尔的前任)为原型的时尚编辑,在剧中就声称每个女人都必须"把蓝色逐出衣橱,把黑色衣服都烧掉"。这个说法看似疯狂,但也可以理解,因为就在电影上映几年之前,黑色的丧服和蓝色的工装是大多数女性最常穿的服装。她的这种言论也适应了当时美国国民的情绪,她唱道,如今的女性"一定得想着粉色,粉色!"。(见图6-33)

图6-32 奥黛丽·赫本在剧中的打扮

图6-33 凯·汤普森所饰演的时尚编辑

(图片来源:搜狐网)

虽然以现代女性的角度来看难以理解当时女性对粉色的这种狂热,甚至感受到物化女性的不平等感。但是在刚刚经历"二战"的家庭妇女看来,脱去简陋的工装和黑色的丧服,不再去肮脏的工厂忙忙碌碌地工作,换上美丽的衣服在家生儿育女,回归战前的精致生活是许多女性所希望的。所以在战后的一段时间里,有数量惊人的粉色服装和家居用品被生产出来并消费掉,时尚画报和杂志中也不断地推出粉色的产品,甚至出现了粉色的卫生棉。

后来随着女权运动的兴起,粉色这种表示娇弱女性的色彩逐渐被独立的工作女性所厌恶,一段时间在市场上几乎见不到粉色的产品。但是一些女性发现粉色除了娇弱之外,也能够有其他的意义。

1963年,唐娜·梅·米姆斯(Donna Mae Mims)成为第一个签约美国赛车俱乐部的女选手,并称自己为"粉红女郎"(Pink Lady)。(见图6-34)琳恩·派瑞尔(Lynn Peril)在她的著作《粉色思维》(*Pink Think*)中提到“米姆斯女士有胆略与男性同场竞技并获胜，而粉色有助于化解对她的‘胆大妄为’的批评，提醒那些旁观者：在内心深处，她也是一个邻家女孩”。

图6-34　唐娜·梅·米姆斯与她的粉色赛车

（图片来源：新浪时尚）

（三）20世纪后半叶至今的西方粉色时尚(Western Pink Fashion from the 1950s to Contemporary)

在一阵粉色热潮退去后，消费者对粉色有了更理智的判断。虽然粉嫩嫩的颜色依旧被认为是女生所爱，难以脱去性别化的标签，但是有关粉色的设计显得更加丰富多彩。下文主要对时尚中的粉色还有建筑、家居中的粉色等进行案例分析。

After a burst of pink craze, consumers have a more sensible judgment on pink. Although the pink, a tender color, is still considered to be loved by girls, for which it is difficult to remove the gender label, contrarily the pink design is more colorful. The following is a case study of the pink in fashion and the pink in architecture and home.

1. 时尚中的粉色(Pink in Fashion)

1998年，名模凯特·莫斯(Kate Moss)为拍摄一组时装片染了一头粉色头发，但一周后就要为拍摄广告而染回棕色。就在染发的当天，摄影师Juergen Teller为她拍下了这张后来成为1990年代经典画面的照片。(见图6-35)

2003年，名媛真人秀《简单生活》让全世界见识了帕丽斯·希尔顿(Paris Hilton)和尼科·里奇(Nicole Richie)奢靡的名媛生活，以及她们对于粉色的钟爱——大量粉色的饰品、服装、家居产品甚至汽车和狗狗。由于她们经常穿着Juicy Couture的粉色天鹅绒套装(见图6-36)，所以这个牌子的套装也从这段时期开始红了起来，被全球女性追捧。这套天鹅绒睡衣也至此成为该品牌的经典产品。

图6-35　粉发的凯特·莫斯　　图6-36　一身粉色套装的帕丽斯·希尔顿

（图片来源：Mysesy官网）

2005年，一座巨大的荧光粉盒子在洛杉矶的梅尔罗斯大道上平地而起——Paul Smith的洛杉矶店无疑是全世界最抓眼球的商店之一。（见图6-37）而直到最近几年，这间粉色的店才成为洛杉矶观光的热门点，特别是对于喜爱粉色的人们，这是不得不去的一个打卡点。

图6-37　Paul Smith在洛杉矶的商店

（图片来源：Mysesy官网）

2007年时尚潮人最爱的Acne Studios将购物纸袋换成了粉色（见图6-38），映衬着品牌曾经的黑色logo。Acne的创意总监说，关于购物袋颜色的灵感，来自前一天放在桌上的三明治包装纸。之后，粉色也成为Acne Studios的一枚标志。（见图6-39）

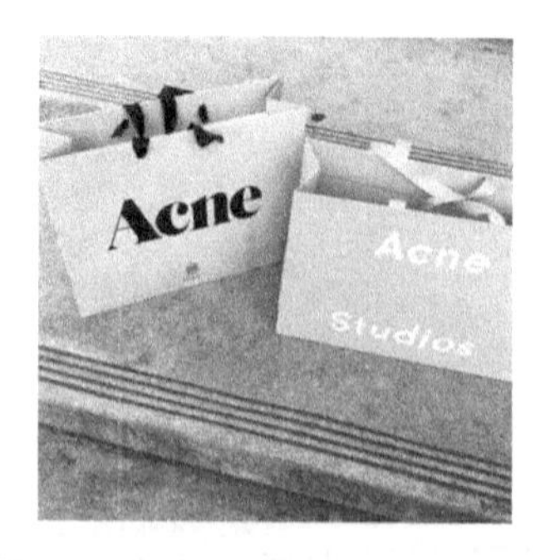

图6-38　Acne Studios的购物袋　　图6-39　Acne Studios的包装盒

（图片来源：Acne Studios官网）

2012年，Mansur Gavriel推出了后来成为“超级IT bag”的经典水桶包(见图6-40)，而内衬则是鲜艳的粉色。品牌设计师表示，这一对比色的设计灵感，正是来自挚爱粉色的建筑师路易斯·巴拉甘。这款水桶包也成为这个牌子的经典包款。

2013年4月，美妆网站Into The Gloss的主理人艾米丽·韦斯(Emily Weiss)当年推出了美妆品牌Glossier，全粉红的包装和亲民的价格立刻吸引了消费者的注意力，迅速在社交网络上传播，很快成为Instagram上的当红产品。(见图6-41)

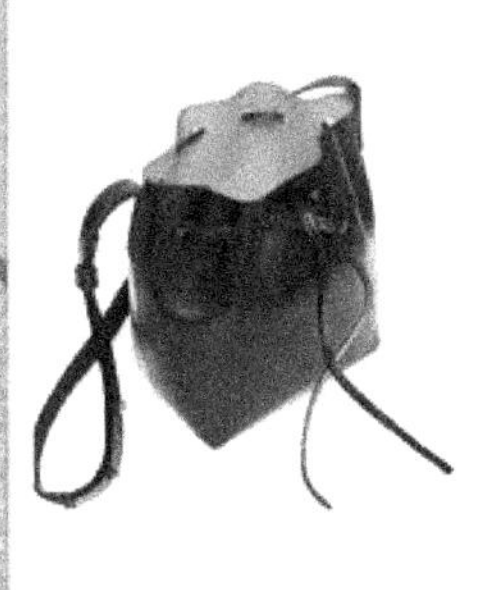

图6-40　Mansur Gavriel水桶包

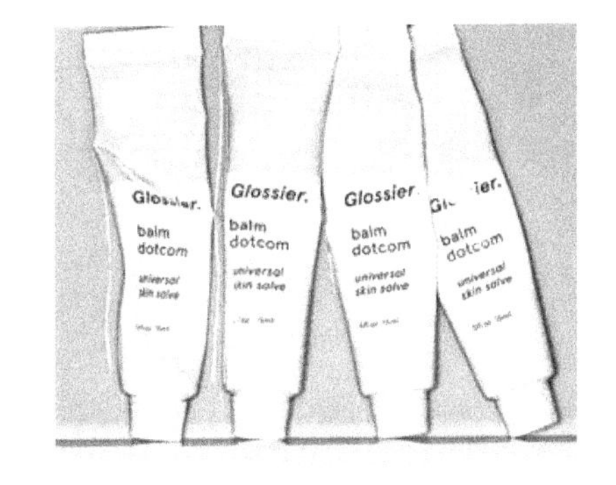

图6-41　Glossier的粉色产品

(图片来源:海报网)

2013年9月，法国老牌时装屋Carven在秋天推出了一件粉色系带羊毛大衣，因为明星博主穿着这件衣服，很快让“粉色茧形系带大衣”(见图6-42)成为网络搜索热词。许多品牌纷纷效仿，这款大衣也成了当年秋季的爆款。

2014年1月美国女装零售电商Nasty Gal的创始人索菲娅·阿莫鲁索(Sophia Amoruso)将自己从辍学生、穷助理一直到服装品牌CEO的经历写成了*#Girlboss*一书，而Girlboss这个词也就是从那时候开始泛滥的。当然，*#Girlboss*的封面底色也是粉红的，让粉红这个词除了柔弱之外，有了某种崛起感。(见图6-43)

图6-42　Carven粉色大衣

图6-43　索菲娅·阿莫鲁索自传

(图片来源:搜狐网)

2014年初的2015春夏季纽约时装周上的最后一天，Marc Jacobs在秀场中央直接建起了一座粉红色的房子，模特穿着新系列在房屋前穿行，让人印象深刻，过目难忘。（见图6-44）

图6-44　Marc Jacobs 15春夏季秀场

（图片来源：Mysesy官网）

2015年11月，色彩权威组织彩通发布了“晶粉”和“静谧蓝”为2016年的年度色彩（见图6-45），一时间如何穿搭、使用晶粉色的文章铺天盖地，大家都沉浸在这种淡雅柔和的粉色和蓝色中。

2016年1月，在小白鞋流行多年以后，广受追捧的运动鞋品牌Common Projects推出了一双粉色皮革运动鞋。（见图6-46）加上之前Raf Simons和Adidas合作款里也有粉色运动鞋，一时小粉鞋大有取代小白鞋，成为街拍热门单品的势头。

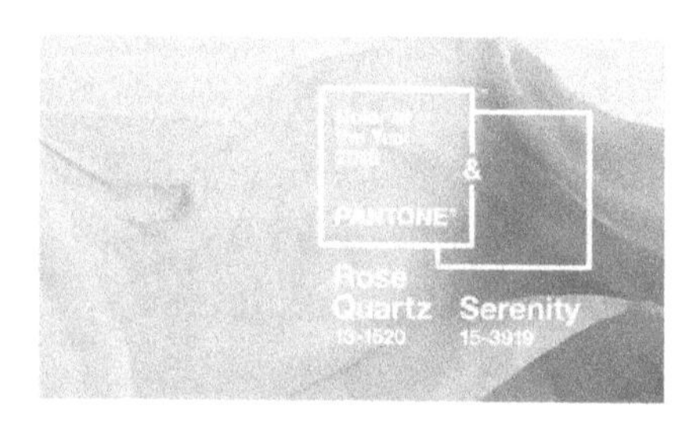

图6-45　彩通发布的2016年的年度色彩

（图片来源：彩通官网）

图6-46　Common Projects的小粉鞋

（图片来源：WGSN官网）

2016年9月，继早春系列中三个全粉色造型之后，Gucci将春夏时装秀放置在一个闪耀的粉红盒子里，艳粉色地板、糖粉色丝绒软座、超过25万块镜面亮片，整个秀场被布置得闪闪发亮，到处散发着粉色的光彩。（见图6-47）

2016年9月，Red Valentino宣布位于英国伦敦斯隆街（Sloane Street）133号的旗舰店正式开幕。（见图6-48）运用粉红色与芥末黄，以及大量几何图案和黄铜衣架，构造出一个充满俏皮活泼的少女气息的空间，胖嘟嘟的丝绒沙发俘获了不知多少女人心，让消费者的购物欲大大增加。

图6-47　Gucci 2017春夏秀场

图6-48　Red Valentino伦敦旗舰店

（图片来源：WGSN官网）

2016年10月，美国的新兴时尚品牌Everlane和买手店Opening Ceremony推出了联名系列，主打的即是粉色系羊绒单品。（见图6-49）Everlane主推基本款，价格适中，质量优良，靠着口碑在网络走红，已经成为不少时尚人士的心头好。

2016年11月，彩通发布更近肤色更柔和的Pale Dogwood（淡山茱萸粉）并宣布其为2017春夏的流行色。（见图6-50）彩通的执行总监莱丽斯·伊丝曼（Leatrice Eiseman）认为这个颜色是“微妙的中立，能够持久流行”。

图6-49　Everlane羊绒衫

（图片来源：WGSN官网）

图6-50　彩通指定的茱萸粉

（图片来源：彩官网）

2017年春，美国《纽约杂志》直接把几乎要淹没一切的粉色统称为“千禧粉”（Millennial Pink）（见图6-51），将它恰如其分地归为属于千禧一代的独特色彩，并评价“这是一个俗气而真诚、摩登又怀旧的颜色”。根据彩通色卡中的粉色不难看出，“千禧粉”不似那些艳丽的粉红色，而是大体保持在一个具有一定低饱和度但是又很亮眼的色彩上。

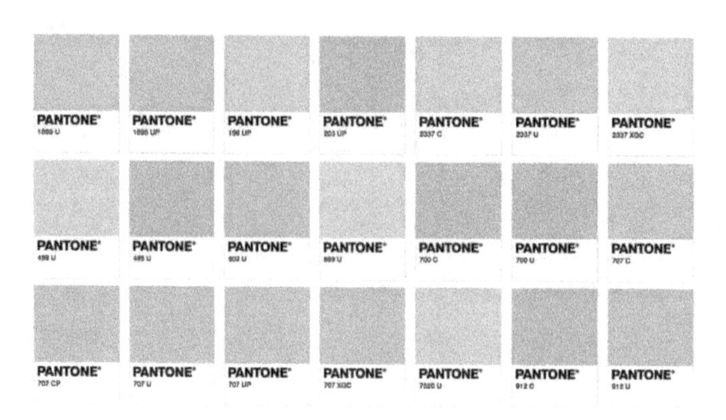

图6-51 彩通发布的粉色色卡

（图片来源：彩通官网）

2017年3月发布的Fenty X Puma系列不仅有粉色的服装和粉色的蝴蝶结缎带拖鞋，还有同款蝴蝶结运动鞋，让人“少女心炸裂”。（见图6-52）鞋子每款都有粉色、紫色、绿色，当然粉色售卖得最火爆，发售几小时内就卖光了。

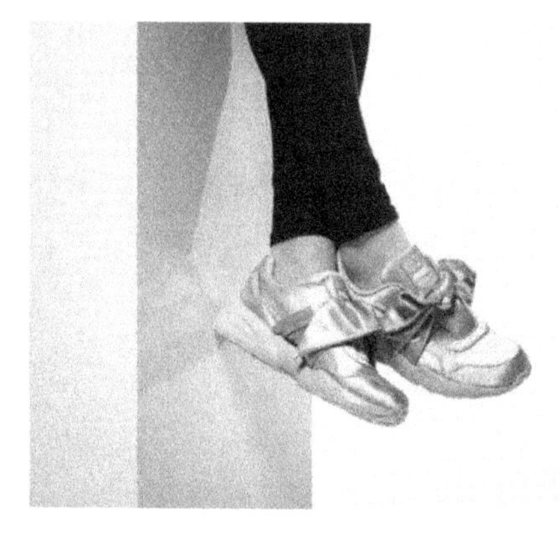

图6-52 蕾哈娜设计的粉色蝴蝶结球鞋

（图片来源：WGSN官网）

2. 建筑中的粉色(Pink in Architecture)

粉色建筑并不是现代的时尚风潮，在几个世纪前，已经有不少的教堂和建筑都被设计成粉色。

Pink architecture is not a modern fashion trend, because many centuries ago, many churches and buildings have been designed in pink.

比如法国建筑师J.布拉德（J. Bourad）建于20世纪初的越南耶稣圣心大教堂，参考了法国巴黎圣母院的结构，整个大教堂从外部建筑到内部结构，都是粉色。（见图6-53、图6-54）

图6-53　越南耶稣圣心大教堂内景色

图6-54　越南耶稣圣心大教堂外景

（图片来源：搜狐网）

1968年，墨西哥著名的园林景观设计师路易斯·巴拉甘建了座粉红马场（见图6-55），位于色彩缤纷的墨西哥城。这座马场中到处都是深深浅浅的粉色，与湖水、蓝天、白云形成亮丽的色彩对比，相比灰色的钢筋水泥，彩色的跑马场不仅成为建筑史上的壮举，也成为几十年来时尚杂志偏爱的取景地之一。

图6-55　路易斯·巴拉甘的跑马场

（图片来源：Mysesy官网）

2014年，电影《布达佩斯大饭店》上映，电影中出现的巨大粉色房屋让许多观众为之心动，也为时尚界带来一股粉色风暴。（见图6-56）

图6-56　电影《布达佩斯大饭店》中的建筑

（图片来源：《布达佩斯大饭店》电影片段截图）

1973年，西班牙建了一座粉红色的建筑群，叫作La Muralla Roja，译为“红墙”(见图6-57)，共包含50套公寓，屋顶有泳池，底层还有饭店。这个红墙是由建筑师里卡多·波菲尔(Ricardo Bofill)召集了不同领域的知识分子包括城市规划师、制片人、音乐家、社会学家、诗人等一起设计建造了这座美轮美奂的建筑群。即便过了那么多年，依旧是许多“粉色控”心中的朝圣地。

图6-57　西班牙红墙

(图片来源：搜狐网)

3. 家居装置中的粉色(Pink in Furniture)

室内家居和装置艺术中也不乏粉色的存在。近年来，许多以粉色为主题的餐厅、咖啡厅和甜品店纷纷开幕，吸引了不少人前去用餐。从软装到餐具，都是同一粉红色，激发顾客心中对粉色的爱意和快乐。

2014年6月，在英国艺术家大卫·史瑞格(David Shrigley)和室内设计师印迪娅·迈达维(India Mahdavi)的重新打造下，Sketch London餐厅变成了“粉色海洋”(见图6-58)，粉色墙面、粉色天花板、粉色的天鹅绒座椅、粉色的桌布，这家以华丽装潢闻名的餐厅就这样成为一个粉色胜地。其实每隔两年Sketch London餐厅就被交予不同的艺术家重新进行布置，但因为粉色的布置受到太多顾客的喜爱，因此被保留了下来。

2016年10月，彼得罗·夸利亚(Pietro Quaglia)在纽约开了一间意大利餐厅PIETRO NOLITA。(见图6-59)这间餐厅最吸引人的可能不是意大利面或比萨，而是整间店都是由不同材质、共八种不同色度的粉色组成的。相较于美味的食物，优雅精致的环境更加吸引消费者，这样的一家店，也引发不少时尚界的关注。

2016年圣诞前夕，名模肯达尔·詹娜(Kendall Jenner)把家里的一面墙涂成了粉红色，并把自己的新粉墙和圣诞树照片一起发到了Instagram。(见图6-60)据肯达尔说，粉红的墙有助于抑制自己的食欲。这张照片已经收到了超过140万个赞。

2017月4日,家具设计师、装置艺术家马克·安格(Marc Ange)打造的粉色装置Le Refuge(见图6-61)在米兰设计周上是被拍摄最多的作品。事实上,粉色基本就是2017年设计周的最大趋势了,Moroso、Muuto、Normann Copenhagen等设计工作室都选择了粉红色作为它们的设计色彩。

图6-58 Sketch London餐厅

图6-59 纽约PIETRO NOLITA餐厅

(图片来源:搜狐网)

图6-60 名模肯达尔·詹娜的粉色墙面

图6-61 粉色装置Le Refuge

(图片来源:Mysesy官网)

有些人,就像玛米·艾森豪威尔和简·曼斯菲尔德一样钟爱粉色,为粉色痴狂,甚至天天穿着粉色,而且把家中的家具和日用品尽量都变成粉色。当下,最具代表性的就是已经年过半百的美国艺人基滕·凯·塞拉(Kitten Kay Sera)。她穿了35年的粉色服装,并且认为自己是只自豪的火烈鸟,而且在她最穷困潦倒的时候也绝不会卖出一件粉色的东西。她的家就是个“粉色天堂”，任何东西都只能是粉色。（见图6-62、图6-63、图6-64）为了这个粉色的世界，她已经花费了上千万元人民币。许多名人也会借她的这个粉色世界拍摄照片，比如帕丽斯·希尔顿。（图6-65）

图6-62　塞拉的家1

图6-63　塞拉的家2

（图片来源：Mysesy官网）

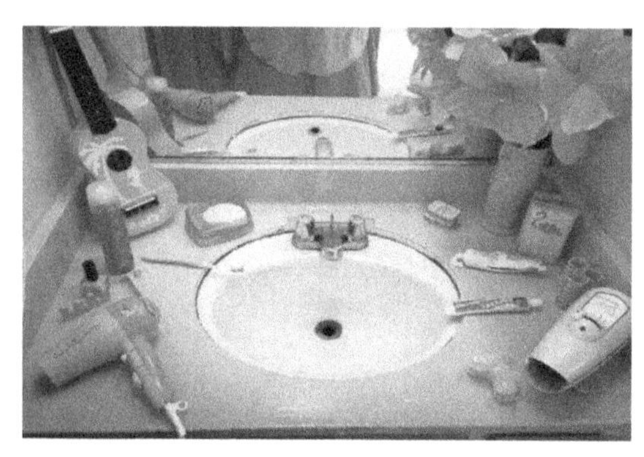

图6-64　塞拉的家3

图6-65　帕丽斯在塞拉家中拍摄

（图片来源：Mysesy官网）

4. 政治中的粉色（Pink in Political）

2016年10月，网络上盛传特朗普和主持人说了一些有关女性的不雅言论，特朗普家族备受关注和争议。在不良风波后，特朗普的妻子梅拉尼娅身穿一身粉色蝴蝶结套装（与特朗普所说的不雅词汇相同）亮相公开场合（见图6-66），缓解了矛盾。

2017年1月，美国新任总统特朗普入主白宫不到24小时，华盛顿、纽约、芝加哥、洛杉矶等多地爆发人数上百万的妇女大游行（Women's March），许多明星也加入其中，并迅速蔓延到伦敦、巴黎、悉尼等城市。这场大规模游行的标志就是一顶粉色的猫耳毛线帽（Pussy Hat）。（见图6-67）

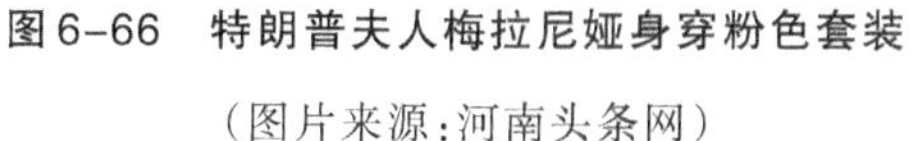

图6-66　特朗普夫人梅拉尼娅身穿粉色套装

（图片来源：河南头条网）

图6-67　妇女大游行

（图片来源：Mysesy官网）

除此之外，在网络数码产品及社交网络上，粉红色势力也是来势汹汹，不容忽视。

2014年底，“#palepink”（淡粉色）的标签成为美国社交媒体Tumblr上粉色家族里被搜索最多的标签，甚至超过了“#pink”（粉色）标签本身，于是大家就把Tumblr用户热爱的这种粉色称为“Tumblr Pink”。（见图6-68）Tumblr的时尚艺术部总监瓦伦丁·乌霍夫斯基（Valentine Uhovski）形容这种粉红是结合了千禧年未来主义和中世纪理想主义的色调。

2015年7月，美国说唱歌手德雷克（Drake）发新单曲*Hotline Bling*，德雷克在MV里魔性的舞步引起了人们的关注。此外，这张专辑的超简约粉色封面也引发了网友们的关注和热议。（见图6-69）

图6-68　Tumblr Pink

（图片来源：搜狐网）

图6-69　德雷克的粉色单曲封面

（图片来源：Mysesy官网）

2015年9月，苹果公司发布iPhone玫瑰金版引发热议。（见图6-70）因为这款虽然名为玫瑰金，但实则看起来就是粉色，不少人怀疑是不是因为苹果公司不想丢失那些讨厌粉色的消费者，特别是男性消费者，所以才将这款手机的颜色命名为玫瑰金。

图6-70 苹果发布的玫瑰金手机

（图片来源：Mysesy官网）

（四）日韩的粉色时尚（Pink Fashion in Japan and South Korea）

1. 日本粉色时尚（Pink Fashion in Japan）

在日本，时尚受到欧美潮流的影响，融入日本当地的特色和审美，发展出与欧美时尚不同的风格。下文以原宿的街头时尚为切入点，分析粉色在日本的流行情况。

In Japan, fashion, which is influenced by the trend of Europe and the United States, blending with the local characteristics and aesthetics of Japan, develops a style different from that of European and American fashion. Next we take the street fashion of Harajuku as an entry point and analyze the popularity of pink in Japan.

1979年，迪斯科舞厅成为当时的年轻人夜晚流连的地方。当时的流行元素便是方便活动身体却又强调女性曲线的剪裁，面料也大多选择闪闪发光的布料，形成了Disco Style。闪亮的粉色成为流行。（见图6-71）

1996年，在“安室奈美惠”的热潮之中，作为偶像出道的篠原友惠以奇特的打扮也迅速拥有了一批忠实的支持者，这些效仿篠原友惠打扮的人被称为SHINO RER。SHINO RER的特征是冲天辫、背着小学生书包、鲜艳夸张的首饰，宛如还未长大活泼吵闹的小学女生。这些鲜艳的颜色中不会少了粉色。（见图6-72）

图6-71 Disco Style

图6-72 SHINO RER

（图片来源：搜狐网）

GANGURO GAL源于涉谷街头文化，现在也未被时代吞噬，依然存在于街头巷尾。她们大多金发黑肤，夸张白色妆容，有长得吓人的法式指甲。（见图6-73）GAL本来意指幼稚的、有反抗性的年轻女孩，现在已经成为日本亚文化里的专门分支。这些以夸张甚至是攻击性外貌来宣扬个性的女孩子，反抗学校和社会规则，其实姿态类似英勇的飞蛾扑火，虽然难以被主流接受，但在日本也具有一定的时尚影响力。

图6-73　GANGURO GAL

（图片来源：国际在线）

2004年左右的帕丽斯·希尔顿因为真人秀火爆全球，绝对是名媛圈里最耀眼的明星，她的穿着被所有年轻女孩疯狂模仿，在东京自然也不例外。这种模仿希尔顿休闲风格却颜色粉嫩如泡泡糖的出街打扮被简洁明了地称作“LA名媛风”（见图6-74），其特征是以闪亮亮的粉色系为主，例如Juicy Couture的天鹅绒套装，大墨镜和粉色棒球帽必不可少，上街时再抱着自家可爱的小宠物狗。

2012年，在原宿的高中女生之间流行起来的Pastel Color风格（见图6-75），颜色淡雅，面料轻薄。Pastel Color原本指并非鲜明原色的柔和中间色，Pastel是色粉的意思，色粉的颜色大多灰度偏高、色彩柔和，所以被称为Pastel Color。染着缤纷发色的原宿女孩们通常穿着相同浅色系的T恤百褶裙和厚底鞋，捧着同样是水彩色的巨大棉花糖大笑着穿过拥挤的街道。

图6-74　LA名媛风

图6-75　Pastel Color

（图片来源：洱海网）

2. 韩国粉色时尚(Pink Fashion in South Korea)

韩流(K-pop)是随着韩国娱乐产业向海外发展扩张时产生的一种说法,顾名思义,就是韩国的潮流,广义上包括音乐、电视剧、电影、偶像等娱乐产业。跟韩流一起席卷全球、让人熟知的不只是帅气的男偶像和美丽的女演员,还有韩剧、电影、MV中具有韩国时尚风格的穿着打扮,一般都是欧美大牌服装与韩国本土设计品牌服装。下文以韩国电视剧里明星的穿着为切入点,探讨粉色在韩国的流行现象。

K-pop is a statement that emerged as the Korean entertainment industry expanded overseas. As the name suggests, it is the trend of Korea, which includes music, TV dramas, movies and idols. With the Korean Wave, it is not only handsome male idols and beautiful actresses, but also Korean dramas, movies, and MVs with Korean fashion styles. They are generally European and American big-name clothing and Korean local designed brand clothing. The following starts from the clothing of stars in Korean TV dramas to explore the popularity of pink in Korea.

在一部名为《请回答1988》的电视剧中,女主角穿的具有年代感的羊羔绒粉大衣和一件粉色卫衣,都成为观众喜爱的剧中服装。这两身衣服都是宽松款,十分具有韩国时装特色。

2012年,韩国一个名为Six Bomb的女子组合,因为出道时的粉色紧身衣太过性感引发热议,而被暂停演出。

2015年,在韩国娱乐圈和时尚圈具有广泛影响力的歌手权志龙染了一头粉发为《时尚芭莎》拍摄大片。这组照片引起热议,在韩国明星中掀起了一场染发风潮,许多明星纷纷染起了粉色头发。

在2016年大火的韩国电视剧《蓝色大海的传说》中,女主角全智贤多次身穿粉色的服装,其中令人印象最深刻的就是一条粉色亮片连衣裙和一套粉红色Chanel套装。此外,全智贤在剧中穿的粉色格子连衣裙、蕾丝连衣裙等,也都可圈可点。

在2016年的其他电视剧中,也经常出现粉色的服装。比如孔孝真在《嫉妒的化身》里穿了两身来自韩国女装品牌Push Button的服装,为上班的白领们提供了很好的穿衣示范。还有韩国女星李圣经在*doctors*,还有《奶酪陷阱》《举重妖精金福珠》中都穿了粉色的服装,得到网络上一致好评。

二、橙色追踪(Orange Tracking)

(一)橙色的色彩故事(Color Story of Orange)

橙色是电磁波的可视光部分中的长波,介于红色和黄色之间的混合色。一提到它,人们就会想起温暖、热情、醒目、欢快等词汇。

Orange is the long wave in the visible part of the electromagnetic wave. It is a mixture of red and yellow. When it is mentioned, people will think of words like warmth, enthusiasm, markedness and cheer.

但是橙色曾一度被认为是最不受欢迎的色彩。爱娃·海勒在《色彩的性格》一书的调查中得到这样的结果:橙色是最不受欢迎的色彩,没人把橙色列为最喜爱的色彩,有14%的女性和9%的男性把橙色列入“我最不喜欢的色彩”中。因为在欧洲文化中,橙色是外来色,是随着橙子、橘子这类水果贸易从印度、中国这些亚洲国家传入欧洲的。所以橙色是带有一种异域风情的色彩。(见图6-76)法国画家弗拉戈纳尔在《读书的少女》中绘制的是前来投奔的妻子的妹妹。画中女孩穿着一身橙黄色衣服,优雅地坐在沙发上看书。在崇尚纯色的古代欧洲,对于明亮的色彩,上流社会的人们会优先选择胭脂红或者亮黄这类看起来高贵的颜色,橙色这种介于红、黄中间的混合色彩总是被人们忽略。

图6-76 《读书的少女》

(图片来源:东方艺术网)

直到现在橙色也无法摆脱廉价的印象。随着工业时代的到来,塑料制品总是橙色的,而且因为不存在任何橙色的天然面料,所以橙色的物品给人的印象总是廉价的。除此之外,因为橙色的颜色鲜艳醒目,容易吸引人的目光,所以橙色是广告中的常用色彩。(见图6-77)将鲜艳的颜色用在广告中是常见的做法,但却容易发生物极必反的现象。由于橙色实在是太醒目,以至于人们看到亮眼的橙色色块便知道是广告而直接忽略掉广告信息。

图6-77　世纪美国啤酒广告

（图片来源：花瓣网）

在现代服装中，橙色也是不怎么被青睐的色彩。除了无法摆脱的廉价塑料的印象，还表现在色彩搭配上：对于亚洲人的偏黄肤色，橙色并不是搭配的最好选择；而对于白皙的欧美人来说，有时候橙色也过于亮眼，而且一身的橙色总是容易联想到万圣节的南瓜灯。在一段时间内美国规定的囚犯制服也是橙色。尽管黑人偏爱颜色鲜艳的服装，但橙色服装不比其他色彩易于搭配。

（二）时尚中的橙色（Orange in Fashion）

从2000年到2012年的彩通年度色彩中，橙色曾两度被选为年度色彩（见图6-78），分别是2004年的虎皮百合（见图6-79）和2012年的探戈橘（见图6-80）。

图6-78　2000至2012年彩通年度色彩

图6-79　2004年度色彩虎皮百合

图6-80　2012年度色彩探戈橘

（图片来源：彩通官网）

2004年代表色虎皮百合，是8月2日的生日花，有一般百合的花形，花语是“照料”，因为由虎皮百合制作的药剂可以减轻孕妇害喜的症状。虎皮百合有浓郁的橘色和斑点，其橘色像是老虎皮的底色一样，是温柔的橘黄色，醒目却又不刺眼。

2012年的彩通年度色彩是探戈橘，顾名思义，来自热情的南美洲，具有异国风情、友善、不具威胁性，就像热情奔放的巴西女郎。探戈橘的色彩更加偏红，显得温暖、热情。

在2015年彩通发布的春夏十大流行色趋势中，出现了一种叫作橙月橘的颜色。(见图6-81)这一季彩通的色彩中整体都是柔和甜美的浅色系，饱和度偏低，这种橘色色彩柔和色相偏黄，彩通将它形容为“热情又有活力的橙橘，贴近自然又十分友善，是红与黄搭配而成的活力色，够亮、够显色，能衬托健康的古铜肤色”。

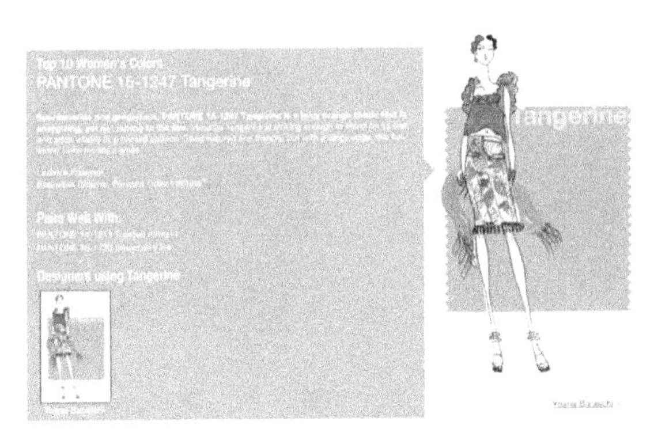

图6-81 2015年春夏橙月橘

(图片来源：彩通官网)

不过现在人们对橙色的接受度越来越高，时尚中橙色的出镜率也越来越高。虽然橙色这种醒目的色彩更多地被运用在丝巾、包袋、眼镜等配饰和彩妆中，但是橙色的服装也在逐渐流行。

在20世纪末期，从风靡全球的街头嘻哈文化里诞生出“潮牌”这个概念，这些品牌的服装完全不似传统的时装那样讲究高贵优雅，经常将上层人士嗤之以鼻的街头元素运用在服装中，他们爱用醒目的色彩、夸张的印花图案、肥大宽松的服装搭配球鞋表达出他们的生活态度。橙色作为一种不被人喜爱的颜色，在这类潮牌中经常被用到。

品牌Supreme在2002年就曾推出一款橙色短袖T恤堪称经典(见图6-82)，这款短袖

图6-82 Supreme短袖T恤

(图片来源：1626官网)

T恤已经成为古董级的单品。这款简单的短袖T恤全身都是鲜艳的橙色，配上亮黄色的文字，十分吸引眼球，仿佛在竭力嘶喊出穿着者们的精神和叛逆。

橙色作为一种鲜艳、热情的色彩，在服装中更多是被点缀般用在装饰上，例如鞋子、包袋等。如Nike在2013年推出的一款球鞋中(见图6-83)，最有辨识度的商标和鞋子后跟内侧被设计成了橙色，让人一眼就能看见。还有Volcom在同年的新品中推出了一件黑色皮革机车夹克，其内里是鲜艳的橙色，与深色夹克形成鲜明的对比。(见图6-84)

图6-83　Nike球鞋

(图片来源：花瓣网)

图6-84　Volcom机车夹克

(图片来源：Volcom官网)

2014年，人气说唱巨星德雷克旗下潮牌October's Very Own，与来自加拿大的经典羽绒品牌Canada Goose合作，以军事元素作为灵感发想，采用了印有灰色迷彩印花的尼龙布料结合羽绒填物制作而成，内部则运用了军装夹克中常见的橙色内里。(见图6-85)

2015年欧洲的时尚名店Slam Jam与Head Porter合作发布手袋、卡包、手提包及登山包四件单品(见图6-86)，设计上使用了象征夏日的橙色搭配百合印花的高密度尼龙布，分别在东京和米兰的店铺销售。

图6-85　October's Very Own羽绒夹克

(图片来源：October's Very Own官网)

图6-86　Slam Jam与Head Porter的包袋

(图片来源：Vigee官网)

2016年的橙色是被人喜爱的颜色，不管是在小众的潮牌中还是大众所喜爱的产品里。许多品牌都在这一年推出橙色的单品，比如Anti Social Club的短袖印字T恤衫（见图6-87）、Joyrich的女装套装（见图6-88），其中最火的就是Vetements的橙色卫衣。（见图6-89）这款卫衣因为受到许多明星和网络红人的喜爱，一跃成为2016年最受欢迎的橙色单品。

图6-87　Anti Social Club的短袖T恤

（图片来源：Anti Social Club官网）

图6-88　Joyrich的女装套装

（图片来源：Vigee官网）

图6-89　Vetements的橙色卫衣

（图片来源：识货网）

2016年的秋冬季，一种叫作脏南瓜色、脏橘色的橙颜色从服装流行到彩妆，在网络上被热议起来。其实南瓜色这种橘色在2015年到2016年一直在流行，特别是在彩妆中。南瓜色是一种跨度从偏红到偏黄的低饱和度的橙颜色，其颜色上的搭配具有很多种可能性。

经典的运动潮牌Supreme在2017年春夏的新品中也依旧推出了印着美国风格的漫画人物形象的橙色卫衣。（见图6-90）

图6-90　Supreme卫衣

（图片来源：Supreme官网）

（三）爱马仕的皇家橙（Royal Orange of Hermès）

法国顶级奢侈品牌爱马仕一直以它的“皇家橙”为代表色，它的商标一直是这个橙色（见图6-91），明亮醒目，优雅温馨。还有爱马仕的包装盒也一直都是鲜艳的橙色，配有深棕色包边装饰（见图6-92）。除此之外，在爱马仕的产品中也经常会出现橙色，比如在丝巾（见图6-93）、腕表（见图6-94）、包袋（见图6-95），还有一些家居产品（见图6-96）。

图6-91　爱马仕的商标

图6-92　爱马仕的包装盒

图6-93　爱马仕丝巾

图6-94　爱马仕腕表

图6-95 爱马仕包袋

图6-96 爱马仕台灯

（图片来源：爱马仕官网）

爱马仕的橙色已经成为一种品牌形象，就像蒂芙尼蓝一样，被以品牌名字命名，提到这个颜色就能联想到这个品牌。虽然被以"皇家橙"这样高贵的称呼形容，但实际上爱马仕的这个橙色也是来源于一次偶然事件。

第二次世界大战之前，爱马仕的包装盒以及其他的包装袋其实与现在的相差无几，只是当时的包装盒颜色是由仿猪皮的米白色卡纸制成的，外加烫金包边。但是在第二次世界大战席卷欧洲的时候，所有生产优先供应军队需求，以致原材料短缺，无法正常供应，仿猪皮的米白色包装袋纸存货很快就用完了。因为战争时期物资短缺，所以政府规定当时所有物资均按配额发放，爱马仕无法为了包装纸而去请求政府让制造厂为它们生产包装盒用的卡纸。幸而在当时人们并不喜欢橙色，所以制造厂还有大量的橙色卡纸剩余，在当时的情况下爱马仕也别无选择，只好使用制造厂仅存的橙色卡纸作包装盒材料。

但是在爱马仕选择了这个颜色作为包装的新颜色后，没想到不但没有不好的反应，反而得到一致好评，因为橙色也正好和爱马仕皮具的颜色相当吻合。所以在战后，爱马仕为了纪念那个资源匮乏的时代，把所有产品的包装颜色全部都换成了橙色。但在最初，橙色包装的卡纸是磨砂的表面，颜色也更加鲜艳一些。随后，爱马仕推出了印有爱马仕标识的包装袋，至今有几种不同的颜色，如栗色、灰色、红色，象征着爱马仕的不同产品部类。目前，爱马仕一共有178种不同型号、尺寸的橙色包装盒，这也成了爱马仕标志性的颜色。由于被爱马仕广泛使用，橙色也显得没那么廉价，反而衬托出了品牌的高贵感，成为消费者趋之若鹜的标志色彩。

（四）克里斯托夫妇装置艺术中设计的橙色（Orange in the Installation Art Design of the Couple Christopher）

克里斯托和让娜-克劳德夫妇，是当代备受关注的装置艺术家，或者更多的人愿意称他们为大地艺术家。因为他们的作品从来不会出现在画廊、美术馆、展览会或者拍卖会上，而是选择放置在土地、峡谷、海岸等自然界中。从20世纪60年代开始，他们用常人难以理解的方式和制作成本去包裹山谷、海岸、大厦、桥梁、岛屿，让公共建筑和自然界呈现熟悉又陌生的浩然景观。从1958年他们结婚至今，完成的作品只有19件，这19件作品都是花费了让人难以想象的金钱和时间去完成的，但是展示在世人前的时间却是区区几个星期或者几个月。他们的作品犹如昙花一现，惊鸿一瞥之间让人无法忘却，这些无法被定义艺术范畴的艺术项目，介于建筑、雕塑、装置、环境工程之间，成为大地艺术杰出的代表。在克里斯托夫妇仅有的这些作品中，许多都用到了醒目亮眼的橙色，而且在他们创作过程中的手稿里也经常会出现橙色的标记。

1969年到1976年，克里斯托夫妇完成了三个庞大的、惊世的地景艺术作品：《包裹海岸》《包裹峡谷》《奔跑的栅篱》。其中1970年的《包裹峡谷》（见图6-97）位于美国的科罗拉多峡谷中，使用了3.6吨的橙黄色尼龙布，悬挂在相距366米的两个山体斜坡夹峙的U形峡谷间。巨大的橙黄色帘幕横拉在山野峡谷之间，颇具壮丽之美，饱和度极高的橙色在绿色的山间呈现出一种张扬又热烈的美，就像一个女人穿着橘黄色的丝绸长裙轻卧在峡谷之间，她的腰肢就这样被轻柔地勾勒出来。

CHRISTO AND JEANNE-CLAUDE: VALLEY CURTAIN, RIFLE, COLORADO, 1970 - 72
Photo: Wolfgang Volz. Copyright: Christo 1972-2005

图6-97　美国科罗拉多州的《包裹峡谷》

（图片来源：腾讯网）

1975年，克里斯托夫妇选择在他们相识相爱的法国巴黎创作新作品，因此选择包裹塞纳河上的新桥。新桥虽然名为“新桥”，却是法国最旧的桥。这座桥从提出修建到最终落成，一共经历了三位国王，两个朝代，建造过程还见证了法国中世纪末期历经将近半个世纪的胡格诺战争。所以新桥是法国革命和历史的见证者。为了在这样的古迹上进行包裹艺术，克里斯托夫妇用了十年去交涉，最终在1985年9月22日至10月7日，新桥向世人展示了包裹艺术的魅力。这次包裹项目共消耗了40876平方米的白帆布，13076米长的绳索，12吨重的钢缆，前后动用了300人次。克里斯托夫妇用白色帆布包裹住新桥，使其在周围环境和灯光的照映下呈现出白色到橙色的变化。（见图6-98）。

图6-98　包裹新桥

（图片来源：腾讯网）

2005年，在苦苦等待了数届纽约市长的轮换后，终于得到纽约市政府的批准，克里斯托夫妇又在纽约中央公园实现了他们筹备26年的巨型作品《门》。他们在中央公园的走道上树立起7503道由聚乙烯制成的门，每道门都悬挂着一块橙色帘幕，绵延37千米，穿越整个中央公园，从第59街到第110街，如同一条“橙色的河流”，为纽约萧索的冬天加了一道亮色。这座花费2100万美元建造的纽约历史上最大规模的艺术品仅存在16天，而在市长布隆伯格看来，它能与罗马梵蒂冈的西斯廷教堂、贝多芬的《第九交响曲》以及《飘》相媲美，是一件“永恒的杰作”。（见图6-99）

图6-99　《门》

（图片来源：腾讯网）

2016年6月18日，在意大利伊塞奥湖，克里斯托在其夫人去世后独自完成了一件艺术品。他在湖上用布料打造了一个庞大的《漂浮码头》。（见图6-100）这件大型艺术作品由超过20万根高密度聚乙烯管道组成，上面覆盖了近10万平方米的橙色织物。这些管道铺成的路可以连接对岸的小镇并能通往一个湖心岛。这也是这位81岁艺术家最后创作的大型作品。

图6-100 《漂浮码头》

（图片来源：腾讯网）

除了在作品中使用橙色，克里斯托夫人在个人穿着上也很偏爱橙色，她在好几次的采访中都顶着一头橙红色的头发，穿着橙色的外套，连他们的工作台也是橙色的（见图6-101）。克里斯托夫人已去世，我们无法得知她为什么那么喜欢运用橙色，但是橙色是充满热情活力的色彩，犹如他们对艺术的热情般炽热。

图6-101 克里斯托夫妇

（图片来源：城视窗）

虽然橙色依旧大量存在于廉价的塑料制品中，而且现在依旧有很多时尚博主因为橙色过于亮眼、不易搭配而建议人们在选购服装时慎选橙色，但在现代色彩运用中，对橙色的偏见已经越来越少，人们对橙色的接受度越来越高，特别是像“爱马仕橙”这样被消费者视为“高贵”“奢侈”的存在，更加让人对橙色有了新的观念。许多品牌也纷纷开发出容易搭配穿着的橙色服装，使用更加柔和、衬托肤色的橙色。不只在服装中，家居装潢中橙色的使用比例也越来越高，因为橙色是最温暖的颜色，它既有红色的热情也有黄色的鲜亮。橙色也是代表能量的颜色，是火光的颜色，能够让人兴奋，给人带来欲望。

第九节 小结 Summary

本章学习了色彩理论与色彩流行的相关内容，并结合色彩心理学、色彩地理学等相关理论，对色彩知识进行捕捉。色环是在彩色光谱中所见的长条形的色彩序列，再将首尾连接在一起，显示原色、间色、复色之间的关系。在自然欣赏、社会活动方面，色彩在客观上是对人们的一种刺激和象征，在主观上又是一种反应与行为。色彩心理透过视觉开始，从知觉、感情到记忆、思想、意志、象征等，其反应与变化都是极为复杂的。

This chapter learns about color theory and fashion color contents; and it combines color psychology, color geography and other related theories to capture the color knowledge. The color wheel is a long strip of color sequence that can be seen in the color spectrum. Its head and tail are connected together to show the relationship between the primary color, the secondary color and the tertiary color. In terms of natural appreciation and social activities, color is objectively a stimulus and symbol to people; subjectively, it is a reaction and behavior. Color psychology begins with vision, from perception and affection to memories, thoughts, will, symbols, etc., whose reactions and changes are extremely complicated.

第十节 思考与讨论 Thinking and Discussion

(1)运用WGSN网站，选择一个颜色，观察过去三年这一色彩的发展轨迹。

(2)从色彩心理、色彩地理学、社会、文化、艺术、生活方式、艺术等角度探讨某一色彩的流行及其发展。

(3)通过市场调研，发现当下市场中的某一流行色，捕捉这一流行色的表现，并结合当下色彩趋势，进行分析。

(4)今年的流行色有哪些？联系流行色的发展规律，尝试解读其中一个。

第七章　服装流行史与流行的演变

Chapter Seven　Fashion History and the Evolution of Popularity

第一节 导论 Introduction

本章将梳理20世纪以来各个历史时期的流行现象，通过对各个历史时期流行现象与流行元素的解读，厘清1900年至今的流行发展轨迹，对维多利亚女王时期、爱德华时期等各个历史时期的流行现象进行剖析。结合服装史，理解每一时期的流行现象与时代精神的对应关系，并分析当代品牌对每一时期流行的利用与再现。结合历史中出现的流行元素和当下流行元素，判断未来的流行走向与内在发展规律。（见图7-1）

本章从维多利亚女王时期的流行现象开始，随着时间线索推进，回顾历史上的重要事件、社会变革、人文思潮、服装现象。对过去的分析有助于对未来的判断，进一步联系当下热点问题，归纳特定历史时期的社会思潮、艺术现象、文化现象、生活方式与流行演变的内在联系。特别是结合当时流行样式的当代再现与内在联系分析。

在这一章节中将重点讨论以下问题：(1)自维多利亚时期

This chapter will sort out the fashion in various historical periods since the 20th century. Understand fashion development from 1900 to the present and analyze fashion style of Victorian and Edwardian Periods through the interpretation of fashion phenomena and elements in various historical periods. Combining the history of clothing, understand the correspondence between fashion phenomena and the spirit of the times in each period, and analyze the use and reproduction of contemporary brands for each period. Combining the fashion elements in history and the current fashion, discover the future fashion trend and the regulation of fashion internal development. (Fig. 7-1)

This chapter reviews the important events, social transforms, humanistic trends, and clothing phenomena in history from the fashion style of Victorian era by tracing times. The analysis for the past helps to discover the future, further links the current trendy issues, and summarizes the intrinsic links between social thoughts, artistic phenomena, cultural phenomena, lifestyles and fashion evolution in a particular historical period. In particular, it combines contemporary reproduction and intrinsic connection analysis of popular styles at the time.

In this section we will focus on the following issues:

(1) The fashion development track from the Victorian period to the present, and representative styles of each

至今的流行发展轨迹，各个时期的代表性款式；(2)每一时期流行样式出现的必然性，其社会、文化、艺术因素的交织作用催生新的流行现象；(3)历史上的样式往往一再出现，并影响当代消费者与流行现象；(4)使学生对历史中曾出现的种种流行现象与文化现象形成系统认识。

period;

(2) The inevitability of the emerging fashion styles in each period, and the intertwining of social, cultural and artistic factors, which has spawned new prevalence;

(3) Historical styles often appear repeatedly and affect contemporary consumers and fashion;

(4) To enable students to form a systematic understanding of the various prevalence and cultural phenomena that have appeared in history.

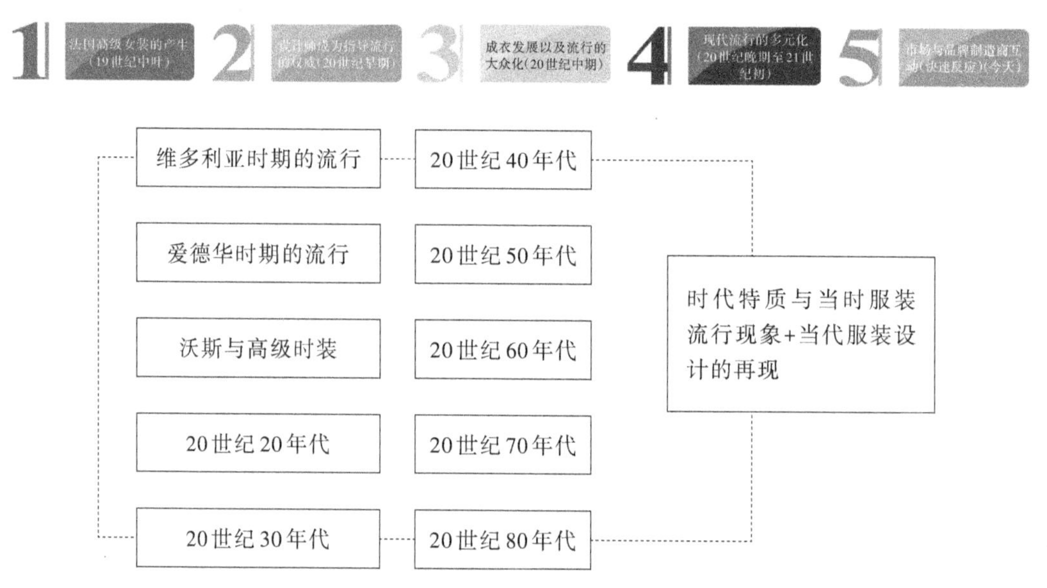

图7-1　维多利亚时期到20世纪80年代的时代精神与流行现象

第二节　时代精神 Zeitgeist

“时代精神”或精神文化指的是文化的现行状态：现在的表达。一个时代的模式是由复杂的历史、社会、心理和审美因素的混合体而

The “spirit of the times”, or zeitgeist refers to the current state of culture: the expression of the present. The mode of an era is determined by a complex mixture of historical, social, psychological,

决定的。在每一个时代，创意艺术家和设计师的灵感都来自当时的影响，他们通过创新的想法和产品来诠释。所以影响一个时代的元素具有共性也就不足为奇了。新美学在当代的各个方面都可以找到：艺术、建筑、室内设计、美容产品以及服装。每个时代，态度和生活方式的变化都推动时尚发展。

and aesthetic factors. During each era, creative artists and designers are inspired by current influences that they interpret into innovative ideas and products. It is not surprising that there are commonalities that influence an era. New aesthetics can often be found in various aspects of the contemporary era: art, architecture, interior design, beauty products, as well as apparel. During each era, changes in attitudes and lifestyles make fashion move forward.

第三节 维多利亚女王时期与羊腿袖
The Queen Victoria's Period and Gigot Sleeve

1837年到1901年被称为维多利亚时期(Victoria Period)。1860年前，几个欧洲国家主导着政治和社会。巴黎和伦敦被认为是主要的社会和商业的城市中心。

1837—1901 is known as the Victoria Period. Before the 1860s, several European countries dominated political and social ideals. Paris and London were considered the leading urban centers of society and commerce.

在英国，当时的时代是由维多利亚女王领导的一个保守的时代，她统治了19世纪将近一半的时间。英国的贸易和商业，经历了巨大的繁荣。财富也以公开展示的方式作为装饰出现在时尚、艺术和建筑方面。英国的进步被其他国家所羡慕。法国大革命动荡平息后，法国重新恢复了作为世界时尚之都的领导地位。在美国，内战结束，奴隶制被废除。

现实主义和印象主义是当时主要的艺术运动。在文学中，作家通过神话、象征和梦，揭示了深刻的人类情感和想象力。

Realism and Impressionism were the major artistic movements. In literature, writers revealed deep human feelings and imagination through myths, symbols, and dreams.

展示了这个时代的时尚的著名电影有《飘》《年轻的维多利亚》《布奇卡西迪和小霸王》《纽约黑帮》等。

这一时期的女性强调胸腰差，偏爱沙漏形(Hourglass Shape)身材。维多利亚时代的服装注重利用褶边和繁复装饰来显示社会地位和声望。女性的行动由于裙撑、紧身胸

图7-2　维多利亚时期的代表性款式

衣、裙箍而受到限制。夸张的轮廓曲线则是通过收紧腰部的方式呈现沙漏状。女士们白天穿高领、宽袖和延伸到地板的裙子。这些保守风格的衣着覆盖了身体，只可看到一部分皮肤。到了晚上，女士穿着的服装领口较低，袖子短，花边露指手套很受欢迎。她们佩戴奇特的帽子以代替软帽。(见图7-2)

男性的服装则与几十年前的大同小异，是正式的、僵化的，延续了保守的趋势。白天穿西装，晚上则是燕尾服和大衣。此外，男性还用手杖、礼帽、德比鞋和怀表。

1850年缝纫机的出现开始了成衣化生产。当缝纫机机被引入工厂时，开始大批量生产衣服。这种现代化进程还导致了劳动力状况的变化，改变了通信和运输，妇女也开始外出工作。

新技术的出现改变了材料，也改变了整个服装业。新材料(Looms and Synthetic Dyes)与摄影影响了时尚的发展。时尚杂志开始出版，提供允许广泛传播信息和图像的机会，遵循时尚潮流。时尚杂志*Vogue*的出现带来了流行并使之能够被跟踪和复制。新的纺织技术，包括动力织机和合成染料，促进了现代化的纺织发展。百货公司的创建，通过邮件订购目录的方式，为在城市和乡村地区的人提供了穿着机器制造的衣服的可能。

维多利亚时代于19世纪末结束，那时人们的态度和价值观都出现了变化。随着美国经济的增长和实力的增强，欧洲的主导地位正接近结束。(见图7-3)

图7-3　维多利亚时期的典型着装

(图片来源：大英博物馆官网)

第四节 爱德华时期与S形女装 The Edwardian Era and S-shaped Women's Clothing

20世纪初也被称为爱德华时期(Edwardian Era),这一时期以爱德华国王命名,当时的审美标准也发生了变化。爱德华时期在历史上以财富和挥霍闻名。英国此时处于极其奢侈和富裕的时间段,拥有世界上最大的经济和军事力量。这是一个充满奢侈品服装、香水、珠宝的美丽年代(Beautiful Age)。在法国,这一时期被称为La Belle Époque或"美丽的时代"。高级定制时装特色充斥在富裕和奢华的人群中。

Edwardian Era (the early 20th century), which was known for wealth and squander, was named after King Edward. The aesthetic standard at that time was changed. This was a time of great extravagance and opulence in England, which possessed the world's leading economic and military power. This has been a Beautiful Age full of luxury clothes, perfume and jewelry. In France, the same era was known as La Belle Époque or The Beautiful Age. Haute couture fashions featured costumes filled with opulence and luxury for the wealthy.

世界各地移民的涌入带来了美国人口的增长。在20世纪90年代以前,移民开始从欧洲南部抵达。在1900年,移民也开始从欧洲南部和亚洲进入。此时的美国涌入了大量来自欧洲的富裕阶层(New Rich),同时中产阶层出现并日益壮大。种族平等、和平与性别平等仍然是美国重要的问题。美国运输取得了巨大的进步。福特汽车公司开始制造一种低成本的汽车,这是许多美国人负担得起的汽车。莱特兄弟做了第一次飞行,介绍了航空旅行的前景。

在文化上,新艺术运动包括后印象派、野兽派、立体主义,印象派艺术家有保罗·塞尚、凡·高、马蒂斯、保罗、高更、毕加索等人。文艺演出、杂耍、电影成为重要的休闲活动。玛丽·碧克馥、蒂达·巴拉和查理·卓别林成为电影明星。吸引大量观众的体育运动,包括棒球和赛马,成为上流社会生活的一部分。《哈珀时尚芭莎》(*Harper's Bazaar*)开始每月出版,还包括体育报纸和连环漫画。展示这个时代的时尚的电影包括《威尼斯儿童赛车》《看得见风景的房间》和《泰坦尼克号》。

20世纪形成了崇尚流行的时尚态度,即偏爱成熟的女性的造型,强调丰胸细腰。女性的廓形是"S"形。骨架制作的紧身胸衣,施压于腹部和创造一个前直,后面为翘起的臀部。长裙臀部光滑，并延伸到地板上。此时代的早期，男装是矩形的廓形，不强调腰围线。男子穿着晨衣、条纹长裤和大礼帽作为正式服装。其间，男人的风格变得更轻松，并开始穿花呢夹克和条纹西装作为休闲的穿着。裤子变短，被称为短裤(Knickers)，是为了适应如骑自行车类的活动，军用防水短上衣在战争年代也被引入，作为一种在基本颜色上的功利风格，相同的外套，在今天的时尚中仍然可以看到。

巴黎被视为时尚趋势的主要发源地。1910年，保罗·波烈通过引入窄底裙和帝国式服装轮廓的方式从根本上改变了廓形，女士们脱掉紧身胸衣，东方服饰、希腊悬垂、头巾、灯笼裤、和服取而代之，融合了东方文化和西方审美。款式宽松、面料轻盈、色彩明亮的设计开始出现。这一时期的杜塞、波烈、马里亚诺、沃斯成了高级时装界的明星。

第一次世界大战(1914—1918)最初是一次欧洲与俄罗斯、英国和法国对德国和奥地利帝国的冲突。但随着战争在全球范围内蔓延，美国进入作战状态。1917年，美国获得新的军事和经济大国地位。这场战争极大地改变了美国在国际舞台上的角色和形象。由于战争导致数以百万计的人赶赴战场，许多美国妇女需要填补空缺的工作岗位以使经济运转正常。女性由此获得更多的职场机遇。

同时，因为战争导致的物资匮乏，早期奢侈、华美的服装风格被摒弃，服装的纹饰、轮廓被简化，服装回归实用——裙子和洋装的长度保留在脚踝和小腿中部以上，这是为了便于女性更好地适应她们的日常工作。另外，战争期间时尚产业几乎没有利润，许多设计师也都停止了业务。战争期间，国家致力于推动科学和工业的发展，以赢得战争的胜利。战争结束后，一些先进技术便被运用于制造业，由此更多的机械被用于纺织和服装生产，这为成衣(Ready to Wear,RTW)生产奠定了基础。人造面料和拉链的发明则促进了大众市场的发展。高级时装设计师成为一个创造和支配时尚造型力量的角色。受时代精神的影响，高级时装设计师更接近于艺术家。

电影对时尚追随者产生了巨大的影响。演员穿着的服装款式，不只是影响观众而是整个社会。在大银幕上看到的现代风格常被公众模仿和复制。在第一次世界大战结束时，很明显，社会正在发生变化。随着世界政治权力的转移，时尚态度发生了变化，一个新的现代型的女性行为和外形出现了。

如图7-4所示，近年热播的《唐顿庄园》就是以爱德华时期为背景，贵族的穿着反映了当时的流行趋势。Chanel 2016年春夏系列的灵感也源自爱德华时期的样式。(见图7-5)

图7-4 《唐顿庄园》中的爱德华时期着装样式

（图片来源：百度百科《唐顿庄园》图册）

  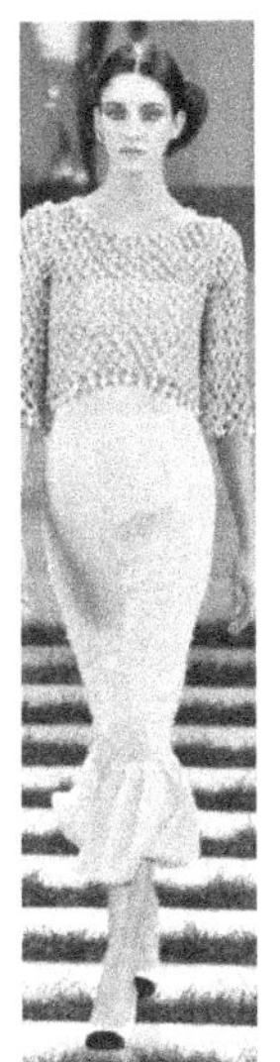   

图7-5 Chanel 2016春夏时装秀中的爱德华时期着装样式

（图片来源：搜狐网）

第五节 20世纪20年代与轻佻女子

The 1920s and Flapper Girls

20世纪20年代的欧洲，国家和政府在战争中进行了革命性的变革。

In 1920s, European countries and governments made revolutionary changes during the war.

"一战"过后，以美国为首的国家又一次在世界范围内掀起了女权运动。在政治上，女性获得与男性同等的参政权；在经济上，因拥有职业而独立的女性越来越多，这种男女权利平等的思想，在20世纪20年代逐渐发展和成熟，女装上出现了弱化女性特征的独特样式。

20世纪20年代，女性在公共场所唱歌、吸烟、饮酒、化妆等行为被社会认可。妇女争取平等，并开始拒绝社会规范，拒绝在社会中有限的角色和行为模式。1920年，美国宪法的第十九修正案赋予妇女投票权。新女性崇尚自由、不羁、享乐。她们喜欢爵士乐、新风格的舞蹈和服装。"轻佻女子"是抽烟、喝酒、跳查尔斯顿舞和狐步舞的年轻女孩的绰号。已经走出闺房的新女性冲破传统道德规范的禁锢，大胆追求新的生活方式，过去丰胸、束腰、夸张臀部的强调女性曲线美的传统审美观念已经无法适应时代潮流，人们走向另一个极端，即否定女性特征，向男性看齐。于是，女性的第二性征胸部被刻意压平，纤腰放松，腰线的位置下移到臀围线附近，丰满的臀部束紧，变得细瘦小巧，头发剪短与男子长度，裙子越来越短，整个外形呈现为"管子状"(Tubular Style)。时髦女郎穿着没有定型的服装通常为有流苏和珠子装饰的无袖衬衫，行动自如。女郎们的发型包括非常

After World War I, a world-wide feminist movement led by the US raised again. More and more women gain suffrage politically and economic independence appealed the rights equality between men and women in 1920s. At that time, a distinctive style which weakened female features appeared in women's dress.

In 1920s, it is accepted that women can sing, smoke, drink and do make-up in public place. Women fought for equality and began to reject social norms, limited roles and patterns of behavior in society. In 1920, the 19th amendment to the U. S. Constitution gave women the right to vote. The new woman was free, uninhibited, and pleasure-seeking. She enjoyed jazz music, new styles of dancing, and clothing. "The flapper" was a nickname given to young girls who smoked, drank, and danced the Charleston and the Foxtrot. New women broke through the restraint of traditional ethic and pursued a new lifestyle. The traditional aesthetic idea of emphasizing female features which includes chest enlarging, girdle and wide hips can no longer adapt to the trend of the time. People went to the other extreme which denied female features and emulated males. As a result, women's breasts were flattened, waists were loose, waistlines were moved to hiplines, hips were tighten which made them look thin and small. Their hair were as short as men's, their skirts were shorter with their tubular style. The flappers wore shapeless chemise dresses often ornamented with fringe and beads allowing for freedom of movement. The flappers' appearances included exceptionally short boyish haircuts called

短的男孩子气的发型Bob和Shingle。在短发流行的同时，钟形女帽(Cloche Hat)诞生，女性纷纷把短发藏在帽子里。妆容方面，明亮的胭脂和红色口红是首选，以面膜粉和薄眉为主。几乎所有的珠绣晚礼服都用到雪纺、柔软的绸缎、天鹅绒、丝绸塔夫绸。首饰类型包括耳环、珍珠或串珠项链及手镯。

the bob and the shingle. Cloche hat appeared as short hair became vogue and women began to hide their hair in their hats. Bright shades of rouge and red lipstick were preferred. Mask-like powder and thinly plucked eyebrow predominated. Beaded evening dress made of chiffon, soft satins, velvets, and silk taffeta were almost costume-like. Accessory styles included drop earrings, long pearl or bead necklaces, and bracelets.

马德琳·维奥内(Madeleine Vionnet)使用的斜裁造就了带有漂亮褶皱的修身服装。可可·香奈儿(Coco Chanel)因为妇女运动的增加而推出针织衫，香奈儿还推出了"小黑色礼服"，这些在今天仍然被认为是经典。让·巴杜引入了新的运动服，包括套衫上衣和分开的裙子。

自第一个商业广播电台在1920年出现后，新媒体迅速在美国各地传播。收音机主要是出售给家庭使用，给公众提供免费的音乐、娱乐和体育资讯。这一时期的音乐主打爵士乐。电台的使用使公众更关注棒球、足球、拳击、网球和高尔夫等体育赛事。随着电台广告的播出，被万宝路香烟采用的牛仔形象——"万宝路男人"成了美国偶像。

男装时尚仍旧保留20世纪20年代的传统。男性穿着颜色和面料匹配的背心、袋套装裤子以及夹克(亚麻布或绒布)。单排和双排扣的宽翻领西服凸显腰身。裤子是宽腿裤，俗称"牛津包"。领饰包括领带、领结和领巾。头发是光滑的，胡子薄得像铅笔杆儿似的。爵士帽、巴拿马帽以及运动帽随处可见。随着体育活动的增加，分体式泳衣和运动装变得很流行。

20世纪20年代，西格蒙德·弗洛伊德的心理学理论彻底改变了年轻人的道德和价值观，装饰艺术运动及超现实主义艺术运动由此兴起。装饰艺术运动的特点是采用几何图形。"装饰艺术之父"埃尔泰，凭借程序式插图而闻名。超现实主义艺术运动则受到潜意识想象的影响。

娱乐方面，电影已成为日常生活的一部分，默声电影被最新的有声电影取代。电影带来了视觉上的感染和心灵上的快乐。演员的妆容、发型和服装都被大量效仿。电影明星如琼·克劳馥就是雷厉风行和大胆轻佻女子的化身。玛琳·黛德丽开始穿燕尾服和裤子，为女性创造了一个看起来更有男人味的形象。鲁道夫·瓦伦蒂诺光滑的头发和性感的衣着，使他成为男性和女性的偶像。反映这个时期时尚的重要电影，有《爵士乐歌手》《卡米尔》和《了不起的盖茨比》。

随着1929年股市的暴跌，这个过分发展的时代突然结束。在时尚方面，几乎所有激进的趋势也都逝去。20世纪20年代的服装样式反映了国际金融危机背景下时代的政治、经济状况,如经济低迷间接导致女性裙子普遍加长。跟上变化的速度,观察这种类型的模式,预测者可以感觉到即将到来的时尚变化。(见图7-6)

图7-6　20世纪20年代女性着装

(图片来源:中国兰州网)

尽管因为战争的创伤,各国经济均处于低谷,但从残酷的战火中幸存下来的人们狂热地追求和平的欢乐,过着纸醉金迷的颓废生活。社交界各种舞会盛行,交谊舞在战前就流行的探戈的基础上,加上了歇斯底里般的爵士舞和飞快旋转的查尔斯顿舞。电影《了不起的盖茨比》就是以此为背景,重现了当时生活,着装也尽可能地还原了20世纪20年代"轻佻的女人"的形象。(见图7-7)

图7-7　电影《了不起的盖茨比》中女主角的Flappers造型

(图片来源:《了不起的盖茨比》电影截图)

一、让·巴杜(Jean Patou)

早在战争期间,为了行动方便,女性也曾像男性一样穿上了裤装。到了20世纪20年代,随着女子体育运动热潮的兴起,让·巴杜(Jean Patou)为女性创造了运动风造型,作为体育运动项目之一,游泳使海滩服和泳装进一步现代化,尽管款式十分保守,但造型基本与现在的相差无几。同时,让·巴杜也是第一个以自己姓名首字母设计品牌标识(Logo)的设计师。(见图7-8)

图7-8　让·巴杜的设计与带有Logo的服装

(图片来源:itfiy网)

二、可可·香奈儿(Coco Chanel)

可可·香奈儿是20世纪20年代巴黎时装界的女王,人们也常把这个时期称作"香奈儿时期"。香奈儿为女性创造了舒适、简洁的着装风格。第一次世界大战后,香奈儿顺应历史潮流,敏感地抓住社会变化,以黑色和黄色为基调,第一个把当时男人用作内衣的毛针织物用在女装上,适时推出了针织面料的男式女套装、长及腿肚子的裤装、平绒夹克和及踝晚礼服等。作为当时的时尚偶像,她是第一个在公开场合穿裤装的女性。她在着装方式上为现代女性做出了榜样:晒黑的皮肤,留着像男人一样的短发,把男友的毛衫和上衣披在身上招摇过市,出入社交场合。这对传统的贵妇人形象无疑是一种反叛和革命。

在服装搭配上,她第一个改变了长期以来把服饰品的经济价值作为审美价值的传统观念,把人造珠宝大众化,并明确了服饰品的装饰作用,使之成为时尚造型的重要组成部分。(见图7-9)

图7-9　可可·香奈儿的经典造型

（图片来源：百度百科）

Givenchy 2016春夏系列、Marchesa 2016秋冬系列均推出了以20世纪20年代为灵感的样式。见图(7-10)

图7-10　Givenchy 2016春夏系列回归20世纪20年代

（图片来源：花瓣网）

第六节　20世纪30年代与斜裁长裙

The 1930s and Bias Skirts

1929年股市大崩盘宣告资本主义经济危机的到来，高级时装业顾客数量锐减，许

The 1929 crash announced the beginning of economic crisis which led to a sharp

多时装店被迫停业。许多走上社会的女性重新回归家庭。结果，要求女人具有女人味的传统观念重新抬头，服装风格又一次出现注重优雅的倾向。有人对女装的裙长变化与世界经济的关系做过研究调查，发现20世纪以来，凡是经济成长期，裙长均有缩短倾向，而在经济衰退期，裙子往往变长。30年代初的经济危机给女装带来的变化亦是如此。30年代，裙子变长了，腰线回到自然位置，人们开始崇尚成熟的优雅女性美。马德琳·维奥内的斜裁细长紧身礼服因其表现出的女性魅力而在当时受到追捧。(见图7-11)

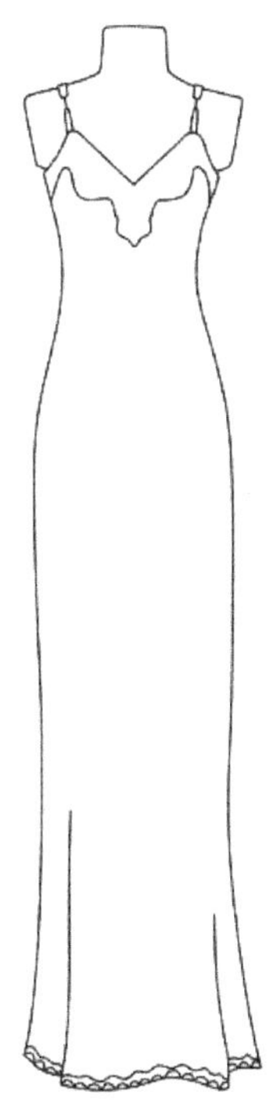

图7-11　20世纪30年代的典型着装样式

萧条的经济使人们把精神寄托在电影中，珍·哈雷(Jean Harlow)塑造的胸大无脑形象(Dumb Blonde)成为当时电影的典型代表。20世纪30年代的晚礼服中出现了大胆裸露背部的形式，被称作Bare Back。其在背部深深的V字形开口处，装饰着荷叶边，设计重点由20年代的腿部一度转移到背部，这是经济衰退和社会动荡时期被动的色情表现。(见图7-12)

cutoff of customers of haute couture and many fashion shops were forced to close down. Females who got involved in society had to stay at home. As a result, the traditional concepts that ask women to be feminine reappeared and costume style became elegant and graceful again. Some researches indicate that skirt length is related to world economy. It shows that since 20th century, skirt length became shorter during economy growth period and longer during downturn. In the early 1930s, the change of women's dress brought by economic crisis was no exception. At that time, skirts became longer and waistline moved back to natural place and people began to uphold the mature feminine charm. Madeleine Vionnet's tapered cut close-fitting formal dress became popular because of its feminine charm expression. (Fig. 7-11)

Economic depression made people treat movies as spiritual sustenance. The "dumb blonde" created by Jean Harlow was a typical example at that time. In 1930s, a backless dress, called bare back, which decorated by falbala on V halter dress, became popular among evening dress. The design focused on backs instead of legs was a passive erotic expression during economic depression and social instability period. (Fig. 7-12)

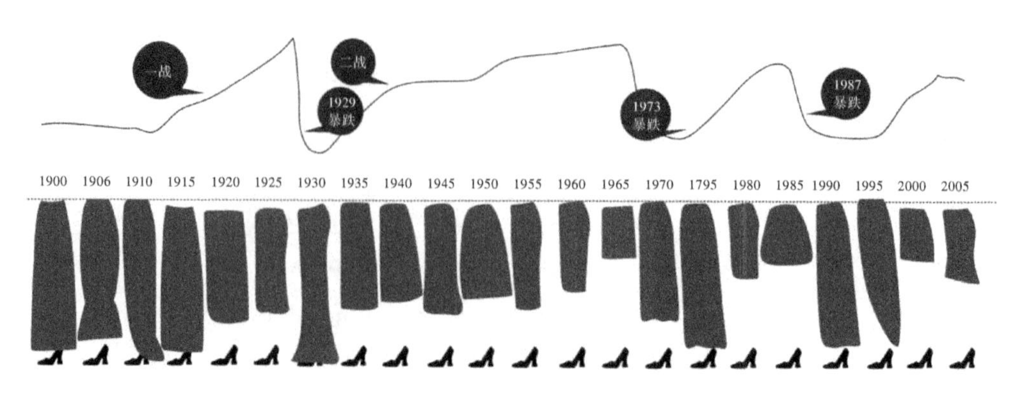

图7-12 经济变化带来裙长变化

在大萧条期间，女性的时尚着装是保守的套装或带有简单花卉、几何图案的淑女服装，其廓形是纤细的，强调自然的腰线。晚装裙子的长度很长，尼龙袜很受欢迎。服装的颜色变为黑色、灰色、棕色和绿色，反映了当时人们的忧郁心情。

20世纪30年代，男士的衣服变得更窄、更贴近身体。男士经常穿三件套的宽肩式衣服、高腰裤，并戴爵士帽。毛背心代替女式运动背心，越来越受到欢迎。

随着世界范围的大萧条和“二战”的爆发，以及男女社会角色的转变和价值观的改变，一种新的生活休闲方式出现在服装、娱乐和消遣中。人们从大萧条和战争的现实中短暂地逃离，进入一个充满魅力和幻想的电影世界。这一时期的明星包括葛丽泰·嘉宝、弗雷德·阿斯泰尔、克拉克·盖博、戴维斯、丽塔、凯瑟琳·赫本、童星秀兰·邓波儿。

时尚和优雅是20世纪30年代和40年代初晚礼服的代名词。人们热衷于模仿电影明星的迷人风姿，这时期的晚礼服是全身长且经常露背。女星琼·克劳馥在电影里身着设计师阿德里安设计的服饰。埃尔莎·夏帕瑞丽的灵感则来自超现实主义艺术家创作的先锋艺术作品，比如塑料的亮片及金属色的薄片，这类装饰看起来贵实则便宜。女性通过电影、大百货公司、邮件订购目录和杂志了解什么是正在流行的时尚。

第七节 20世纪40年代与军装风
The 1940s and Military Uniforms

第二次世界大战爆发之前，就已经出现了因物资短缺而缩短裙子、夸张肩部以示女性地位上升的现象。

Before the World War II, women's skirt length became shorter because of the shortage. Shoulder design was exaggerated to show the rise of

战争爆发后以及整个战争期间，女装完全变成一种实用的男人味很强的现代装束，即军服式。

women's social status. After the outbreak of the war, women's dress turned out to be modern practical military look.

战争开始后，妇女的时尚发生了变化。白天的穿着，裙子的长度达小腿肚的位置，用丝带强调腰部和胸部。肩膀用填装塑料的垫肩优化。织物供应和配给短缺。人造丝、醋酸和棉是常用的织物。这场战争使美国设计师脱离欧洲的影响，为美国设计师开辟了道路。克莱尔·卡德考虑到面料紧缺，设计了分离式的衬衫、裙子和夹克。这种简单实用的运动服概念被接受了。带有防水台的鞋子和帽子是必不可少的配件。

Women's fashion changed when the war began. Skirt lengths reached midcalf for daywear; the waist and bust were emphasized with belts. Shoulder were enhanced with the "padded look". Fabrics were in short supply and ration. Rayon, acetate, and cotton were commonly used fabrics. The war isolated U.S. designers from the European influence, which opened the way for American designers. Considering that fabrics were in short supply, Claire McCardell introduced separating blouses, skirts, and jackets. This simple and practical concept of sportswear was accepted. Platform shoes and hats were the essential accessories.

男人的时尚受到军事风格的影响，出现了海员扣领短上衣和双排扣海员装。男子的运动服作为一种休闲的替代品，外套和裤子采用不同的面料，而不是匹配西装的面料。受牛仔启示，出现了带项圈的马球针织衬衫、印着热带印花的夏威夷衬衫以及西式衬衫。

1940年，法国大部分领土沦陷，德国试图将时尚中心由法国搬向德国，战争中的法国一度中止了流行的发布。

技术和科学的进步促进了用于创建织物的合成纤维的发展。在战争期间，联邦政府配给鞋子并颁布条例保护材料。政府还控制了可以用来制造服装的织物的数量。

在第二次世界大战期间，女性穿着工装、背带裤等裤装代替男性在工厂工作，这为女性在公开场合穿裤装打下基础。为防止头发卷入机器，女性将头发往后梳，弄成包子状并用网格固定，被称为Snood。由于面料的紧缺，内衣趋向简单。

晚礼服方面，复古的泳衣给设计师带来灵感，甜心领(Sweetheart Neckline)和抽褶(Shirring)流行于礼服上。

由于在战时缺乏沟通和从欧洲孤立的情况，美国的时装业进入了自我发展的道路，发展出一种不同的分配方式和方法。法国高级时装设计师是向私人客户售卖衣服的创意创新者，但是在战争期间，许多人被迫停止工作。与欧洲系统不同的是，美国的设计师主要是为成衣制造商开发季节性的选样，他们提供商品给零售商店，然后零售商店摆放出商品，以便客户察看和购买。这种新的购物系统成为一种休闲活动以及一种购买服装的方式,风格和时尚趋向多样化。

百货公司创造了购物体验。商店由稳健的和有预算的服装部门来组织股票。

1945年,战争结束。战争中的军服式女装继续流行,但开始出现微妙的变化,腰身纤细,上衣的下摆呈波浪式。由于宽肩和夸张的下摆而凸显细腰,战后的流行就这样首先意识到腰线,为其后Dior推出“新风貌”(New Look)系列埋下伏笔。

经过十多年的限制和定量供应,在战争结束后,社会已经为改变做好准备。英国和美国的设计师和制造商准备进行大规模生产。

第八节 20世纪50年代与“新风貌”

The 1950s and New Look

“二战”结束后,一个全球文化互动的新时代开始了,这个时代不再受任何特定国家的主导。欧洲的经济和社会结构在战争中遭到破坏,重建的问题亟待解决。英国实行君主立宪制,丘吉尔·温斯顿成为首相,伊丽莎白女王权力受到限制。而法国重新建立其作为世界的时尚之都的地位,英国和美国的时尚产业在战争期间仍然显著发展。

After the end of World War II, a new era of interaction between new global cultures began. It is no longer influenced by the dominance of a certain country. In Europe, in the post-war era, the problems of economic and social destruction that happened in the war and structural reconstruction need to be resolved. In the UK, Churchill Winston became Prime Minister, and Queen Elizabeth ' s power was restricted. While France re-established its status as the fashion capital of the world, the fashion industry of the United Kingdom and the United States continued to develop significantly during the isolation of the war.

图7-13 20世纪50年代的代表性款式

战争结束后,美国经济明显增长,出生率明显提高。随着家庭搬到郊区,男性在工作场所和女性在家庭中的传统角色恢复了。女装从军服式变为注重展示女性廓形,肩部的设计也不再夸张。(见图7-13)

“摇滚音乐”美国青年诞生,创造了如埃尔维斯·普雷斯利和巴迪·霍利类的偶像。美国音乐台的节目成为电视台热播节目。

杰克逊·波洛克和威廉·德·库宁的抽象表现主义作品获得了官方的认可。电影明星詹姆斯·迪恩成了叛逆青年的文化偶像。展示这个时代重要的电影和电视节目包括《后窗》《无因的反叛》《飞车党》《甜姐儿》《油脂》《回到未来》《我爱露西》和《快乐的日子》。同在20世纪50年代，牛仔裤作为休闲装开始出现在人们的生活中，美国好莱坞主角几乎都穿着牛仔裤出现在银幕上，一代影帝詹姆斯·迪恩，因在《无因的反叛》中身穿牛仔裤的形象深入人心，被誉为"全世界少女的梦中情人"。直筒牛仔裤搭配T恤和机车皮夹克成为潮流。

20世纪50年代，巴黎高级时装业赢来了本世纪继20年代后的第二次鼎盛时期。以Dior为首，这一时期活跃着一大批叱咤风云的设计大师，如巴伦西亚加、皮埃尔·巴尔曼、纪梵希等。在法国，迪奥（Dior）推出了"新风貌"系列，以长裙、腰细等时尚特征与战时风格形成了鲜明的对比。帽子和高跟鞋使形象看起来更完整。战争过后，回归早期的浪漫主义时代，人们的审美观和价值观迅速从男人味所象征的战争向女人味所象征的和平方向转变，战争期间人们被压抑着的对于美的追求、对于奢华的憧憬、对于和平盛世的向往都借助"新风貌"一下子迸发出来。（见图7-14）

图7-14　Dior的"新风貌"系列

（图片来源：《20世纪50年代的时尚，西方服装史上之经典与优雅》，哔哩哔哩）

同一时期，香奈儿重新开启设计屋并推广搭配珍珠的无领粗花呢西装。在美国，设计师创造了自己的形象，从由查尔斯·杰姆斯和阿诺德穿着的正式晚装到由克莱尔·卡德和保妮卡什穿着的舒适运动装。即使在院子里工作，女人也穿着裙子。穿裤子则被认为是反对公认的时尚规则。

在"苏打水风格"中，十几岁的摇滚乐粉丝穿着长及膝盖的、有松紧腰带的裙子和尼龙网衬裙在地板上跳舞炫耀。蓬蓬裙被饰以圆点来展现运动风，马尾辫、短袜、平底鞋使整体形象更加完整。

男性的时尚以保守的西装和领尖钉有纽扣的衬衫的形式为主，具体以灰色法兰绒套装为主，经常穿戴软呢帽。对于运动和休闲的时间，分离式的衣着包括针织衬衫、裤子和运动夹克。20世纪50年代末,皮革夹克、牛仔裤、T恤和靴子增强了年轻人的时尚感。

时尚的进步是由新产品和制造方法引领的。聚酯纤维和新的人造纤维及织物的发展带来了缓解洗涤磨损的新方式。尼龙搭扣的出现使得服装生产更迅速。

从文化上说,这十年是一个重要的变化阶段。20世纪50年代的一代被称为“婴儿潮一代”。更多的人可以读大学。年轻人开始质疑父母保守的价值观。支持民权增长和平等的抗议增加。很明显,回到战争之前是不可能的。年轻人和社会的老年人开始发生冲突,加剧了未来十年的势头。同一时期两代人的着装方式与人生态度截然不同。

Culturally speaking, this decade was an important change. The generation of the 1950s was called the “baby boomer generation”. There were more people who could go to college. Young people were beginning to question the conservative values of their parents. Protests to support civil rights growth and equality had increased. Obviously, it is impossible to return to the prewar. The beginning of conflict between young people and older people in society had exacerbated the momentum of the next decade. The dressing ways and attitudes towards life of the two generations in the same period were completely different.

以约翰·加里阿诺(John Galiano)为主设计师设计的Dior 2012/2013年秋冬系列,就是以20世纪50年代的样式为灵感源的。(见图7-15)

图7-15　Dior 20世纪50年代风格的设计再现

(图片来源:搜狐网)

第九节 20世纪60年代与年轻化风格

The 1960s and Younger Style

图7-16　20世纪60年代的代表性款式

20世纪50年代末，欧美各国逐渐走出战争的阴影，经济开始快速增长。20世纪60年代是一个在文化、社会和政治上变化、革命和叛乱的时代。探索太空，价值观和态度发生了变化，一个新的政治方向诞生了。环境和能源问题成为一个关注的焦点。关于性自由和药物实验问题的新态度与以前的时代产生了代沟，也因此而塑造了这个时代。

年轻的约翰·F.肯尼迪被选举为第35任总统，给人们带来了改变的希望。不幸的是，肯尼迪在他任期的第三年被暗杀了，北越和美国之间的战争不断升级。这导致了美国青年的反叛，街头爆发了反战的抗议。和平队的创建，使一些美国年轻人有机会在发展中国家生活和工作，促进世界和平与友谊。太空探索在继续，"阿波罗"号飞船降落在月球上。阿姆斯特朗成为第一个在月球

In the late 1950s, the western countries recovered from the war and economy began to grow at high speed. The era of the 1960s was an era of change, revolution, and rebellion: culturally, socially, and politically. Space was explored, values and attitudes changed, and a new political direction was born. Environmental and energy issues became a concern. New attitudes aboutsexual freedom and drug experimentation created a generation gap that shaped the era.

In the United States, the nation elected a youthful John F. Kennedy as its 35th president, bringing hope for change. Unfortunately, Kennedy was assassinated three years in his term of office, and the war between North Vietnam and the United States escalated. This led to rebellion of American youth, as protests against the war erupted in the streets. The creation of the Peace Corps, however, allowed some American young people to live and work in developing countries, advancing world peace and friendship. Space exploration continued, and Apollo Ⅱ landed on the moon. Becoming the first human to walk on the moon, Neil Armstrong inspired the world when he

上行走的人，他那句“一个人的一小步，为人类的一大步”启发了世界。

said, “One small step for a man, one giant leap for mankind.”

在经济飞速增长的20世纪60年代，迫于快节奏的现代化消费生活，几乎每个家庭的双亲都参加工作，孩子们虽然在物质上并不匮乏，但因缺乏家庭温暖，在情感上饱受挫折。在此背景下，美国相继兴起了避世派、嬉皮(Hippie)运动，大学校园里学生反传统反体制运动，等等，西方社会因此不安静。年轻风暴强制性改变人们的世界观、价值观和审美观，嬉皮士反体制、反传统的内容中还包括反工业社会带来的公害现象，嬉皮士运动随之转变为绿色革命(Green Power)，基于回归自然的意思，同时也孕育出追求民族、民间风味的流行趋势。

时代的动荡推动了艺术和音乐的独创性。以甲壳虫乐队为首的美式音乐与“披头士们”如美国歌手海滩男孩、詹尼斯·乔普林和吉米·亨德里克斯流行起来。摇滚音乐的信徒被称为嬉皮士的一代。1969年的伍德斯托克音乐节，是那个时代的青年的重大事件。

波普艺术家安迪·沃霍尔创作了许多标志性作品，如坎贝尔汤罐头、打印可口可乐、1950年的大众偶像玛丽莲·梦露和埃尔维斯·普雷斯利的名人肖像。展示20世纪60年代时尚的重要电影和电视节目，包括《蒂芙尼的早餐》《西区故事》《毕业生》《局外人》《迪克·范·戴克摇滚音乐剧》《多丽丝天秀》。

这一时期时尚的相似性和反建立诉求是分开的。服装成为探索新的价值观的一种方式。男士穿夹克、裤子和运动衫，保持一个干净的外观。女士穿着裙长到膝盖以下的淑女装。美国前第一夫人杰奎琳·肯尼迪经典套装和签名礼帽的风格被复制。奥黛丽·赫本在电影《蒂芙尼的早餐》中优雅的穿着风格，是伊夫·圣·洛朗、瓦伦·蒂诺、安妮·克莱因和比尔·布拉斯等设计师在传统基础上改良后的结果。

成衣的市场扩大，可向消费者提供更多的时尚风格。制造商开始在成本较低的国家生产衣服。此外，零售业由陆海军商店、购物商场和重新关注复古服装的兴起趋势而改变。

与此同时，全世界掀起了一场规模空前的“年轻风暴”，“二战”后第二次生育高潮中出生的婴儿到20世纪60年代均进入青春期。以法国为例，1962年、1963年前后，十几岁的青少年人口增加到接近战前的2倍，在欧美其他国家都有类似的现象。在服装方面的体现是无视腰部的设计以创造一个更年轻的廓形。(见图7-16)

随着十年的发展，时尚变得更加激进。年轻人，通常是青少年，有他们团体的自我认证。反主流文化看起来是基于生活方式的选择，从音乐兴趣到闲暇时间的追求，新的流行趋势经常出现于大街上而不是来自时装T台秀。

通过甲壳虫乐队和英国的影响，现代风格变得流行起来。玛莉官推出迷你裙，以及紧身衣和及膝高的靴子搭配。男士穿着爱德华时期风格的衣服，梳着碗盖头，戴着眼镜。

女士以崔姬(Twiggy)为偶像,Twiggy是60年代“年轻风暴”背景下很典型的造型,她非常年轻,有着像小男孩般纤瘦的体形。妆容方面强调大眼睛以及苍白的嘴唇,整个造型看起来就像一个小孩。当时炙手可热的造型是蓬松的假发、超短裙和齐膝长筒靴。生动的图案和鲜艳的颜色很受欢迎。(见图7-17)

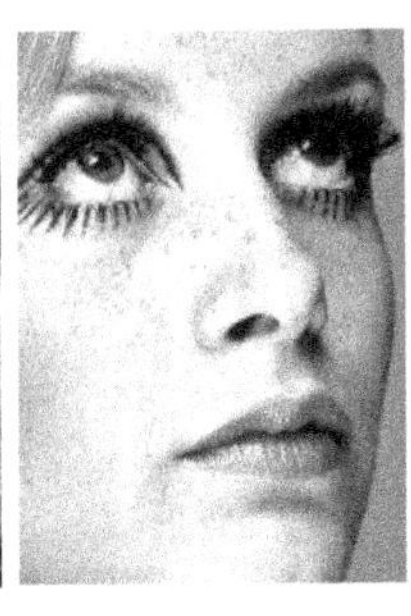

图7-17 20世纪60年代的明星流行儿童般的体形与妆容

(图片来源:百度百科)

嬉皮士的风格——一个年轻人的“自由”穿着风格。这种风格的服装往往采用天然纤维面料,版型宽松,在细节上常会运用扎染、蜡染、刺绣等工艺。花季少年的衣服包括喇叭牛仔裤,只穿上衣,不戴胸罩、头巾,并且喜爱珠子。男女都可以留黑人长发发型。

太空时代风格的服装开始流行,未来的合成纤维织物制成的几何轮廓,材料如金属、纸或粘在一起的塑料,以银和金来塑造金属质感的外观。如帕科·拉巴纳、皮尔·卡丹、安德烈·库雷热以他们的未来设计风格而闻名。

20世纪60年代从根本上改变了未来的时尚方向。个性和自我表达变得极为重要。人们不再追随社会精英的风格,通过发展自己的外表改变了时尚后来被人们所感知和创造的事实。甚至欧洲的服装设计师在观察到美国成衣产业的增长后也开始发展成衣。

在20世纪60年代,时尚几乎不分男女。男女都穿着类似的服装,如牛仔裤。妇女的穿着也出现了西装和吸烟装。在未来的十年里,女性努力寻求平等,建立起关于女性美的观念。

在这个十年结束的时候,经济环境恶化和社会持续动荡使乐观的感觉开始消失。

一、安德莱·克莱恩(Andrei Klein)

1965年春,安德莱·克莱恩推出了两大样式:迷你裙和几何形。他的迷你裙把裙长缩短到膝盖以上5厘米处,女性的大腿部分裸露出来,在高级时装领域勇敢地向传统禁忌挑战。迷你裙的流行使长筒袜和长筒靴成了追求新的服装比例的重要因素,长筒袜的材质与色彩根据衣服而丰富起来,蕾丝、织花、印花等各种各样,便于活动的低跟鞋等也随之流行起来。

克莱恩另一大样式几何形，强调衣服表面的几何学形式的构成，如分割线、色彩拼接、扣子、袋子的配置等。这种设计理念上的革新奠定了20世纪后半期服装设计的方向。（见图7-18、图7-19）

图7-18　太空装

（图片来源：海报时尚网）

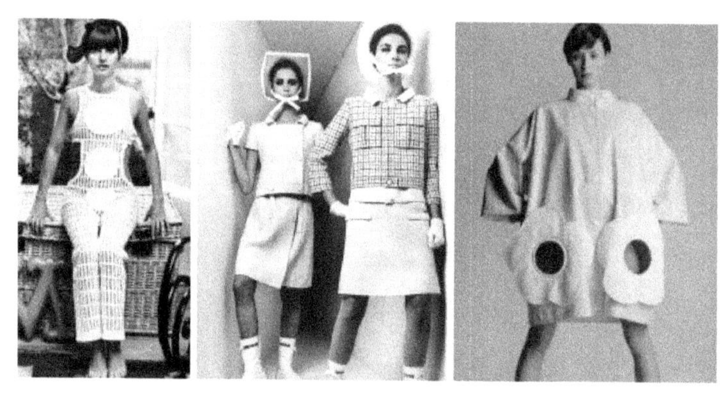

图7-19　强调几何形与立体效果的设计

（图片来源：搜狐网）

二、皮尔·卡丹（Pierre Cardin）

在中国家喻户晓的且最早进入中国的西方品牌——皮尔·卡丹就诞生于这个年代。1966年，皮尔·卡丹推出了“宇宙服风格”，以具有铝箔色泽效果的素材加上几何形的超摩登设计表现苏美的太空竞争和人类太空时代的到来。（见图7-20）

图7-20　皮尔·卡丹的宇宙服风格

（图片来源：搜狐网）

三、伊夫·圣·洛朗(Yves Saint Laurent)

1962年，伊夫·圣·洛朗独立开店，充满朝气的宽大裤装和水手装(Marine Look)等年轻样式广受好评。独立以后，伊夫·圣·洛朗的反时装观念更为明显。在新的时代潮流不断荡涤旧观念的时代背景下，他潜心研究服装史、文学、戏剧和绘画，博览群书，从艺术中汲取灵感。1965年推出的蒙德里安风格，在针织的短连衣裙上用黑色线和原色块组合，以单纯、强烈的效果赢得了好评，这也是时装与现代艺术直接地、巧妙地融为一体的典范。1966年推出的"透明式"服装，秋冬季发布的吸烟装和波普艺术风格时装，至今都是伊夫·圣·洛朗男式女装的代表样式。(见图7-21、图7-22)

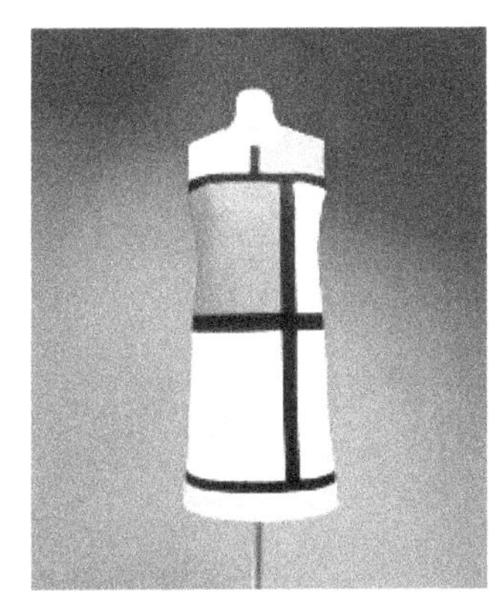

图7-21　伊夫·圣·洛朗20世纪60年代的设计

（图片来源：新浪网）

图7-22 Marc Jacobs 2013春夏系列就是以20世纪60年代的样式为灵感源

（图片来源：花瓣网）

第十节 20世纪70年代与嬉皮士

The 1970s and Hippies

图7-23 20世纪70年代的代表性款式

20世纪70年代，人们饱受社会动荡的困扰。在这一时期发生的几件重大事件，其中包括反对越南战争的反战游行、第一次同性恋大游行和地球日运动的开始。妇女和少数民族继续争取平等权利，经济状况低迷和持续的通货膨胀加剧了时代的混乱。人们试图逃避现实，寻找自我。这一时期被称为"我的十年"，因为大多数人的主要关注点从20世纪60年代的社

The 1970s were plagued with social unrest. Several major events occurred in this period, including the antiwar demonstrations against the Vietnam War, the first Gay Pride march, and the beginning of the Earth Day movement. Women and minorities continued to strive for equal rights, economic conditions and continuing inflation added to the chaos of the era. People attempted to escape reality and searched to find themselves. This period was known as "the Me Decade" because the dominant concerns of most people shifted from issues of social and political justice that were so important in the 1960s to a more self-centered focus on individual

会和政治正义的问题转变成个人幸福。当美国人向内在走时，他们借助于书籍阅读或运动寻求安慰。许多人停止了试图完善世界，转而试图完善自己。

well-being. As Americans turned inward, they sought comfort through reading self-help books, or exercising. Many people stopped trying to perfect the world but to try to perfect themselves instead.

从第二次世界大战结束到20世纪60年代末，是美国经济经历的最长的一个增长时期，但1973年阿拉伯对石油实行禁运，导致天然气价格的上升和定量配给。20世纪70年代中期美国经济达到了大萧条以来的最低点。

From the end of World War Ⅱ to the end of the 1960s, the American economy had enjoyed one of the longest extended periods of growth, but Arab's embargo on oil in 1973 caused the rise of gas price and rationing. The U.S. economy in the mid-1970s reached its lowest point since the Depression.

人口老龄化改变了社会结构。婴儿潮的那一代人离开大学，开始建立他们自己的家庭。女性在商业、政治、教育、科学、法律领域，以及在家庭中获得了成功。关于婚姻的新态度出现，离婚率也随之上升。

电视使得大众文化继续影响时尚。到了20世纪70年代，几乎每一个美国家庭都有彩电。在电影方面，《周六夜现场》和《星球大战》取得巨大成功。其他展示了20世纪70年代时尚的重要电影和电视节目有《年少轻狂》《安妮霍尔》《霹雳娇娃》和70年代的电视真人秀节目等。

这十年，摇滚乐不断发展，出现新的变化，比如朋克摇滚、新浪潮和重金属。“疯克音乐”(Funk)也成为美国黑人的一个独特的音乐形式。作为联结传统“灵魂乐”(Soul)和早期“迪斯科”(Disco)的过渡音乐，“疯克音乐”是R&B最为节奏化和现实化的表现。

技术进步包括计算机的发展。在旅行中，大型喷气式客机彻底改变了商业飞行，在家庭中拥有私家车的情况变得越来越普遍。

在时尚界，杂志也开始考虑新的价值观和生活方式。贝弗利·约翰逊(Beverly Johnson)成为美国时尚杂志封面上出现的第一个黑人模特。同时，消费者的品牌意识渐增，更加关注大众市场与大众消费者需求的美国设计师成功地被全球消费者接受，更多的美国产品在海外制造，从而推进了全球时尚供应链的建构。

在这个年代，聚酯材料被广泛地使用，并以色彩明亮、洗涤便利、塑形能力较强风靡一时。

20世纪70年代的服装样式与风格难以归纳，各种样式交替风靡，如加大码、迷你裙、中长裙、热裤。各种风格也同时出现，如朋克、经典、嬉皮、迪斯科风格等。如果真要形容，可以简单概括为“极致的夸张”。(见图7-23)

在20世纪70年代以前，一般看不到女性穿裤装，某些顶级餐馆入口甚至拒绝穿裤装的女性进入。但是，一旦裤装变得可以被接受，各种款式的裤装，包括晚上穿的短衬裤、套装裤以及热裤随处可见。热裤是很短的短裤，有着不同的颜色和面料。妇女被允许穿着比60年代微型迷你裙更短的热裤，这是之前没有出现过的新样式。对于女性而言，她们第一次觉得可以在公众场合穿任何长度的裤子。同时，男性和女性都开始穿得更随意。

此外，由于Disco的流行，喇叭裤、热裤和爆炸头风靡一时。喇叭裤套装的特点是，上身为齐臀，下身为20世纪70年代特有的“高喇叭裤”。所谓“高喇叭裤”，是指喇叭始于大腿处，且喇叭幅度较小的裤型。不论是摇滚明星猫王还是电影《霹雳娇娃》中角色的造型都很好地演绎了喇叭裤套装。

朋克在20世纪70年代是极端而小众的，可以追溯到设计师薇薇安·韦斯特伍德(Vivienne Westwood)，她因朋克摇滚设计风格而成名。70年代的“性手枪”乐队，队员们穿着紧身裤、别着几个安全别针的磨损衬衫，黑色皮革、钉装饰和链条成为朋克装扮的一部分。别针(成为鼻环、耳环)、鸡冠头、乱蓬蓬的头发等元素后来都成为朋克风格的经典设计元素。

在20世纪70年代，服装向两个极端发展，一是年轻的文化依旧持续流行，嬉皮文化对服饰的影响达到顶峰。在金钱上十分大方的嬉皮士们经常去海外旅行，从印度带回披巾，从阿富汗带回上衣，或是从摩洛哥带回的当地人工作时穿的长袍，等等，都使嬉皮士们觉得这些比旧工业社会时期的服饰更富有自然美的价值。这些倾向很快受到成衣界的重视，一时成为一种服饰风尚。二是服装流行趋势开始向极简主义发展，侯司顿(Halston)的简洁设计和斯蒂芬·伯罗斯(Stephen Burrows)大胆撞色的简洁设计都在当时受到追捧。侯司顿是20世纪70年代最具代表性的设计师之一。他设计了别致、优雅且价格合理的服装。斯蒂芬·伯罗斯则以异域民族的强烈色彩为灵感，创造了迎合大众市场的非洲色彩服饰品。

嬉皮士的形象流行起来，并结合了不同文化风格类型。高田贤三将狂野风格和大胆色彩融入服装设计，从中国农民的棉袄到印度棉花纱礼服，似乎每一个民族的传统文化、典型设计元素、图案纹样都能交织融合，形成一种新趋势。

迪斯科风格还包括带5厘米左右防水台的鞋子、紧身衣和吸引两性的中性外表。迪斯科舞者呼吁浮华、魅力和闪耀。电影《周末夜狂热》中约翰·特拉沃尔塔的白色西装是迪斯科风格的典型样式。

到20世纪70年代末，越南战争终于结束，社会习俗也在不断变化。关于时尚的普遍规则不再适用。自上而下的时尚传播方式一再受到挑战，街头的风格往往决定了什么样的时尚将进入主流，流行的轨迹随之开始逆转。自20世纪60年代以来，大众时尚与街头时尚自下而上的流行传播趋势愈演愈烈。

亚裔美国设计师Anna Sui的设计受到20世纪70年代嬉皮风格的极大影响。(见图7-24)

图7-24　Anna Sui 的设计受到了嬉皮风格的极大影响

(图片来源:Anna Sui品牌官网)

第十一节　20世纪80年代与街头时尚

The 1980s and Street Fashion

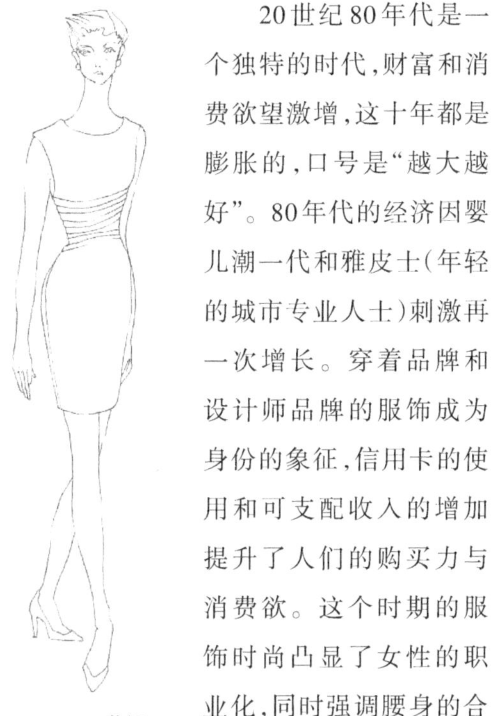

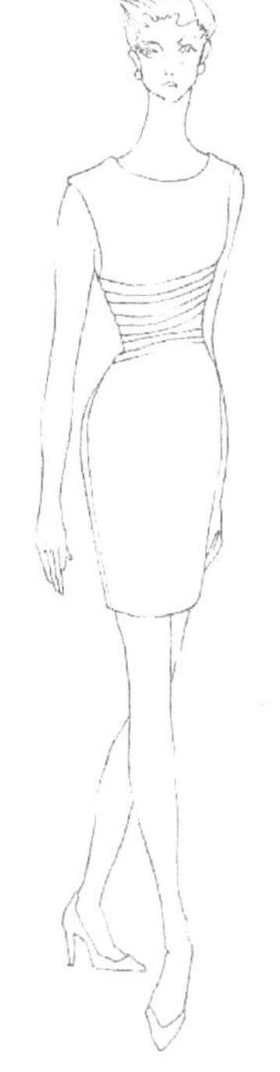

图7-25　20世纪80年代的代表性款式

20世纪80年代是一个独特的时代,财富和消费欲望激增,这十年都是膨胀的,口号是“越大越好”。80年代的经济因婴儿潮一代和雅皮士(年轻的城市专业人士)刺激再一次增长。穿着品牌和设计师品牌的服饰成为身份的象征,信用卡的使用和可支配收入的增加提升了人们的购买力与消费欲。这个时期的服饰时尚凸显了女性的职业化,同时强调腰身的合体。(见图7-25)

The 1980s was a unique era in which both wealth and consumer desires surged The concept of “inflation” was introduced during this decade, and the slogan of the period was “bigger is better”. The economy of the 1980s was stimulated by baby boomers and yuppies (young urban professionals) to grow again. Brands and designer brands have become a symbol of identity, and the use of credit cards and disposable income has increased the purchasing power and consumer desires. The clothing of this period highlighted the professionalism of women, while emphasizing the fitness of the waist. (Fig.7-25)

罗纳德·里根于1981年至1989年担任第40任美国总统。十年后，他为国家经济带来了一个成熟期，美国经济发展积极向好。

伴随着美国与中东的暴力冲突以及正在进行的美苏冷战，核武器危及世界和平。在英国，查尔斯王子和戴安娜王妃的婚礼是1981年的头条新闻。

When Ronald Reagan became president, early in the decade, he brought a glamorous sophistication to the nation.

Facing the challenges of violent conflicts in the Middle East and the ongoing US-Soviet Cold-War, nuclear weapons jeopardized world peace. In England, the wedding of Prince Charles and Lady Diana Spencer was the headline news in 1981.

在社会生活中，女性的社会地位得以迅速提升。进入职场的“权力女性”重新定义了女性的社会与家庭地位和个人价值，她们需要平衡工作和家庭生活，相应地也应该获得社会地位与职场尊重。

在这十年中，艾滋病的传播急剧蔓延，性开放和药物滥用的增加引发种种社会问题。在工作场所，电脑的使用变得普遍。一个新的技术时代发端，计算机开始改造业务系统，休闲时间更被新技术重新定义。

在这个时代有许多影响社会与流行的因素，流行文化逐渐成为将人联结在一起的一个强大方式。随着MTV 1981第一家音乐电视频道的创作，音乐表演者成为超级明星，例如迈克尔·杰克逊和麦当娜，介绍了新的音乐流派，包括说唱音乐和嘻哈音乐。音乐家和名人联合起来，举办各种活动筹集资金，以造福饥荒救济和环境灾害等形式，给予人道主义援助。20世纪70年代的迪斯科舞热潮持续到20世纪80年代初，新的舞蹈风格开始流行，包括霹雳舞，一种来自街头的舞蹈风格。

20世纪80年代的流行趋势结合了街头时尚和高级时装，尤其是受到街头Hip Hop音乐的影响。Hip Hop起源于80年代，是一种美国街头黑人文化，现今多样的Hip Hop文化，发挥了黑人独有的乐观开朗的特质，逐渐在全美范围流行，进而扩散到全世界。Hip Hop风格的时尚特点表现为，宽大的印有夸张Logo的T恤、拖沓的板裤、牛仔裤或者是侧开拉链的运动裤，配件则包括巨大的太阳镜、渔夫帽、刻有名字的项链及腰带，手上戴着几只夸张的戒指更是必不可少。时至今日，这些繁复的首饰仍是Hip Hop的时尚标识元素。

电视则让观众们有机会在新的晚间节目中接触更多时尚信息，比如《王朝》和《迈阿密天龙》，这些节目中的服装极度浮华，上装附有肩垫等。有线电视增加了娱乐的选择，美国有线电视新闻网推出了其所有的新闻网络。展示了20世纪80年代的时尚的重要电影，有《疤面煞星》《闪电舞》《神秘约会》《好家伙》和《华尔街》等。

此外，当时的一些超模甚至比电影明星更受欢迎。辛蒂·克劳福德(Cindy Crawford)、克里斯蒂·特灵顿(Christy Turlington)、娜奥米·坎贝尔(Naomi Campbell)和琳达(Linda)

是当时的热门时尚偶像。这些超模出现在T台、顶级时尚杂志的封面以及时尚视频上，名动全球。

到了1987年，股市崩溃，富裕的时代结束了。在这十年中，乔治·赫伯特·沃克·布什（George Herbert Walker Bush）当选美国总统（1989年至1993年出任美国第41任总统）。

经济繁荣和"做大做好"的态度的确出现在这十年的时尚中。第一夫人南希·戴维斯·里根（Nancy Davis Reagan）带来的魅力在她著名的白宫点缀的红色衣服上有所体现，戴安娜王妃身着浪漫巨大的灰姑娘般的婚纱。在舞台上，麦当娜穿着她的"大发"和挑衅性的胸衣。在音乐视频中，迈克尔·杰克逊（Michael Jackson）穿着花哨的亮片夹克，戴着他著名的手套。奢侈的时尚生活处处可见。

成功女人穿着量身定制的西装，夸张的肩膀使她们看起来神采奕奕。女人为了方便快速运动而穿运动鞋，运动鞋取代了办公室里的高跟鞋。

对奢侈品的渴望将欧洲的设计师们带回美国市场。乔治·阿玛尼以其精致的西装和复杂的晚礼服而闻名。克里斯汀·拉科鲁瓦（Christian Lacroix）以他的奢侈和戏剧风格而闻名。让·保罗·高耶提（Jean Paul Gaultier）显示了独立和挑衅性的风格，如20世纪80年代麦当娜在舞台上穿着的著名胸衣克劳德·蒙大纳（Claude Montana）（见图7-26），就出自他的设计。蒂埃里·穆格勒（Thierry Mugler）则以非常宽阔的肩膀、纤细的腰部和未来感廓形而闻名。

图7-26　麦当娜的经典锥形胸衣

（图片来源：搜狐网）

日本设计师也冲进了时尚的舞台。川久保玲、三宅一生、山本耀司等创作了与其他的时尚完全不同的西方设计。在非典型的廓形中有机地与身体相连的服装，以无色、无形和解构的方式，将东西方审美与服饰文化碰撞融合。

在美国，唐娜·卡伦（Donna Karan）和拉尔夫·劳伦（Ralph Lauren）继续专注于时尚生活方式，他们设计智能可穿戴的服装。美国设计师史蒂芬（Steven）凭借他前卫的艺术灵感而闻名。

20世纪80年代早期，每一个团体持续发展他们独特的风格，音乐电视台的创作革新了时尚，给予每一个音乐风格时尚感。有些流行音乐风格适合搭配连身裤、贴身内衣、楔形的紧身衣或彩色的袜子。配件则选择无指手套、大而华丽的珠宝或奢华发饰。此外，流行卷曲、染色以及超大发型。

时尚的另一个影响是健身热潮。当时的时髦样式是上穿大号的针织上衣，下穿氨纶紧身衣和护膝。

20世纪80年代可以被定义为一个文化转移和经济波动的时期。财富的增加扩大了工业化市场在美国的主导地位，同时引起社会性别角色与理想的转变。美国财富的增加使其综合国力有所增长，同时提高了美国中产阶级的地位，这些因素使时装界产生了巨大变化。这十年的炫耀性消费过后，经济变得低迷，社会运动苏醒，开始向克制和节俭的方向发展。

20世纪80年代，麦当娜（Madonna）的音乐也影响着潮流。麦当娜自1984年开始录制唱片，并取得极大的成功，她穿着大胆，服装极为短小，衬衣像内衣与胸衣的混合，佩戴宗教意味浓郁的首饰，披着染色抽劣的头发，当时千千万万的女性都模仿她的这种打扮和穿着样式。（见图7-27）

图7-27　麦当娜的造型被当时万千女性模仿

（图片来源：百度百科）

第十二节 20世纪90年代与极简主义

The 1990s and Minimalist Style-shape

在经历了20世纪80年代的奢侈生活后，20世纪90年代以较为清醒的时尚态度为特征，极简主义盛行，服装设计强调舒适简约。（见图7-30）随着计算机、手机和互联网发展，全球扩张得以实现，现代文化得以革新。互联网使人们可以便捷地得到最新信息。基因改造等科学突破引起了人们对克隆和新药物治疗的伦理关注。艾滋病继续蔓延。

Following the 1980s extravagance, the era of the 1990s was characterized by a sober attitude where minimalism and casualness prevailed. The technology advances in computers, cell phones, and the growth of the Internet allowed global expansion and revolutionized modern culture. The Internet gave people access to information and the latest trends. Scientific breakthroughs such as genetic modification created ethical concerns about cloning and new medical treatments. The AIDS continued to spread.

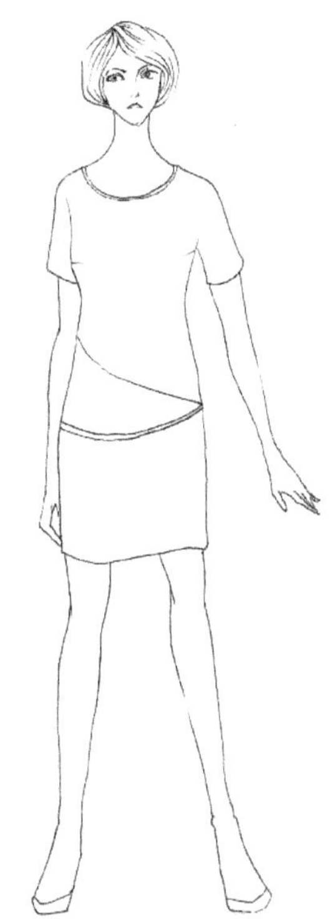

图7-28　20世纪90年代的代表性款式

苏联解体和冷战结束标志着全球化时代的到来。美国在当时成为唯一的超级大国。中东海湾战争爆发，国际恐怖主义兴起。在南非，权利平等的倡导者纳尔逊·曼德拉（Nelson Mandela）获释，当选总统，并成为一个反种族隔离运动的象征。

The era was marked worldwide by globalization, following the collapse of the Soviet Union and the end of the Cold War. As a result, the United States emerged at the time as the sole remaining superpower. The Gulf War in the Middle East dominated the era, as well as the rise of international terrorism. In South Africa, equal rights advocate Nelson Mandela was released from prison, elected as president, and became a symbol of the anti-apartheid movement.

世界各地发生了巨大的经济变化，全球制造业、商业扩张。随着中国和其他发展中国家制造能力的提

Dramatic economic changes occurred all over the world, global manufacturing and commerce expanded. As China and other less-developed countries increased their manufacturing capacities, U.S. manufacturing

高，美国制造业产量持续下降。美国、加拿大和墨西哥之间签订《北美自由贸易协定》(NAFTA)，逐步取消了限制向美国进口的配额制度。在欧洲，发行新的欧盟货币欧元，有助于欧洲国家提升财政实力。

output continued to decline. The North American Free Trade Agreement (NAFTA) between the United States, Canada, and Mexico phased out a quota system that restricted imports to the United States. In Europe, the adoption of the new European Union currency, the Euro, brought financial strength to European countries.

成功的商业态度重新定义了年轻一代，他们反抗前十年的过度消费。随着计算机文化的兴起，包括互联网和电子邮件的发展，人们改变了工作、购物和娱乐方式，从传统的朝九晚五的办公室工作，到时间灵活的居家工作。为转移工作压力，周五变装日被引入，专业人士不用穿那么正式的商务着装。易趣网，一个在线拍卖场所，成立于1995年，是众所周知的一个领先于网络时代的成功案例，改变了零售业务的发展方式。邮件订购目录和互联网购物的增长，使生活变得更加复杂和高效。视频游戏、DVD和家庭娱乐系统逐渐出现，如任天堂和PlayStation风行一时。

越来越多电影明星、音乐偶像和巨星魅力的增加，创造了一个新的名人模式。超级模特和名人作为时尚偶像出现在杂志封面上。电视真人秀和情景喜剧开始流行，包括MTV的《真实世界》《警察》《飞跃情海》《宋飞正传》《老友记》和《辛普森一家》等。这个时代关于时尚的重要电影，包括了《云裳风暴》《街区男孩》《甜心先生》《为所应为》《政律俏佳人》和《威胁Ⅱ》等。

女权主义变得被广为接受并得以宣传，女性长期以来的角色正在改变，即使是离婚的和非传统的家庭结构的女性角色，也成为普遍。残疾人开始获得平等机会。

进入20世纪90年代以来，欧美经济一直处于不景气的状态，能源危机进一步增强了人们的环境意识，"重新认识自我""保护人类的生存环境""资源的回收和再利用"成为人们的共识。故20世纪90年代的流行转向"回归自然，返璞归真"，人们从大自然的色彩和素材出发，原棉、原麻等织物广受欢迎，未受污染的地域性文化如北非、印加土著等民族图案和植物纹样印花织物等都是在90年代受到青睐的时尚元素。(见图7-28)

最重要的是，在这十年里，个人主义盛行。人们不再跟随潮流，因为潮流会过去，相反，不时尚被誉为新时尚。(见图7-29)

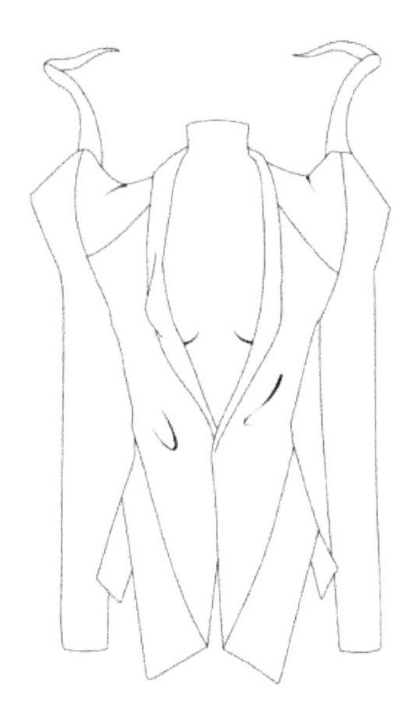

图7-29　20世纪90年代强调服装结构与局部夸张的设计手法

黑色成为简约的服装色彩，配件和装饰逐渐消失，款式简单干净。吉尔·桑达（Jil Sander）和卡尔文·克莱恩（Calvin Klein）以简约及流线型风格而闻名。

无论在工作场所抑或家中，人们都采取了一种非常随性、轻松的态度，一般的工作场合中男性多接受穿斜纹棉布裤、宽松的衬衫，不系领带。像“香蕉共和国”（Banana Republic）设计的服装就能满足这种随意的工作场合需求。随着氨纶的广泛应用，织物的舒适度及弹力增加了许多，人们从而创造出更易于穿着的服装。此外，20世纪80年代的健身服演变成可以日常穿着的服装，包括瑜伽服和针织运动服。像包括史密斯旅行在内的一些公司，专门针对职业妇女商务出行，设计抗皱免烫针织类的服装。

伴随着生态学同时出现的是人们对资源的珍视，主要表现为未完成状态的半成品的出现：故意露着毛边，或有意把毛边处理成流苏装饰，或有意暴露衣服的内部结构，或将粗糙的大针脚作为一种饶有趣味的装饰等这些半成品设计透着浓烈的原始味和后现代艺术的痕迹。除此之外，人们开始珍惜旧物、重视废弃物的再利用，仿皮毛及动物纹样面料也开始流行起来。

垃圾摇滚风格是由来自西雅图的另类摇滚音乐家利用场景的特点，结合不匹配的凌乱的衣服像法兰绒衬衫、破牛仔裤和匡威运动鞋，和旧货店项目共同创造了这个蓬头垢面的时髦样式。吉拉吉风格（Grunge Look）的追随者攻击前十年浮华的审美理念并通过音乐和时尚来反抗社会。一时间，反时尚成为主流的时尚。20世纪90年代，马克·雅可布（Marc Jacobs）最初带吉拉吉风格参加时装发布会的时候，他是不成功的。讽刺的是，十年后的设计师们开始纷纷效仿，这时的市场和消费者才开始接受这种奇装异服。

在这个年代，20世纪70年代和80年代的朋克演变成哥特。这种另类的时尚，也被称为工业朋克，特点是黑色的皮质形象、金属点缀的紧身胸衣、网袜配着防水台的皮靴穿着。人体艺术包括打孔、文身、五颜六色的头发。

嘻哈和说唱音乐家的穿戴从“街头”走向都市化。他们丰富多彩的衣柜增添了超大尺寸的衣服和低腰裤，夸张的珠宝、巨大的金链子以及棒球帽、运动鞋是常见的配饰。说唱明星肖恩·康布斯(Sean John Combs)创造了一个时尚的集合，他从街头的角度去审视主流社会。

20世纪90年代末，学院风开始盛行。学院风服装，包括运动风格的针织衫、经典的西装、衬衫和羊毛衫等。它的灵感来自职业装和校服，学院风与凌乱的风格形成鲜明的对比。

在欧洲，一些既定的时装屋引进了来自英国和美国的人才，催生了一批明星级设计师，有迪奥的约翰·加里阿诺、纪梵希的亚历山大·麦克奎思(Alexander McQueen)和古驰的汤姆·福特(Tom Ford)等。

在20世纪的最后十年，多元化和个人主义改变了社会看待和回应时尚的方式。政治、经济和科技的全球变化使得时尚业进入了一个比以往任何时候都更大的市场。这个行业需要适应更大的全球社区需求。时尚不再是自下而上和由特定的趋势占主导地位。特定的裙摆和可接受的轮廓不再被用来确定什么是时尚或什么是过去的流行。

第十三节 当代设计师品牌与新趋势 Contemporary Designer Brands and New Trends

21世纪是一个信息化与全球化的时代，经济、政治、文化发展都进入了新的阶段，时尚界的设计师也十分重视新的挑战——融合东西方民族文化的设计。这个时期，设计师们不断回溯朋克风、民族风等风格，以新的造型和理念诠释个性的服饰。(见图7-30)

The 21st century is an era of information and globalization, and the economy, politics and culture development has entered a new stage. Fashion designers also attach great importance to the new challenge of integrating the eastern and western cultures. During this period, designers constantly look back on punk style, national style and the other styles, and interpret personalized clothing with new shapes and concepts. (Fig. 7-30)

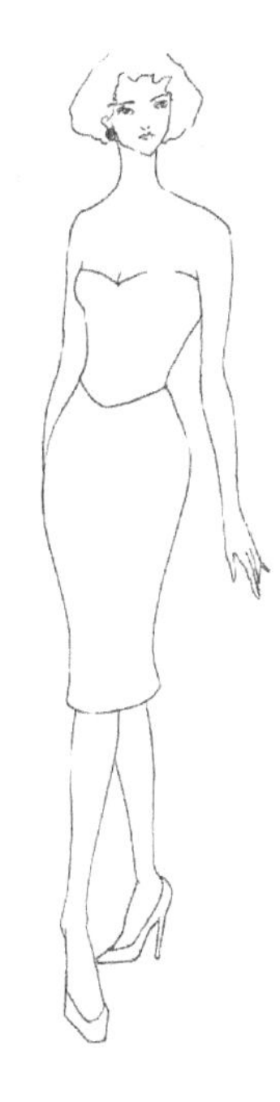
图7-30 21世纪的代表性款式

随着中国时装周和买手店日渐成熟，Showroom作为买家与供应商之间的桥梁，其关键程度日益凸显。Showroom的异军突起不仅刺激了国内高品质服装批发市场的需求，亦证明中国时装产业正在向多元化发展。Showroom可以随市场趋势和消费偏好而改变品牌的灵活性。对于买手店来说，Showroom商业模式能让订货更简便，同时也提供了更多的品牌选择，几乎零库存的特点亦是大量Showroom迸发的主要原因之一。据IDC数据显示，2016年受Showroom模式影响的交易额度达3890亿美元。Showroom成为国外设计师品牌与国内品牌的交流渠道。目前我国的Showroom仍以国外品牌居多，尤其是欧洲品牌。不少Showroom侧重将各类品牌集合在一起，从而达到国内外品牌融合的规模。相较之下，国内独立设计品牌所占比例较低但有望逐年上升。目前，showroom大多以上海、北京等一线城市为主要市场，但也开始向二、三、四线城市发展。随着O2O和电商营销模式在中国的强劲发展，Showroom会结合线下与线上的营销方式，全方位进行品牌推广。

With the maturity of China Fashion Week, Showroom, as a bridge between buyers and suppliers, its importance has become increasingly prominent. Showroom, as a new force suddenly rising, not only has stimulated the domestic demand for high-quality clothing wholesale market, but also has shown that China fashion industry is developing toward diversification mode. Showroom can change the brand flexibility along with the market trends and consumer preferences. For boutique, Showroom business model can make ordering more convenient, and also provide more brand choices. Nearly zero inventory features is also one of the reasons for its burst. According to IDC data, it has shown that in 2016 the amount of the transaction affected by the Showroom mode reached $ 389 billion. At present, Showroom in China is still largely comprised of overseas brand, especially European. Much of them emphasis all kinds of brands migration so as to reach same scale as abroad. In contract, the proportion of domestic independent design brand is small but is excepted to increase year by year. At present, it not only regards most of Shanghai, Beijing and other first tier cities as the main market, but also begins to have a second tier, third tier and forth tie cities development. With the vigorous development of O2O and E-business marketing model in China, Showroom will combined with online and offline marketing mode, to create a branding initiatives in all directions.

Showroom其实之前在欧美便已发展成熟，中国市场是其扩展的版图之一。大部分欧美Showroom被视为国际设计师开拓中国市场的跳板，也是中外双向交流的纽带。其中，与巴黎、米兰等欧洲城市的互动最为频繁。在Showroom兴起初期，存在着水准层次不一的问题，国外Showroom具有成熟的运营经验，上海买手店Alter(凹凸)的创始人龙霄称："国外Showroom与中国国内Showroom有截然不同的运营利率，而这直接决定了其服务的内容、范围和质量。有的国外Showroom能从品牌的销售量里获得一定比例的利润，这将直接鼓励他们做更多的工作，以达成更大的交易。"除了娴熟的运营方式，国外Showroom在品牌选择上求精不求量，致力于与品牌发展长期的合作关系。比如欧洲Danube Fashion Office展出的大部分品牌由自己常年代理，展出之余会小批量出售所代理欧洲品牌的新品，从而进一步了解国内市场消费者的需求。另外，国外Showroom还采取了其他方式增进对消费者的了解。来自英国的On Time Show更加关注国际化的多元交流，开放Made in Britain的特殊平台，给设计师和买家提供直接与英国百年品牌和手工制造业者面对面交流的机会，以此获得订单合作定制款。

国外Showroom的出现大大刺激了国内时装市场，国内Showroom不断出现，其中以上海的时堂Showroom Shanghai最为出名。创办于2014年4月的"时堂"专注于中国市场，大约80%的品牌来自独立设计师，其中也不乏像山本耀司(Yohji Yamamoto)之类的国际品牌。据BOF《Showroom的中国式爆发》称，2015春夏的"时堂"迎来了800多位买手，其中70%来自中国的多品牌买手店，20%为商业品牌经销代理商，10%为电商和百货渠道。尽管中国Showroom发展迅猛，但仍处于摸索阶段。中国Showroom的未来预计朝以下方向发展：

买手店与Showroom合作使整个操作过程更加便捷。如美国买手店Opening Ceremony推出自有Showroom，定期推广品牌；反之，广州的Showroom TUDOO(聚渡)拥有自主买手店Serious玩物，形成内部良好平衡。

Showroom开始向二、三线城市发展。目前，大部分Showroom主要集中在一线城市，二、三线城市的消费仍以主流品牌为主。但随着南京RoundRound和杭州VDS Showroom等买手店的成长，二、三线城市成为Showroom的下一个目标市场。

品牌推出自有Showroom。许多国际品牌在全球设立内部Showroom以更好地宣传品牌。时装设计师吉承在上海时装周期间开设个人Showroom，以达到较高的品牌推广度。

电商成为中国市场的零售关键。英国的Project Crossover倡导24小时线上展厅。时堂也通过微信和微博的大力宣传，使代理品牌数量翻倍。

一、兰玉(LAN-YU)

LAN-YU是著名设计师兰玉创立的同名品牌，旗下有"兰氏苏绣"、高级定制、高级成衣等系列。兰玉成长在苏绣世家，善于将中国传统苏绣技艺与西方高级材料巧妙结合，并将中国第一代版型师的柔美工艺及西方现代设计力学融会贯通，所以在兰玉的设计作品中反映了中西方审美的融合。LAN-YU在2014年加入法国高级时装周，作为唯一进驻巴黎大皇宫的高级定制婚纱设计师，她更加努力地尝试将中国文化与西方现代设计进行融合。2016春夏高级定制灵感来源于20世纪早期和中期的西方复古风潮，极致女性化的轮廓与东方唯美色调如绛红、深蓝、墨绿、珍珠白等结合，营造出东方女性独特的优雅含蓄。其2015秋冬高级定制系列的时装廓形汲取了汉服的特点，结合现代元素，精妙联袂出崭新的风格。精良的剪裁和褶皱细节共同烘托出女性柔美性感的沙漏身形。面料甄选纯真丝材质的绡、生丝缎，以及汉服中最经典的手工麻（夏布）。（见图7-31）

图7-31　兰玉2015年秋冬高定系列

（图片来源：微博）

二、似我（Comme Moi）

Comme Moi是由中国超模吕燕于2013年创立的品牌。在时尚圈，依靠着传媒和网络持续曝光高调吸引公众的注意力，已然成为圈中人和品牌扬名立万的看家本领，管他是赞是弹，似乎"有名"本身，就是一种高能的生产力与创造力。Comme Moi，中文为"似我"，含义不言而喻，"我的设计表达我的生活态度"。设计轻松舒适，有点时髦又不显浮夸，重要的是实际可穿。品牌整体风格分为Smart Casual运动休闲风和Easychic简约时尚风，简洁流畅，带着无伤大雅的摇滚气质和年轻随意的运动感。

凭着吕燕在社交圈的影响力，张静初、李宇春、陈数等明星在第一时间将这个新品牌的首个系列穿上身。要建立一个成熟的品牌，销售渠道和宣传无疑是极为重要的。Comme Moi在第一时间便完成了别的独立设计师可能要花上许久才能完成的"原始积累"，这无疑也与吕燕本人的明星设计师身份有关。（见图7-32）

图7-32 Comme Moi秀场

（图片来源：搜狐网）

三、克里斯托弗·卜(Christopher Bu)

Christopher Bu是由跨界设计师卜柯文创立的定制品牌，旗下还拥有一个成衣品牌Chris by Christopher Bu。他是国内著名造型师，与范冰冰合作多年。范冰冰每一次具有话题性的红毯造型均出自他手，如2010年戛纳的龙袍装、2011年国家宣传片上的青花瓷裙等。可以说，他成就了范冰冰的时尚女王之路，也同时打开了自身的设计大门。第64届和第65届戛纳电影节开幕式的仙鹤装和"China瓷"都是其定制礼服的代表作。卜柯文已经完成了从造型师到设计师的转型。从仙鹤装到Chris by Christopher Bu品牌的建立，卜柯文的事迹让我们看到了一个时尚跨界的典型个例。(见图7-33)

图7-33 卜柯文和他的成衣品牌Chris by Christopher Bu

（图片来源：品牌服装网）

四、BABYGHOST

BABYGHOST成立于2010年，品牌设计师为黄悄然和乔舒亚·赫珀(Joshua Hupper)。在纽约帕森设计学院进修服装设计后，黄悄然便先后进入Diane Von Furstenberg、Nathan Jenden实习，之后在Nathan Jenden担任助理设计师。可是向往自由创作的黄悄然最后还是放弃了这份在大家眼中的好工作，决定与同事乔舒亚一起创业。其个性化作品在一众超模好友（如刘雯）的推动下，快速走红。BABYGHOST这个独立设计师品牌从定价上更为亲民，设计上也更为实用，设计师始终认为大众能穿的才是更应该被推崇的。（见图7-34）

图7-34　BABYGHOST秀场及街拍图

（图片来源：BABYGHOST官网）

五、Low Classic

韩国品牌Low Classic成立于2009年，由李明善（Lee Myeong Sin）、黄贤智（Hwang Hyun Ji）与朴镇善（Park Jin Sun）共同主理，款式设计时尚简约。设计师以简洁的构思为品牌营造出低调又充满强烈视觉效果的作品，不仅带来了简约宁静之美，亦道尽了无限流畅的个人理念，通过剪裁的细节和点缀的色彩带来了乐趣。设计师喜欢以黑白双色为基础，在打造宁静之美的同时利用印花图案等元素强调视觉效果，给人简约又不乏味的感觉，进而营造出低调又独特的个性时尚。（见图7-35）

图7-35　Low Classic秀场

（图片来源：Low Classic官网）

六、Steve J & Yoni P

当斯蒂夫·荣格(Steve Jung)和尤尼·派(Yoni Pai)两位设计师分别从中英圣马丁艺术与设计学院和伦敦时装学院毕业时,他们就已经推出了Steve J & Yoni P品牌,并与Topshop合作推出Capsule系列。旗下还设有一个牛仔品牌SJYP,以一系列未加工的牛仔布料重塑19世纪的时髦质感。品牌受到许多韩国明星的喜爱,包括当时红极一时的“韩流皇后”李孝利以及演员孔孝真,她们经常购买品牌的修身连衣裙。韩国女星金泫雅与设计师尤尼·派更是多年挚友,常常在社交媒体上面晒出与设计师的合照,提升了品牌的话题性。

Steve J & Yoni P通过加盟韩剧,从《制作人》中孔孝真的牛仔裹裙、《泡泡糖》中郑丽媛的驼色大衣、《奶酪陷阱》中女主角金高银的牛仔背带裙到最美女二号高俊熙的格纹大衣,Steve J & Yoni P创造了无数韩剧同款,是韩剧造型师们追捧的时尚品牌。(见图7-36)

图7-36 Steve J & Yoni P产品图

(图片来源:FACE妆点网)

七、爱丽丝+奥利维亚(Alice+Olivia)

爱丽丝+奥利维亚(Alice+Olivia)品牌由设计师斯黛西·班戴(Stacey Bendet)于2002年创建。品牌建立的初衷是斯黛西·班戴(Stacey Bendet)希望做出一条能使身材看起来更迷人,同时穿着又舒适服帖的裤子。这一设计问世后,凭借其独特的风格设计,斯黛西裤(Stacey Pants)被巴尼斯纽约精品店(Barneys New York)看中,一上市即被热抢一空,迅速成为复古成熟风格的日常裤装和休闲工装裤的代名词。此后,Theory时装的老板Andrew Rosen邀请斯黛西一起开创全新时装品牌——爱丽丝+奥利维亚(Alice+Olivia)。如今,爱丽丝+奥利维亚(Alice+Olivia)品牌产品已经从最初的裤装,发展到今天的丰富系列。(见图7-37)

图7-37　Alice+Olivia 的经典复古风格

（图片来源：丽人服装网）

八、Chiara Ferragni

Chiara Ferragni品牌来自意大利的米兰，由米兰时尚博主嘉拉·法拉格尼（Chiara Ferragni）创立。嘉拉在2009年开博，当时年仅22岁的她在博科尼大学读法律专业，这位居住在意大利米兰的美女身材高挑、脸孔美丽，有着令人称羡的先天优势。她在博客上分享自己的一些穿衣心得、搭配技巧并晒出自己的各种造型，博文主要是用英文和意大利文写的。很快，她的博客受到了很多人欢迎，开博两年后就有每天90000的浏览量。她在Instagram拥有400万粉丝，晒出的着装都会受到粉丝的大力追捧。因此她获得了媒体的关注，成为最会赚钱的博主，同时她结交了许多设计师和模特朋友，为她创立同名品牌打下了基础。由于她强大的号召力，她设计的每一款鞋都成为新一季的潮流时尚单品。（见图7-38）

图7-38　Chiara Ferragni个人品牌

（图片来源：YOKA时尚网）

九、自画像（Self-Portrait）

Self-Portrait是由来自马来西亚的设计师韩冲（Han Chong）打造的年轻英国品牌。品牌针对的客群并非以年龄段来区分——只要大家秉承相同的时尚理念：“无须用奢侈时装价格就可以买到精致的设计细节。"精致的蕾丝、流畅的廓形和剪裁,再加上细致却不烦琐的镂空设计,使得优雅和时尚在Self-Portrait身上得到完美的统一。

品牌很年轻,没有高额投资的宣传,没有色彩鲜亮的时尚大片,甚至上架图片都非常任性,但是Self-Portrait却因其精细的做工和独具设计感的剪裁在成立短短两年多的时间里迅速蹿红,成为各路明星、时尚博主、时尚达人最为钟爱的"重要场合"专用品牌,中外女明星都曾穿着该品牌服装亮相红毯及各大颁奖典礼等重要场合。意大利著名时尚博主嘉拉·法拉格尼、美国名媛奥利维亚·巴勒莫(Olivia Palermo)等多次以Self-Portrait裙装打造令人过目难忘的完美街拍造型,受到粉丝追捧。

第十四节 小结 Summary

(1)"时代精神"或精神文化指的是文化的现行状态:现在的表达。一个时代的模式是由复杂的历史、社会、心理和审美因素的混合体决定的。在每一个时代,创意艺术家和设计师的灵感都受到所处年代的背景、事件影响,并通过创新的想法和产品诠释得以表述。在每个时代,态度和生活方式的演变始终推动着时尚发展。

(2)维多利亚时期的流行。1837年到1901年被称为维多利亚时期(Victoria Period)。巴黎和伦敦被认为是主要的社会和商业的城市中心。在维多利亚女王统治下的英国,贸易和商业的繁荣也体现在时尚、艺术和建筑中。在法国大革命结束后,巴黎重新恢复了作为世界时尚之都

(1) "Zeitgeist" or spiritual culture refers to the state of culture in the current era, in another words: the current expression. A pattern of an era is determined by a mixture of complex historical, social, psychological, and aesthetic factors. In every era, creative artists and designers are inspired by the influence of the era they live, they interpret through innovative ideas and products. In every era, changes in attitudes and lifestyles have been making fashion move forward.

(2) The popularity of Victorian Era. In the time of 1837 to 1901, it was called the Victoria Period. Paris and London were considered major social and commercial city centers. Under the rule of Queen Victoria in Britain, the prosperity of trade and commercial was also reflected in fashion, art and architecture. After the French Revolution, Paris regained its leadership as the world's fashion capital. Women in this period emphasized the difference between

的领导地位。这一时期的女性强调胸腰差，偏爱沙漏廓形(Hourglass Shape)的身材。重视装饰以显示社会地位和声望。1850年缝纫机的出现开始了成衣化生产。时尚杂志(*Vogue*)的出现使流行能够被跟踪和复制。但随着美国经济的增长和实力的增强，欧洲的主导地位接近结束。

(3)爱德华时期的流行。20世纪初也被称为爱德华时期(以爱德华国王的名字命名)，这是一个充满奢侈品服装、香水、珠宝的美丽年代(Beautiful Age)。此时的美国涌入了大量来自欧洲的富裕阶层(New Rich)，同时中产阶层出现并日益壮大。在文化上，新艺术运动包括后印象派、野兽派、立体主义，印象派艺术家有如保罗·塞尚、凡·高、马蒂斯、保罗、高更、毕加索等人。本世纪偏爱成熟女性的造型，强调丰胸细腰的“S”廓形。工业革命使更多的机械用于纺织和服装生产，并为成衣产业奠定了基础。电影也对时尚追随者产生了巨大的影响。

(4)20世纪20年代。“一战”过后，以美国为首又一次掀起了世界范围内的女权运动，女装上出现了否定女性特征的独特样式。妇女争取平等，并开始拒绝社会规范，否定女性特征，向男性看齐。胸部被刻意压平，腰线的

chest and waist, they preferred hourglass shape. It emphasized decoration to show social status and prestige. In 1850, the emergence of sewing machines began garments (ready to wear) producing. Fashion magazines (*Vogue*) made the popularity to be tracked and replicated. As the US economy grew and its strength increased, Europe's dominant position was coming to its end.

(3) The popularity of the Edwardian Era. The beginning of the 20th century, also known as the Edwardian Era, which was named after King Edward, was a beautiful age filled with luxury clothing, perfume, and jewelry. At that time, the United States was flooded by a large number of rich people from Europe (the new rich), and the middle class had appeared and grew stronger. Culturally, the Art Nouveau Movement includes post-impressionism, Fauvism, Cubism, and Impressionist artists are Paul Cezanne, Van Gogh, Matisse, Paul, Gauguin, Picasso and so on. This century preferred mature women's styling and emphasized the "S" profile of plump breasts and thin waist. The Industrial Revolution had enabled more machinery to be used in textile and apparel production, and laid the foundation for ready-to-wear. Movies also had a huge impact on fashion followers.

(4) The 1920s. After the First World War, the United States led the world's feminist movement once again, and there was a unique style which denied women's femininity. Women strived for equality and began to reject social norms, deny women's identity and keep abreast with men. The chest silhouette was deliberately flattened, the position of the waistline

位置下移到臀围线附近，丰满的臀部束紧变得细瘦小巧，头发剪短与男子长度一般，裙子越来越短，钟形女帽(Cloche Hat)由此诞生。马德琳·维奥内使用斜裁，可可·香奈儿推出针织衫和“小黑色礼服”，让·巴杜引入了新的运动服。

(5)20世纪30年代。1929年股市大崩盘宣告经济危机的到来。高级时装业顾客数量锐减，许多时装店被迫停业。在经济衰退期，女人味却受到重视，裙子往往变长。经济的萧条使人们把精神寄托在电影中，珍·哈雷塑造的胸大无脑形象成为当时电影的典型代表。30年代的晚礼服中出现了大胆裸露背部的形式，称作Bare Back。大萧条期间，在白天，女性的时尚逐渐演变成赋有简单花卉或几何图案的淑女衣服。廓形是纤细的，强调自然的腰部；在晚上，穿的裙子的长度是很长的。并且尼龙袜很受欢迎。同时，服装的颜色也反映了当时人们的忧郁心情。

(6)20世纪40年代。第二次世界大战爆发，因物资短缺，女装缩短裙子，夸张肩部以示女性地位的上升。战争爆发后以及整个战争期间，女装完全变成一种实用的男性味很强的现代装束，即军服式(Military Look)。这场战争使美国设计师们脱离欧洲的影响，

moved down to the hip line, the fullness of the hips tightened, became thin and small, the hair was cut short as the length of the man, the skirt became shorter, the cloche hat had born. At that time Madeleine Vionnet used a diagonal cut, Coco Chanel released the sweater and the “small black dress”, and Jean Patou released new sportswear.

(5) The 1930s. In 1929, the stock market crash announced the arrival of the capital’s economic crisis. The number of haute couture customers decreased sharply, and many fashion stores were forced to close down. During the economic downturn, femininity was valued and skirts tended to become longer. The economic depression had made people indulge in films, and Dumb Blonde was a typical representative of the film image at the time, which was firstly created by Jean Harlow. The evening gown of the 1930s had changed into a bold, bare back form called “bare back”. During the Great Economic Crisis, women’s fashion during that day was gradually turned into a typical lady ’ s dress with simple floral or geometric patterns. The silhouette was slender and emphasized the natural waist. The length of the skirt worn at night was very long. Nylon socks were very popular. The color of clothes reflected the mood of depression at the time.

(6) The 1940s. Due to the outbreak of the Second World War, women’s clothes had shortened because of the shortage of materials, and the silhouette exaggerated shoulders to show the rise of women’s status. Since the outbreak of the war and throughout the war, women’s wear completely became a practical male-style modern attire which was named Military

为美国设计师开辟了道路。

（7）20世纪50年代。“二战”结束后，一个新的全球文化交流时代开始。美国在战争结束后，加入北大西洋公约组织（北约），北美国家和欧洲的共同防御条约形成，美苏争霸开始。50年代，战争结束后，男性不再上战场，女性回归家庭。女装便从军服式变为注重展示女性廓形，肩部的设计也不再夸张，牛仔裤作为休闲装开始出现在人们的生活中，巴黎高级时装业赢来了本世纪继20年代以来第二次鼎盛时期。以迪奥为首，这一时期活跃着一大批叱咤风云的设计大师。在法国，迪奥推出了女性“新风貌”的长裙，其细腰设计与战时风格形成了鲜明的对比。香奈儿重新开启了她的设计屋并且推出她搭配珍珠的无领粗花呢西装。男士着装则比较保守且停留在“常春藤联盟”，以灰色法兰绒套装为主，经常搭配软呢帽。在运动和休闲的时间，流行分离式的衣着，包括针织衬衫、裤子和运动夹克。20世纪50年代末，叛逆的形象：皮革夹克、牛仔裤、T恤和靴子激发了年轻人的时尚灵感。

（8）20世纪60年代经济开始高速增长。环境和能源问题成为一个关注的焦点。关于性自由和药物实验的新态度和以前的时代

Look. This war blazed the way for American designers to break away from the influence of European designers.

(7) The 1950s. After the World War II, a new era of interaction between global cultures had began. The United States joined the North Atlantic Treaty Organization (NATO), a common defense treaty between North American countries and European countries had formed. The United States and the Soviet Union began a cold war. In the 1950s, when the war ended, the economy began to stop men from going to the battlefield and women began to return to the family. Women's wear was changed from a military-style dress to a silhouette that shows femininity, and the design of the shoulder was no longer exaggerated. Jeans appeared in people's lives as casual wear, and the Parisian high fashion industry won this century's second peak since the 1920s. Headed by Dior, this period was active with a large number of design masters. In France, Dior launched a long skirt called women's "New Look", with a thin waist, which formed a sharp contrast in the actual wartime style. Chanel reopened her design house and promoted her collarless tweed suit with pearls. Men's dresses were conservative and stayed in the "Ivy League". They centered on grey flannel suits, with a fedora hat. For sports and leisure time, separating clothing, including knit shirts, pants and sports jackets, is popular. In the late 1950s, the image of rebellion: leather jackets, jeans, t-shirts, and boots aroused the fashion inspiration of young people.

(8) The economy began to grow at a high rate in the 1960s. Environmental and energy issues had

产生了代沟，也因此塑造了这个时代。太空探索在继续，“阿波罗”号飞船降落在月球上。太空时代风格的服装开始流行。女性主义运动激增，女人以崔姬(Twiggy)为偶像。种族大平等的运动盛行。越南战争最为激烈，反战抗议升级，导致了嬉皮士的出现，他们违背社会规范，反对传统的生活方式和态度。嬉皮士运动后转变为绿色革命(Green Power)，在回归自然的基础上，同时也孕育出追求民族、民间风味的流行趋势。波普艺术家安迪·沃霍尔凭借绘画和美国标志性产品而闻名。20世纪60年代从根本上改变了未来的时尚发展方向。个性和自我表达变得极为重要。

(9)20世纪70年代是社会动荡的时期。在这一时期发生的几个重大事件，包括反对越南战争的反战游行，人们试图逃避现实，寻找自我。从第二次世界大战结束到20世纪60年代末，美国经济经历了最长的增长时期之一。同时，人口老龄化改变了社会结构，同性恋运动应运而生。在70年代，服装向两个极端发展。一是年轻的文化依旧持续流行，嬉皮文化对服饰的影响达到顶峰，并融入了不同文化风格。二是服装流行趋势开始向极简主义发展。到70年代末，越南战争终于结

become a focus of attention. The new attitudes about sexual freedom and drug experimentation are different from the generation of the previous era, which had also shaped this era. Space exploration continued and the Apollo spacecraft landed on the moon. Space-age style clothes had became popular. The feminist movement had proliferated, and women had treated Twiggy as an idol. The Vietnam War was the fiercest issue at that time, and anti-war protests escalated which caused Hippies ' appearing. They violated social norms and opposed traditional lifestyles and attitudes. After the Hippie Movement, it went on with the green power. Based on the return to the nature, it also gave birth to the trend of pursuing national and folk flavors. Pop artist Andy Warhol was known for painting and American iconic products. The 1960s fundamentally changed the direction of the future fashion. Personality and self-expression became extremely important.

(9) The 1970s was an era of social unrest. Several major events occurred during this period, including the anti-war march against the Vietnam War. People tried to escape from reality and find themselves. From the end of the Second World War to the end of the 1960s, the US economy experienced one of the longest growth periods. The aging population changed the social structure and the homosexual movement had been launched. In the 1970s, clothing developed into two extremes. Firstly, the young culture continued to be popular. The influence of hippie culture on clothing had reached its peak and blended into different cultural styles. Secondly, the clothing trend was moving toward minimalism. To the end of the

束,社会习俗也在不断变化。关于时尚的普遍规则不再适用。街头的风格往往决定了什么样的时尚将进入主流。

1970s, the Vietnam War had finally ended but social customs were constantly changing. The general rules about fashion were no longer applied. Street style often determines what kind of fashion would enter the mainstream.

(10)20世纪80年代。这个时代以其独特的被称为后现代主义的时尚理想运动而闻名,其态度就是"怎么都行"。中东地区暴力冲突,美苏冷战和核武器威胁世界和平。女性社会地位得到巨大的提升。艾滋病的急剧传播蔓延。计算机的普及开启了一个新的技术时代。

(10) The 1980s. This era was known for its unique movement of fashion ideals called postmodernism. Its attitude was "anything will do". Violent conflicts in the Middle East, the US-Soviet Cold War and nuclear weapons had threaten world's peace. Women's status had made tremendous progress. The AIDS had spread dramatically. The popularization of computers had opened up a new era of technology.

20世纪80年代的流行趋势结合了街头时尚和高级时装,尤其是受到街头Hip Hop音乐的影响。对奢侈品的渴望将欧洲的设计师们带回美国市场。乔治·阿玛尼以其精致的西装和复杂的晚礼服而闻名。日本设计师也纷纷涌入时尚舞台。20世纪80年代可以被定性为一个文化转移和经济波动的时期。在这十年炫耀性消费后,经济变得低迷,社会运动苏醒,开始向克制和节俭的方向发展。

The fashion trends of the 1980s combined street fashion and haute couture, especially influenced by street hip hop music. The desire for luxury goods brought European designers back to the US market. Giorgio Armani was known for his exquisite suits and complex evening gowns. Japanese designers had also rushed into the fashion stage. The 1980s can be characterized as a period of cultural transfer and economic fluctuations. After ten years of conspicuous consumption, the economy turned into a downturn, the social movement revived, and it began to develop in the direction of restraint and frugality.

(11)20世纪90年代极简主义和随意性盛行。人们通过互联网获取信息和最新的趋势。随着全球化时代的到来,美国在当时成为唯一的超级大国。网络时代的成功改变了零售业务的发展方式。巨大的购物中心开张,零售

(11) Minimalism and arbitrariness prevailed in the 1990s. People access to information and the latest trends by Internet. With the arrival of globalization, the United States became the only superpower at that time. The success of the Internet era had changed the way of the retail businesses development. The huge shopping mall had opened and retailers started to produce their own branded goods. Feminism has

商开始生产自有品牌的商品。女权主义得到了更多认可和宣传。新类型的音乐，如嘻哈、说唱、另类摇滚出现。90年代以来，欧美经济一直处于不景气的状态，能源危机进一步增强了人们的环境意识。黑色成为简约服装的主色，而配件和装饰消失了。无论是在工作场会还是在家中，人们的衣着都非常随意。伴随生态学同时出现的是人们对资源的珍视，主要表现为未完成状态的半成品出现。

become more accepted and publicized. New types of music such as hip hop, rap, and alternative rock have appeared. Since the 1990s, the European and American economies have been in a state of recession, and the energy crisis has further enhanced people ' s environmental awareness. Black became the main color of simple clothing, while accessories and decorations disappeared. People both in the workplace and at home used a very casual style. Accompanying ecology at the same time is the resources conserving, mainly in the presence of semi-finished products in an unfinished state.

(12)当代设计师品牌与新趋势。随着中国时装周和买手店日渐成熟，Showroom作为买家与供应商之间的桥梁，其重要程度日益凸显。Showroom的异军突起不仅刺激了国内高品质服装批发市场的需求，亦证明中国时装产业正在向多元化发展。Showroom在欧美早已发展成熟，中国市场成为其扩展的版图之一。大部分欧美Showroom被视为国际设计师开拓中国市场的跳板，也是中外双向交流的纽带。

(12) Contemporary designer brands and new trends. As China Fashion Week and the buyer's store mature gradually, Showroom is a bridge between buyers and suppliers, and its degree of importance is increasingly prominent. The sudden emergence of Showroom not only stimulates the demand of the domestic high-quality clothes wholesale market, but also proves that Chinese fashion industry is diversified. Showroom has matured in Europe and the United States, and Chinese market has become one of its expansions. Most of European and American Showroom is regarded as a springboard for international designers to explore Chinese market, and is also the connection between China and foreign countries.

第十五节 思考与讨论

Thinking and Discussion

(1)比较20世纪20年代和20世纪60年代的流行现象,联系其各自所处的社会、文化、艺术背景,结合典型款式进行分析。

(2)谈谈你所观察到的近期流行款式、流行色、生活方式等方面的内容,你是通过什么途径得知该流行资讯的?

(3)结合课程讲解,分析20世纪90年代以来的主流趋势。

第八章　趋势预测的主题选择

Chapter Eight　Theme Selection for Trend Forecasting

第一节 导论 Introduction

通过本章学习，学生能基本掌握流行主题的形成与提炼方法，并通过图片收集、组织、分析与主题预测，结合具体品牌完成概念主题组织与表述的训练。

This chapter is designed to enable students to master the methods of forming and refining fashion themes. Through image collection, organization, analysis and theme prediction, combined with specific brands, complete the training of the organization and presentation of conceptual themes

主要课程内容：

Main course content:

（1）预测主题中心思想的确定；

(1) Determination of the central idea of theme forecasting;

（2）预测主题的灵感源；

(2) The source of inspiration for the prediction theme;

（3）预测主题的形成过程与内容。

(3) The formation process and content of theme forecasting.

第二节 趋势预测主题中心思想的确定 Confirmation of the Theme of Trend Forecasting

一、趋势预测的主题(Themes of Trend Forecasting)

趋势预测的主题具有一个统一的、主观的中心思想，且中心思想将决定预测的信息内容。预测者的工作是确定当前社会中正在出现的新信息，了解正在助长文化转变的因素，思考这些新信息和转变的文化相关性并通过预测主题传达未来的可能结果。预测

The theme of trend forcasting that has a unifying, dominant idea, and the central concept will determine the message of the forecast. The job of forecasters is to identify the emerging information in current society, understand what is fueling the cultural shifts, consider the relevance of the changes, and communicate possible outcomes in the future through theme forecasting. A forecaster creates various

者创造了各种各样的主题来抓住当代文化的脉搏，并通过说明新的创意概念和解决方案来进行预测。这些主题可以转化为企业或市场的设计产品和营销理念。

themes to capture the pulse of contemporary culture and predicts forward by illustrating creative concepts and solutions. These themes can be translated into designing and merchandising ideas of companies or markets.

二、预测主题的构想(Conception of Theme Forecasting)

当制订一个主题时，预测者会关注当前的趋势或最近的事件，然后预测趋势或事件的演变。预测者会关注变化的最初迹象，因为他们试图预测什么将满足客户需求的和未表达的愿望。最后预测者将着眼于人类行为变化的各个方面，包括态度和欲望的变化。

对将要发生的事情或即将发生的某些转变的预测是主题构想和发展的起点。通过对过去流行预测经验的理解，预测者可以进行主题的确定，通过重复类似的想法，可以确定主题的发展。在典型的预测过程中，可能会出现几个主题，这些主题定义了时代精神并为可能发生的事情做好了准备。当主题发布后，设计师、商家或生产商评估主题概念，并决定他们与特定市场或产品线的相关性。

通过观察趋势引领者生活方式的变化，可以发现一个主题思想。新趋势通常始于潮流引领者，并逐渐成为主流。这个想法首先被时尚潮流的引领者所接受，因为他们在整个社会中具有引导时尚的作用。当两个

When developing a theme, forecasters look at a current trend or a recent event and then anticipate the trend or event's evolution. Forecasters focus on the very first signs of change as they attempt to foresee what will fulfill the demands and unexpressed wishes of the customers that will arise from this trend. In the end, forecasters focus on every aspect of changes in human behavior, including changes in attitudes and desires.

A prediction of something that is going to happen or some shift that will occur is the starting point of the theme conception and development. With the understanding of fashion forecasting experience, forecasters identify theme. With repetition of similar ideas, a theme can be identified and developed. In a typical forecasting there may be several themes that define the spirit of the times and prepare for what possibilities may occur. Designers, merchants, or producers evaluate the theme concept and determine the relevance with their particular market or line of items.

A theme idea can be discovered by watching changes in the lifestyles of trendsetters. New trends often begin with trendsetters and gradually become the mainstream. An idea that is first accepted by the trendsetters of fashion as they gain momentum

或者更多的行业同时出现了这种时尚潮流,那么这类趋势有可能成为主流。

throughout society. When two or more industries appear this fashion trend at the same time, the trend has the potential to become the mainstream.

第三节 趋势预测主题的灵感源

Inspiration for Trend Forecasting

灵感源指带来设计思路的某一事物或视觉符号等。时装折射时代信息,每一个时代的杰出设计师都将服装的设计与时代精神相融合。而设计源于生活与周边的事物、社会、大自然。因此,设计师的所想所见所思均能带来新的创作灵感与激情,比如时事、经济、政治、气候、名人影响以及当前的审美风格。

Inspiration sources refer to something or visual symbol that brings design ideas. Clothing reflects the information of the times, and the outstanding designers of each era have integrated the design of clothing with the spirit of the times. The design comes from life and the surroundings, society, and nature. Therefore, the designer's thoughts perspectives and ideas can bring new creative inspiration and passion. Some of the factors that are influential are current events, economy, politics, climate, celebrity influences, and current aesthetic style.

一、社会、艺术和政治相关的新闻(Social, Artistic and Political Related News)

新颖的建筑外观、博物馆的艺术作品展览等对流行趋势预测与分析来说都是重要的参考信息。这些事件往往与时尚存在一定的联系,并且在一定范围内影响着流行的产生。

Novel architectural appearance, museum art exhibitions, etc. are important reference information for fashion trend forecasting and analysis. These events often have a certain connection with fashion, and affect the emergence of fashion within a certain range.

如纽约大都会艺术博物馆举办的"超级英雄"主题展览,表达了对时尚与未来的幻想。(见图8-1)这场展览驱动了未来主义风格在时尚领域的发展。(见图8-2)

图 8-1　纽约大都会艺术博物馆的“超级英雄”展览

图 8-2　展览对时尚的影响

（图片来源:大都汇艺术博物馆官网）

博物馆、美术馆的多样化带给人们无比丰富的文化感受与审美享受,同时不断引进与推出新式与复古相结合等各种专题展,一方面有助于提升展馆文化的时尚度,另一方面也启发一些设计师对作品主题的灵感。伦敦泰特美术馆展出了古斯塔夫·克里姆特、马克·罗斯科和赛·托姆布雷的作品,这些作品影响了色彩、图案和设计,并启发了即将到来的季节的主题。如图 8-3、图 8-4 所示,克里斯汀·拉克鲁瓦借鉴了克里姆特的新艺术运动风格中强烈的装饰性和奢华感,用金色装饰作为灵感主题进行系列设计。

图 8-3　克里姆特的《阿黛尔·布洛赫·鲍尔夫人Ⅰ》

图 8-4　克里斯汀·拉克鲁瓦设计的华服

（图片来源:搜狐网）

政治事件对于流行趋势预测的影响也十分显著，近些年最热门的事件之一——“女权主义”这一人道主义话题频频出现在新闻、演讲和游行活动中。最典型的案例是，2016年Dior为呼应尼日利亚作家奇玛曼达·恩戈齐·阿迪奇埃（Chimamanda Ngozi Adichie）的TED演讲话题“女权主义”，在2017S/S系列中设计了“我们都应为女权主义者（We Should All Be Feminists）”的白色T恤。（见图8-5）设计师马拉·霍夫曼（Mara Hoffman）邀请了华盛顿女权运动的合作发起人为自己的秀场致开幕词；而薇薇安·韦斯特伍德一直奋斗在政治及环保运动的前线。（见图8-6）

图8-5　Dior 2017S/S系列“女性权利”的T恤

（图片来源：POP趋势网）

图8-6　薇薇安·韦斯特伍德参加环保旅行

（图片来源：新浪博客）

二、电视、电影、网络视频等大众传媒内容（Mass Media Content Such as TV, Movies, Online Videos, etc.）

由于电视节目、电影、网络视频是社会娱乐的重要组成部分，影响着人们的时尚行为，因此流行趋势预测人员需时时刻刻关注屏幕中人物的最新穿着。

Because TV programs, movies, and online video are important components of social entertainment, affecting people's fashion behavior, the trend forecasters need to pay attention to the latest wearing of the characters on the screen.

在热播的美剧《欲望都市》（*Sex and the City*）中，沙拉·杰西卡·帕克（Sara Jessica Parker）扮演的角色凯莉·布拉德肖（Carrie Bradshaw）在剧中的穿着打扮奢华时尚，激发了现代女性都市新风格的诞生。不论是莫罗·伯拉尼克（Manolo Blahnik）的钻石扣高跟鞋还是奢华的外套，都迅速地成为时尚的中坚力量，重新定义了女性对时尚的态度。（见图8-7）

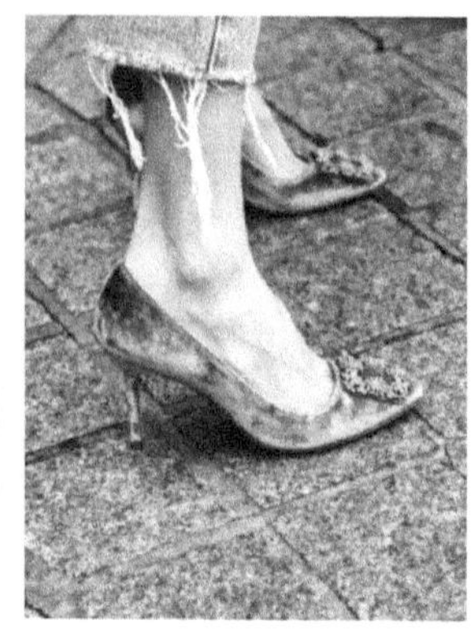

图 8-7 《欲望都市》女主角凯莉·布拉德肖与她钟爱的Manolo Blahnik钻石扣高跟鞋

（图片来源：搜狐网）

电影与时尚看似是完全不同的行业领域，其实渊源已久。角色的服装设计在电影制作里举足轻重，导演时常找来大名鼎鼎的时尚设计师为剧服操刀，华衣美服带来银幕上的视觉盛宴，同时加速时尚流行的传播。与之相反，电影里的主题片段、视觉和颜色也经常成为设计师的灵感。在MOSCHINO 2020春夏系列中，品牌设计总监杰瑞米·斯科特(Jeremy Scott)主导的MOSCHINO 2020早春发布会，从多部环球影城经典恐怖片中吸取灵感，融入恐怖元素，向好莱坞经典恐怖电影致敬。（见图 8-8）

图 8-8 MOSCHINO 度假系列的灵感源来自恐怖电影

（图片来源：搜狐网）

三、时尚达人、社会名流的穿着(Wearing of Fashionable People and Celebrities)

人们对名流的穿着打扮十分痴迷，并进行效仿，故预测人员需紧密地关注他们不断变化的生活方式、着装品位和

People are obsessed with the dress of celebrities and follow suit, so forecasters will pay close attention to their changing lifestyles,

服饰打扮。 clothing and costumes.

在20世纪80年代和90年代,英国戴安娜王妃的穿衣风格在很多方面影响了时尚,不论是她的婚纱礼服、发型,还是她的单肩连衣裙,都影响了那个时代女性的穿着打扮。无独有偶,凯特·米德尔顿(Kate Middleton)王妃于2011年4月举办的王室婚礼上所穿着的婚纱启发了设计师对蕾丝花边的使用,彼时,充满浪漫主义风格的蕾丝花边不仅出现在各式各样的婚礼服中,在日常服装中也非常常见。(见图8-9)

图8-9 凯特王妃的婚礼服及其对婚礼服和日常裙子的影响

(图片来源:微博)

而当今在时尚圈风靡全球的一对夫妇,坎耶·韦斯特(Kanye West)和金·卡戴珊也极大地影响到了大众对时尚的认知。无论是坎耶一手缔造的Yeezy帝国,还是由坎耶麾下DONDA创意团队衍生而出现的一大批街头品牌,都在时装界掀起了一股街头的浪潮,而金·卡戴珊穿去健身、逛街,被大量街拍的一条自行车裤,成为T台热推的时髦新品。在2019春夏国际时装周上,就有芬迪(Fendi)、吉尔·桑达等多个品牌推出了骑行短裤(Bike Shorts)。(见图8-10)

图8-10 卡戴珊穿着骑行短裤

(图片来源:搜狐网)

四、品牌、目标消费者的需求(The Needs of Brands and Target Consumers)

(一)基于STP营销策略的消费者与品牌分析(Customer and Brand Analysis Based on STP Marketing Strategy)

STP战略中的S、T、P三个字母分别是Segmenting、Targeting、Positioning三个英文单词的首字母,即市场细分、目标市场和市场定位的意思。STP营销是现代市场营销战略的核心。

The three letters S, T and P in the STP strategy are the initials of the three English words of Segmenting, Targeting and Positioning, namely the meaning of market segmentation, target market and market positioning. STP marketing is at the heart of modern marketing strategies.

1. 市场细分(Segmentation)

1956年,Wendell Smith提出市场细分的概念,根据消费者的需求差异,将某一产品的市场整体划分为若干个消费群的市场,从而细分、切入和选择目标市场,能够增加公司营销精确性,这是最有价值的营销智慧之一。市场细分不是对产品进行分类,而是对同种产品需求各异的消费者进行分类,细分后的消费者的需求特征会变得相似。

消费者市场细分变量主要是:地理细分(国家、地区、城市、农村、气候、地形),人口细分(年龄、性别、职业、收入、教育、家庭人口、家庭生命周期、国籍、民族、宗教、社会阶层),心理细分(社会阶层、生活方式、个性),行为细分(时机、追求利益、产品使用率、忠诚程度、购买准备阶段、态度)。市场细分有利于企业发现市场机会,更好的选择目标市场,创造出针对目标受众的产品、服务和价格。同时面临较少的竞争对手,有利于提高竞争力。

Consumer market segmentation variables are mainly: geographic segmentation (country, region, city, village, climate, topography), population segmentation (age, gender, occupation, income, education, family population, family life cycle, nationality, ethnicity, religion, social class), psychological segmentation (social class, lifestyle, personality), behavioral segmentation (time, pursuit of interests, product usage rate, loyalty status, purchase preparation, attitude). Market segmentation is conducive to companies to find the market opportunity, select target market better, create more suitable products, services and prices for the target audience. At the same time, it faces fewer competitors and helps to improve competitiveness.

欧莱雅集团的业务如今遍及世界150多个国家,有500多个高品质的著名品牌,生产包括美容美发产品、护肤品、彩妆、香水等在内的数万种产品。欧莱雅集团在中国的主要竞争对手也是国际名牌化妆品，主要是雅诗兰黛(Estee Lander)、倩碧(Clinique)、宝洁(P&G)、资生堂(SHISEIDO)等。这些品牌在国内都有极高的知名度、美誉度和超群的市场表现。公司从产品的使用对象进行市场细分，主要分成普通消费者使用的化妆品、专业使用的化妆品。其中，专业使用的化妆品主要是指美容院等专业经营场所使用的产品。欧莱雅的策略则是，以美宝莲(Maybelline)为代表的大众化妆品占据开架商场的柜台，而高档化妆品如赫莲娜(HR)、兰蔻(LANCOME)则在中高端百货或机场免税店中销售，薇姿(VICHY)等以药妆出名的品牌则放入药房出售，欧莱雅的专业染发则遍布大中城市。各类产品把整个化妆品高中低线市场都铺盖得严严实实。

2. 目标市场(Targeting)

市场营销学家卡迈锡提出应当把消费者看成一个特定的群体，并将其转化为目标市场。通过市场细分，有利于明确目标市场；通过市场营销策略的应用，有利于满足目标市场的需要。目标市场即为时尚品牌瞄准的目标群体，是具有相似需求特征的顾客群体。目标市场一般运用以下三种策略：无差别性市场策略，就是企业把整个市场作为自己的目标市场，只考虑市场需求的共性，而不考虑差异性；差别性市场策略，即把整个市场细分为若干个子市场，针对子市场设定不同的营销方案，满足不同的消费需求；集中性市场策略，即在细分后的市场上，选择少数几个细分市场作为目标市场，实行专业化生产和销售。选择适合本企业的目标市场策略是一个复杂多变的工作。企业内部条件和外部环境在不断发展变化，经营者要不断通过市场调查和预测，掌握和分析市场变化趋势与竞争对手的条件，扬长避短，发挥优势，把握时机，采取灵活的适应市场态势的策略，争取较大的利益。

3. 市场定位(Positioning)

市场定位是指企业针对潜在顾客的心理进行营销设计，创立产品、品牌或企业在目标顾客心目中的某种形象或某种个性特征，保留深刻的印象和独特的位置，从而取得竞争优势。市场定位是20世纪70年代由美国学者阿尔·赖斯提出的一个重要营销学概念。市场定位即为企业根据目标市场上同类产品竞争状况，针对顾客对该类产品某些特征或属性的重视

Market positioning refers that company makes marketing design according to psychology of potential customers, creating a certain image or certain personality characteristics of products, brands or enterprises in the target customers' minds, retaining a deep impression and unique position, thus achieving a competitive advantage. Market positioning is an important marketing concept proposed by American scholar Al Rice in the 1970s. Market positioning means that the company pays attention to the certain characteristics of the products in the target market according to the competition status of similar products in the target

程度，为本企业产品塑造强有力的、与众不同的鲜明个性，并将其形象生动地传递给顾客，求得顾客认同。市场定位的实质是使本企业与其他企业严格区分开来，使顾客明显感觉和认识到这种差别，从而在顾客心目中占有特殊的位置。市场定位中所指的产品差异化与传统的产品差异化概念有本质区别，它不是从生产者角度出发单纯追求产品变异，而是在对市场分析和细分化的基础上，寻求建立某种产品特色，因而它是现代市场营销观念的体现。

market, and creates a strong and distinctive personality for the company's products, vividly displays its image, and pass to the customer and seek customer recognition. The essence of market positioning is to make the company and other companies strictly differentiated, so that customers clearly feel and recognize this difference, thus occupying a special position in the customer's mind. The product differentiation referred to in the market positioning is essentially different from the traditional product differentiation concept. It is not simply pursuing product variation from the producer's point of view, but seeking to establish some kind of product features based on market analysis and segmentation. So it is the embodiment of modern marketing concepts.

（二）目标消费者及其生活方式的图像表述(Image Representation of Target Consumers and Their Lifestyles)

目标消费群是指企业在制订产品销售策略时，所选定的消费群体构成。生活需求强调了功能性，时尚需求则指在符合着装生活需求的条件下，追求和表现自己的个性。展示个性美的着装需求，是美的需求范畴。消费者都试图在满足生活需求的前提条件下，通过着装打扮塑造出不同风格形象，展示不同风格的美。每个人对着装美的认知、流行的采纳、着装的风格的体现、品位等都各不相同。因此，服装风格、服装感性心理、服装品位及审美和服装流行变化等

The target consumer group refers to the composition of the consumer groups selected by the company when formulating the product sales strategy. The demand of life emphasizes the functionality, and the fashion demand refers to the pursuit and performance of individuality in the conditions that meet the needs of the life of the dress. The dressing needs showing beauty of individuality are the category of beauty needs. Consumers are trying to create different styles of image and show the beauty of different styles under the premise of satisfying the needs of life. Everyone has different perceptions of dress beauty, fashion adoption, dress style, taste and so on. Therefore, clothing style, clothing sensibility, clothing taste and aesthetics and fashion trends constitute the

构成了时尚需求分析的核心要素。时装品位及审美，则指不同的人对服装的审美趣味及对流行的感受能力、辨别能力，是不同的人对时尚美的反应态度、审度能力，衡量人们对流行的采纳程度。服装流行变化即流行趋势，是服装企业商品企划、产品开发、商家进货计划的有力依据。

core of fashion demand analysis. Fashion taste and aesthetics refer to the aesthetic tastes of different people and the ability of recognizing and discerning the fashion. It is the attitude of different people on fashion beauty, the ability to examine, weighing the degree of adoption of fashion. Changes in fashion is the fashion trend, which is a strong basis for apparel companies' product planning, product development, and merchant purchase plans.

消费者定位首先对顾客的基本类型进行划分，对选定的顾客群体进行分析，了解他们的生活方式、消费习惯、身份地位、生活空间等生活需求，根据分析推断顾客群体的审美观念、消费动机、品牌意识、流行敏感度等时尚需求，以及顾客的品牌观念、生活方式、文化品位、个性风格、价值取向、消费动机等共性特征，最终确定目标顾客群体着装需求。

第四节 预测主题的形成过程与内容 Formation Process and Content of Theme Forecasting

预测主题的形成过程与内容需要借助专业趋势板的布局、整合、解析等步骤，才能对外向市场和企业发布。趋势板的重要性在于从科学性和艺术性的角度，寻找新鲜的和创新的想法并寻找灵感、趋势和信号。

The formation process and content of theme forecasting require the layout, integration, and analysis of professional trend boards to be released to the market and enterprises. The importance of the trend board is to find fresh and innovative ideas and find inspiration, trends and signals from a scientific and artistic perspective.

一、趋势板布局(Trend Board Layout)

趋势板的布局影响着观看者对于预测所要传达信息和意义的理解。趋势板可以纵向或横向展示。视觉中心将会是观看者开始

The layout of the trend board affects the viewer's understanding of the information and meaning to be predicted. The trend board can be displayed either vertically or horizontally. The visual center will be

浏览的位置(信息解读的方式与过程),因此我们要将代表了主题的最重要的部分放置在焦点位置。

where the viewer starts browsing (the way and process the information is interpreted), so we have to place the most important part of the theme at focal position.

通过将布局分为不同的板块,来制造多个焦点和动态视图。布局的构造基于基础的图形概念:格子所提供的架构用于杂志和书本,建立群组能够定义物品之间的关系,而高亮的线路展现了两个物体之间的视觉上的运动。

一个流行预测趋势板包括展示中所有的视觉性环节:主题、颜色、材料和织物(面料)。每一个环节的外观会出现在趋势板不同的位置。考虑所处位置、空间位置、色彩之间的关系,并开始勾勒一个具有视觉吸引力同时能够有效传达信息的布局。

A predictive trend board will include all the visual aspects: themes, colors, materials, and fabrics. The appearance of each stage will appear at different locations on the trend board. Consider the relationship between location, spatial location, and color, and begin to outline a layout that is visually appealing as well as effective to convey information.

二、趋势板文字内容(Trend Board Text Content)

文字和字体是能够连接文本的主题概念的工具,情绪看板是通过调整它的尺寸、字体样式和特效来创造的。需要选择易辨认的字体、适当的间距,与主题相辅相成的展示类型。需要结合图像等视觉信息,补充对应主题的标题和描述该故事的关键字。但不要在演示文稿的视觉部分中包含过多的文字信息。

The choice of glyphs and fonts that can be connected to main concept text, emotional board is created by adjusting its size, font style and effects. You need to choose an easy-to-read font, an appropriate spacing, and a type of presentation that complements the theme. It is necessary to combine visual information such as images to supplement the title of the corresponding topic and describe the keyword of the story. But don't include too much text in the visual part of the presentation.

三、背景和颜色(Background and Color)

策划趋势预测板的背景,确保它能提升整个主题。添加到演示板上的边框、背景和装饰元素通常有助于支持主题的表述。例如,一个浪漫的主题可能会通过

Plan the background of the trend prediction board to make sure it enhances the entire theme. Borders, backgrounds, and decorative elements added to the board are often helpful in supporting the presentation of the theme. For example, a romantic

使用象牙花边、花卉、珍珠等元素来表现。

theme may be achieved through the use of ivory lace, flowers and other elements.

四、主题板的整合(Integration of Theme Board)

主题板是趋势预测的第一块版面,主题板需要对趋势主题进行一定的阐释,并花时间仔细观察所选的图像,探索主题想要引起的情绪和意义,选择最鼓舞人心的主题形象作为演示的重点。图像是表述的焦点。确保所选主题图片传达了项目的故事和气氛,探索每一个图像、颜色、形状或线条及其与主题的关系。

The theme board is the first section of trend forecasting, the theme board needs to explain the trend theme, take time to carefully observe the selected images, explore the emotions and meanings that the theme wants to generate, and choose the most inspiring theme. The image is the focus of the presentation. Make sure the selected theme image conveys the story and atmosphere of the project. Explore each image, color, shape, or line and their relationships with the theme.

评估图像的重要性和清晰度,并将最重要的图像置于主导地位。选择适当的字体样式,标题的大小和颜色。将主题的标题放在第一个板上,包含标语和语气词在内的额外的文本也可以被放在第一个板上。

Evaluate the importance and definition of the image and place the most important image in the leading position. Choose the appropriate font style, the size and color of the title. Place the title of the theme on the first board, and additional text, including slogans and modal particles, can also be placed on the first board.

五、趋势核心内容(Trend Core Content)

(一)色彩板(Color Board)

色彩板需要对颜色进行一定的规划和布局。颜色的表现方法可以是纸标签、油漆芯片、纱线、面料小样或各种各样的零部件设计组合。为了使色板中每个颜色有相等值,要把色彩标签剪切成统一的大小与形状。如果调色板包含主导性的颜色选择和作为强调

Color board needs the layout of color selections. The expression of color can be paper tabs, paint chips, yarns, fabric swatches or a variety of component design combinations. Cut the color tabs into consistent sizes and shapes to give equal value to each color in the palette. If the palette contains a selection of colors that are the predominant ones and additional colors that are planned, as accents, the color tabs can be cut

的附加颜色，颜色标签可以被剪切成特殊的尺寸来区分，利用比例作为视觉指南。用颜色放置和颜色排列顺序进行实验。这种安排可以改变人们对于色彩板的色彩感知。

into special sizes to differentiate them, using proportion as a visual guide. Experiment with the color placement and the order in which the colors are placed. The arrangement can change people ' s perception of the palette.

可以通过在网站上选择颜色或者下载颜色图像来创造一个数字化的色彩故事。许多预测公司提供色彩图书馆，提供收集和操纵色彩故事的地方。圆形、正方形等形状可以用来填充颜色来代表颜色选择。给颜色命名可以暗示并传达主题，所以要谨慎选择色彩名称。考虑支持主题的颜色名称的种类。使用已经建立的颜色识别系统，例如彩通。其中，色彩的序号通常被指定与颜色选择相对应。因此要为颜色板标注色彩的名称或者国际通用色彩序号（如彩通色卡）。（见图 8-11）

图 8-11　色彩看板示例

（二）面料板（Fabric Board）

为了对流行趋势进行预测，需要收集织物与面料的样本。首先，将样本裁剪得整洁干净。为了裁剪的方便，面料可以被放置在衬垫上。使用锯齿剪刀可以给面料加一些装饰性的边缘。将面料折叠，并在装填时留边，这样就可以感受和触碰面料。

Begin the layout of the swatches collected to represent the textiles and materials for the forecast. Firstly, cut the swatches neatly and consistently. The fabrics can be mounted onto a backing to make cutting easier. Pinking shears can be used to add a decorative edge to the swatches. Fabrics can be folded and then mounted leaving the edge

创造一个电子版本的面料预测，必须要对这些样本进行拍照或扫描，并将其放置在面料预测当中。在电子展示中，观众是无法触碰面料的，所以这些实物面料要被提供以用于进一步的观测。如果预测结果样板被送到展览会上，这些真实的织物、材料、装饰和调查结果的样本能够在观览过程中被传递。一个色环或者一个色卡对于小部分观众来说会有很好的效果，也可以在展览结尾设置一个展示板来让观众对样本有更直观的感受。

loose so that the fabrics can be felt and touched.

To create a digital textiles and materials forecast, the swatches must be photographed or scanned, then included in the forecast. In a digital presentation the swatches cannot be couched, so it is recommended that actual swatches are available for further inspection. If the forecast is delivered to an exhibition, swatches of the actual textiles, materials, trims and findings can be passed on. A swatch card works well for a small part of audiences. A presentation board can also be created so that the audience can look and feel the swatches the end of the presentation.

如图8-12所示，面料看板通过对样式名称、内容和结构对纺织品、材料、辅料进行标识，并确定用于创建图案、饰面和新颖特征的技术。无论从产品的面料感觉还是色彩体现上来说，都更加准确与直观地体现出产品所要表达的风格。另外，由于所展现的面料的形状大小不一、错综复杂并且有叠加关系，面料看板能更加直观地展现主题面料与辅料，还可以在面料板上附加关于所要使用面料的秀场效果图。

图8-12　面料看板

（三）造型板（Modeling Board）

从为照片和时装画进行排版布局开始，挑选照片，从中选取具有代表性的图片用于流行趋势预测。图片可以来自不同的时尚品类，例如首饰、工业设计品、家具设计类、建筑设计类、彩妆产品等。将照片按照不同的目标市场排列，例如女性用品、男性用品、儿童用品。图片来源也要不尽相同，秀场图片、街头摄影图片、杂志社编辑的图片均可。通过编辑，将图片制作得具有视觉冲击力，在此基础上图片可能需要进行重新裁剪和上色以便达到最佳的展示效果。

黑白的线稿或是平面图能添加至展示当中，它们可以表现出细节和形态的信息。插图可以是将手绘稿扫描，也可以运用Adobe Illustrator制作一个电子手绘图。当挑选好这些图片后，可以准备将它们放置在看板上。将这些图片剪切整齐或是将它们放置在电子版本的看板上，同时准备一个适合的模板。对于整个看板上的图片来说，在它们的边缘增加不同的颜色、纹样或是线条，可用于引导观看者的视线与注意力。

如图8-13所示，造型看板在廓形的处理上选用了黑白的线稿来更加直观地表现出服饰的细节和形态的信息，并且在廓形图上增加了面料的小样图案以更加方便与直观地表现服装的效果。在展示图片的环境中加入了秀场图片，使廓形更加一目了然并且贴近生活。另外，运用Adobe Illustrator来制作电子手绘图，也从另一方面体现了目标消费群体的年轻化。

图8-13　造型看板

第五节 小结 Summary

（1）流行预测的主题具有一个统一的、主观的中心思想，且中心思想将决定预测的信息内容。预测者的工作是确定当前社会中正在出现的新信息，了解正在助长文化转变的因素，思考这些新信息和转变的相关性并通过预测主题传达未来的可能结果。预测者创造了各种各样的主题来抓住当代文化的脉搏，并通过说明新的创意概念和解决方案来进行预测。这些主题可以转化为企业或市场的设计产品和营销理念。

（2）灵感源（Inspiration）指带来设计思路的某一事物或视觉符号等。时装折射时代信息，每一个时代的杰出设计师都将服装的设计与时代精神相融合。而设计来源于生活与周边的事物、社会、大自然。因此设计师的所想所见所思均能带来新的创作灵感与激情，比如时事、经济、政治、气候、名人影响以及当前的审美风格。

（3）预测主题的形成过程与内容需要借助专业趋势板的布局、整合、解析等步骤，才能对外

(1) A theme has a topic for a fashion forecast that has a unifying, dominant idea, and the central concept will determine the message of the forecast. The job of forecasters is to identify the emerging information in current society, understand what is fueling the cultural shifts, consider the relevance of the changes, and communicate possible outcomes in the future through theme forecasting. A forecaster creates various themes to capture the pulse of contemporary culture and predicts forward by illustrating creative concepts and solutions. These themes can be translated into design and merchandising ideas of companies or markets.

(2) Inspiration refers to something or visual symbol that brings design ideas. Clothing reflects the information of the times, and the outstanding designers of each era have integrated the design of clothing with the spirit of the times. The design comes from life and the surroundings, society, and nature. Therefore, the designer's perspectives ideas and insights can bring new creative inspiration and passion. Some of the factors that are influential are current events, economy, politics, climate, celebrity influences, and current aesthetic style.

(3) The formation process and content of theme forecasting require the layout, integration, and analysis of professional trend boards to be released to the

向市场和企业发布。趋势板的重要性在于从科学性和艺术性的角度，寻找新鲜的和创新的想法并寻找灵感、趋势和信号。

market and enterprises. The importance of the trend board is to find fresh and innovative ideas and find inspiration, trends and signals from a scientific and artistic perspective.

第六节 思考与讨论 Thinking and Discussion

（1）分析一种当下趋势，结合消费者，就主题、色彩、面料、外观与廓形等元素分别完成提案。

（2）本章指出的趋势板在趋势与信息展示中起到什么样的作用？除了趋势板，还有哪些部分共同构成一套完整的趋势展示？

（3）结合最终作业，谈谈如何从艺术、排版、风格、文字等多个角度准确地阐述结合目标消费群体的趋势预测。

（4）流行趋势预测中的"灵感源"指什么？

参考文献

Reference

[1]BROOKLYN MUSEUM. The House of Worth [M]. New York: Brooklyn Museum, 1962.

[2]DIANA DE MARLY. The History of Haute Couture, 1850-1950 [M]. England: Batsford Ltd, 1980.

[3]DIANA DE MARLY. Worth: Father of Haute Couture [M]. England: Elm Tree Books, 1980.

[4]MICHAEL R. SOLOMON, NANCY J. RABOLT. Consumer Behavior in Fashion [M]. London: Prentice Hall, 2009.

[5]AMY DE LA HAYE. The House of Worth: Portrait of an Archive 1890-1914 [M]. London: Victoria & Albert Museum, 2014.

[6]www.catwalkyourself.com.

[7]www.vam.ac.uk.

[8]www.wgsn-edu.com/edu/.

[9]www.style.com.

[10]www.showstudio.com.

[11]www.vogue.com.

图书

[1]李当岐．服装学概论[M]．北京:高等教育出版社,1990.

[2]包铭新．世界名师时装鉴赏辞典[M]．上海:上海交通大学出版社,1991.

[3]张乃仁．外国服装艺术史[M]．杨蔼琪,译．北京:人民美术出版社,1992.

[4]李当岐．西洋服装史[M]．北京:高等教育出版社,1998.

[5]包铭新．时髦辞典[M]．上海:上海文化出版社,1999.
[6]卢里．解读服装[M]．李长青,译．北京:中国纺织出版社,2000.
[7]凯瑟．服装社会心理学[M]．李宏伟,译．北京:中国纺织出版社,2000.
[8]Rita Perna. 流行预测[M]．李宏海,王倩梅,洪瑞璘,等,译．北京:中国纺织出版社,2000.
[9]何晓佑．未来风格设计[M]．苏州:江苏美术出版社,2001.
[10]彭永茂,王岩．20世纪世界服装大师及品牌服饰[M]．吉林:辽宁美术出版社,2001.
[11]派恩,吉尔摩．体验经济[M]．夏业良,鲁炜,等,译．北京:机械工业出版社,2002.
[12]王受之．世界时装史[M]．北京:中国青年出版社,2002.
[13]杜歇．风格的特征[M]．司徒双,完永祥,译．北京:生活•读书•新知三联书店,2003.
[14]华梅．服装美学[M]．北京:中国纺织出版社,2003.
[15]周庆山．传播学概论[M]．北京:北京大学出版社,2004.
[16]黄元庆．服装色彩学[M]．北京:中国纺织出版社,2004.
[17]冯泽民,刘海清．中西服装发展史教程[M]．北京:中国纺织出版社,2005.
[18]李银河．女性主义[M]．济南:山东人民出版社,2005.
[19]诺克林．女性,艺术与权力[M]．桂林:广西师范大学出版社,2005.
[20]文洁华．美学与性别冲突[M]．北京:北京大学出版社,2005.
[21]高宣扬．流行文化社会学[M]．北京:中国人民大学出版社,2006.
[22]施拉姆．传播学概论[M]．北京:北京大学出版社,2007.
[23]戈夫曼．日常生活中的自我呈现[M]．北京:北京大学出版社,2008.
[24]王恩铭．美国反正统文化运动[M]．北京:北京大学出版社,2008.
[25]陈彬．时装设计风格[M]．上海:东华大学出版社,2009.
[26]海德里希．时尚先锋香奈儿[M]．北京:中信出版社,2009.
[27]张法．中西美学与文化精神[M]．北京:中国人民大学出版社,2010.
[28]唐建光．时尚史的碎片[M]．北京:金城出版社,2011.
[29]武汉纺织大学传媒学院．时尚与传播评论[M]．武汉:湖北人民出版社,2012.
[30]杨道圣．时尚的历程[M]．北京:北京大学出版社,2013.
[31]赵春华．时尚传播学[M]．北京:中国纺织出版社,2014.
[32]陈少峰,赵磊,王建平．中国互联网文化产业报告[M]．北京:华文出版社,2015.
[33]王梅芳．时尚传播与社会发展[M]．上海:上海人民出版社,2015.
[34]张星．服装流行学[M]．北京:中国纺织出版社,2015.

附　录

Appendix

附录一 教学大纲
Syllabus

一、课程教学目标(Course Objective)

“服装流行与时尚传播”是一门关于过去、现在、未来流行解读,分析当下服装流行预测及其发展轨迹的课程。课程探讨各类当下流行现象与热点时尚问题,并分析其所产生的社会、文化背景,与各类流行现象匹配的艺术现象、人文思潮。结合服装史与流行演变的过程阐述,探讨影响流行趋势走向的诸多因素。学生通过课程学习能够提升艺术修养与对流行、时尚的理解。学习本课程的目的和任务是:通过教师讲解相关理论知识,学生将学习趋势预测的系统与方法。学生通过学习和理解上传理论、下传理论、水平传播理论等相关流行传播理论,理解时尚行业的运作机制与相关成员。本课程基于实践经验和方法论,解释和模拟服装流行趋势的分析与预测的流程与方法。课程内容包括色彩、面料、廓形、生活方式、社会趋势等多方面,从历史角度分析每一时期流行现象如何影响消费者,并进一步总结流行趋势的内在规律与整体趋向。

“Fashion dissemination and communication” is a course about interpretation of the past, present and future, and it also analyzes the current fashion forecasting and its development. The course explores the current popular phenomena and hot fashion issues, and analyzes the social and cultural backgrounds, and artistic phenomena and humanistic trends that are compatible with all kinds of fashion phenomena. Combining the history of clothing and the evolution of fashion, the course discusses the factors that influence the trend of fashion. Graduate students can enhance their artistic accomplishment and their understanding of fashion through the curriculum studies. The purpose and task of this course is that students will study the system and method of trend forecasting by explaining the relevant theoretical knowledge. Students will understand the fashion industry ’ s operation mechanism and related members by studying Bubble up Theory, Trickle down Theory and Horizontal Transmission Theory. This course is based on practical experience and methodology to explain and simulate the processes and methods for the analysis and prediction of fashion trends. Courses include color, fabric, silhouette, lifestyle, social trends and many other aspects. The course analyzes how fashion of each period affects consumers, and further summarizes the internal trends and overall trends of fashion trends from the historical point of view.

(一)知识目标(Knowledge Objectives)

课程目标1:通过学习本课程,构架学生对时尚体系的理解与流行趋势预测的相关基础知识。

Course Objective 1: Frame students' understanding of fashion system and basic knowledge of fashion trend prediction by learning.

课程目标2:了解色彩基本知识与趋势发展轨迹,运用流行生命周期理论和流行预测方法完成一份包括品牌目标消费群、生活方式解读、趋势元素组合(主题、色彩、廓形、面料)等内容在内的提案。

Course Objective 2: Understand the basic knowledge and development trend of color, and complete a brand proposal about target consumer group, life style interpretation, combination of trend elements (theme, color, shape, fabric etc.) by using the fashion life cycle theory and fashion forecasting method.

课程目标3:通过各个历史时期流行现象与流行元素的解读,理解1900年至今的流行发展轨迹。对维多利亚女王时期、爱德华时期等各个历史时期的流行进行剖析,并进一步联系当下热点问题,归纳特定历史时期的社会思潮、艺术现象、文化现象、生活方式与流行演变的内在联系。

Course Objective 3: Analyze the trend during the Queen Victoria's Period, the Edward Period and other historical periods, and sum up internal relations of a specific historical period of social thoughts, art phenomena, cultural phenomena, life styles and fashion development path through the evolution of the various historical periods of fashion phenomena and fashion elements of interpretation since 1900 by further contacting the current hot issues.

课程目标4:掌握如何归纳与提炼符合品牌需求与目标消费群特质的流行趋势方案,学生将理解如何利用流行趋势增加服装产品竞争力,了解品牌定位、定价与时尚生命周期间的关系。

Course Objective 4: Grasp how to summarizes the project of fashion trend in accordance with the needs of the brand and the target consumer group characteristics, students will understand how to use the trend to increase the competitiveness of apparel products, understand the relationship between brand positioning, pricing and fashion life cycle.

课程目标5:完成有目的的设计实践练习,培养良好的动手能力、分析能力和归纳能力。

Course Objective 5: Complete purposeful design practice exercises and develop good hands-on, analytical and inductive skills.

(二)素质目标(Capability Objectives)

课程目标6:培养主动参与课程学习的积极性,充分发挥在线课程优势。

Course Objective 6: Develop an initiative to participate in the course and take advantage of the online course.

课程目标7:具备从流行解读、灵感创意到实践操作的应用素质,能从美学语言分析入手,结合设计目的对创作素材做深入分析评价的素养,对创意主题、风格和感度有一定的认识,具备现代创意思维和设计拓展素质。

Course Objective 7: Have a certain understanding of creative themes, styles and sensitivities and possess the modern creative thinking and design development qualities from the perspective of aesthetic language, combining with the design objective in-depth analysis and evaluation on the quality of creative material, creative theme, style and sense of a certain degree of understanding, possess the qualities of modern creative thoughts and expanding design.

二、课程教学内容(Course Content)

教学内容1:服装流行的基础知识

Teaching Content 1: Basic knowledge of fashion trend

参考学时:6学时

Reference Class Hours:6

学习目标:

通过详解服装流行趋势的核心元素,让学生掌握追踪流行趋势,了解预测和分析流行趋势的渠道。分别从大众生活角度和专业角度,探讨获取未来时尚流行咨讯的方法与途径,解读风格、时尚、流行的差异、联系与内在逻辑。

Study Goal:

By learning the core elements of the fashion trends, students should be able to track trends, understand and predict trends. From the perspective of public life and profession, discuss the consultation methods to get future fashion information, and analyze the differences, connections and internal logic between style, trend and fashion.

分别从大众生活角度和专业角度探讨获取未来时尚流行咨讯的方法与途径,并通过对优秀学生作业进行讲评以查漏补缺。最后,解读风格、时尚、流行的差异、联系与内在逻辑,带领学生到时尚店铺中分析品牌如何根据自身定位,结合流行趋势,更好地实现品牌价值。将理论与实际联系,加深学生对课堂上所讲知识点的理解,提升学生动手能力和学习兴趣。

From the perspective of public life and profession, discuss the consultation methods to get future fashion information. Finally, interpret the differences, connections and internal logic between style, trend and fashion, lead students to analyze the brand in the fashion shop, teach them how to achieve the brand value better according to their self-positioning and the trend. By this way, we can link theory with practice, deepening students' understanding of what they are talking about in class, and improving students' practical ability and interest in learning.

课程内容:

1. 时尚的定义(流行的定义);

2. 时尚流行的元素:颜色、面料、廓形、细节和图案;

3. 如何获得时尚流行信息——预测流行趋势的方法;

4. 风格、流行与时尚;

5. 课外实践——现场指导学生在卖场中寻找当季的时尚风格;

6. 各种流行预测的方法、流行体系、预测流行体系中的公司的方法;

7. 结合波浪理论,探讨色彩循环现象,并将趋势预测与市场应用、价格、品牌对接,进一步探讨流行生命周期与价格、消费者流行感知之间的内在关系。

Content:

1. The definition of fashion;

2. The elements of fashion: color, fabric, silhouette, details and pattern;

3. How to get fashion information—the methods of fashion trending;

4. Style, trend and fashion;

5. Extracurricular practice—to guide students looking for the season's fashion style in the store;

6. Various fashion trend forecasting methods, fashion systems, and methods of forecasting the fashion system;

7. Combining with wave theory, explore color cycle phenomenon, and link trend forecasting with market application, price and brand to further explore the inherent relationship between fashion life cycle and price, consumers' fashion perception.

教学内容2:色彩理论与色彩流行

Teaching Content 2: Color theory and color trend

参考学时:6学时

Reference Class Hours:6

学习目标:

通过分析色彩理论知识,对流行色彩的发现、发展、被新的流行色取代等环节与过程进行分析。结合品牌市场定位的划分,重点解读当前流行发展轨迹,探讨流行的未来发展方向。

Study Goal:

Analyze the steps and process of fashionable color discovery, development and alternation by analyzing the knowledge of color theory. Combined with the division of brand market positioning, this course focuses on the current development track of trend, and explores its future direction.

课程内容:

1. 通过图表和案例分析结合的教学方式,梳理与归类当前各种品牌流行趋势,帮助学习者理解流行的内涵;

2. 从色彩心理学、色彩地理学角度,从消费者的流行选择与文化视角探讨不同文化背景、区域消费者之间的色彩感知差异;

3. 借助微信、微博等现代通信技术,进行移动端的在线授课服务;

4. 通过小组讨论的方式确定调研品牌,利用现场讨论,以及进行课外实践;

5. 充分利用网络资源,将课程和网络资料充分结合,更好地实现本课程的普及并扩大受众面;

6. 课堂上安排分组讨论,学生自行结合品牌及其定位归纳流行提案,进行组间分享,或者邀请企业资深人员参与教学研讨等。

Content:

1. Through the combination of chart and case analysis, sort out and categorize current fashion trends of various brands to help learners understand the connotation of fashion;

2. From the perspectives of color psychology and color geography, explore the differences in color perception between different cultural backgrounds and regional consumers from the perspectives of fashion choices of consumers and culture;

3. With the use of modern communication technologies such as WeChat, Weibo, and so on to provide online teaching services on the mobile terminal;

4. Identify the research brand through group discussion, use on-site discussion, and conduct extracurricular practice;

5. Make full use of network resources and fully integrate the curriculum and network

materials to better realize the popularization of the course and expand the audience;

6. Arrange group discussions in the class. Students can combine the brand and its positioning to summarize fashion proposals, and share between groups, or invite senior staff to participate in teaching discussions.

教学内容3:服装史与流行的演变

Teaching Content 3: History of Costume and the evolution of trend

参考学时:10学时

Reference Class Hours:10

学习目标:

结合服装史,理解每一时期的流行趋势与时代精神,并分析当代品牌对每一时期流行的利用与再现。结合历史中出现的流行,当下流行元素,判断未来的流行走向与内在发展规律。

Study Goal:

Combine the history of costume to understand the zeitgeist and trend of each period, and analyze the use and reappearance of fashion in each period. Then determine the trend of the future and the law of internal development by combining the fashion in history with the current popular elements.

课程内容:

1. 探讨服装史与流行演化的关系,以及当代服装设计师的借鉴与再现;
2. 当代艺术对服装与流行产生的影响;
3. 时代精神与流行;
4. 当代设计师品牌与新趋势。

Content:

1. Exploring the relationship between clothing history and fashion evolution, as well as the reference and reappearance of contemporary fashion designers;
2. The impact of contemporary art on clothing and fashion;
3. The zeitgeist and fashion;
4. Contemporary designer brands and new trends.

教学内容4:流行趋势预测的方法与信息收集

Teaching Content 4: Trend forecasting methods and information collection

参考学时:6学时

Reference class hours:6

学习目标：

使学生了解流行情报的来源，学会通过各种渠道收集流行情报。介绍各类专业资讯网站，如First Style、WGSN、Fashion Snoop、Pantone等。

Study Goal:

Enable students to understand the sources of trend information and learn to collect it through various channels. Introduce all kinds of professional information websites, such as First Style, WGSN, Fashion Snoop, Pantone, etc.

课程内容：

1. 几类当今主流专业趋势预测机构的工作方法与呈现内容的横向比较；

2. 通过发展视角比对流行色发展的整体演进过程，进而推断后续的发展方向；

3. 对流行资讯收集的来源进行归纳。除了一级、二级、三级市场信息，消费者信息，媒体信息，区域文化，新兴科技，相关行业信息外，还包括来自网红、街拍、社群、意见领袖的信息；

4. 品牌调研与流行的元素，流行的影响因素；

5. 流行趋势的主要参考网站与主体模块；

6. 消费者的流行采用与接受的时间；

7. 成为时尚中心的必要条件。

Content:

1. A horizontal comparison of the work methods and content of the mainstream professional trends forecasting agencies;

2. Compare the overall evolution process of the development of fashinable color through the development perspective, and then infer the subsequent development direction;

3. Summarize the sources of fashion information collection. In addition to primary, secondary, and tertiary market information, consumer information, media information, regional culture, emerging technologies, and related industry information, it also includes information from online celebrity, street snap, communities, and opinion leaders;

4. Brand research and fashion elements, fashion influencing factors;

5. The main reference website and main module of fashion trend;

6. The consumer's fashion adoption and acceptance time;

7. Necessary conditions for becoming a fashion center.

教学内容5：探讨流行

Teaching Content 5: Explore fashion

参考学时:4学时

Reference Class Hours:4

学习目标:

分析流行与时尚、文化、社会的关系,通过与实时信息的对接解读各类流行与社会现象,帮助学生理解隐藏在流行现象之下的本质问题。

Study Goal:

Analyze the relationship between trend and fashion, culture, society, to help students understand the essential problems under the fashionable phenomenon through analysing the relationship between fashion and social phenomena by linking them with real time information.

课程内容:

1. 分析如何通过跨界手段实现品牌流行度、潮流单品打造,形成品牌热议度;

2. 结合品牌分析社会、文化思潮等方面引发的流行现象;

3. 流行之都必备的条件:人口密度高、文化多元、经济政治条件等。

Content:

1. Analyze how to realize the brand popularity and trend single product creation through cross-border means to form a brand hot discussion;

2. Analyze the fashion phenomenon caused by society and cultural thoughts;

3. The necessary conditions for the popular capital: high population density, cultural diversity, economic and political conditions, etc.

教学内容6:影响流行的因素

Teaching Content 6: Factors affecting the fashion

参考学时:4学时

Reference Class Hours:6

学习目标:

作为一种复杂的社会现象,流行体现了整个时代的精神风貌,并与社会变革、经济兴衰、文化思潮、自然环境紧密相连。第六章的课程内容强调分析社会、文化、心理、自然等影响流行的因素,以及在各个历史阶段,这些因素如何从各个方面影响人们的生活方式与思维方式、审美观等。

Study Goal:

As a complex social phenomenon, fashion embodies the spirit of the times, or zeitgeist, and is closely related to social change, economic prosperity, cultural trends and the natural environment. This chapter emphasizes social, cultural and psychological factors which has influenced fashion, and how they influence people's ways of thinking, aesthetic values from all aspects in each historical stage .

课程内容：

1. 纵观人类服装发展史，每一次服装的流行变迁都映射出当时的时代特征与社会变化的轨迹。各个历史时期的政治运动、经济发展、科技进步及文化思潮的变化都可以在服装流行中以不同的面貌特征反映。

2. 虽然一个时代的政治因素是造成流行的外部因素，但它直接影响到人们的生活观念、行为规范，促使人们的着装心理和着装方式与之协调。

3. 每个时代都有反映该时代精神特征的艺术风格和艺术思潮，它们都在不同程度上影响着该时代的服装风格和人们的生活方式。历史上有哥特式、巴洛克、洛可可等艺术风格，其精神内涵都反映在人们的衣着服饰中。

4. 人们有意识或无意识地受到流行的影响并产生一些微妙的心理反应，同时，正是这些心理反应使服装流行不断地向前发展。主导人们流行心理的因素很多，包括爱美心理、从众心理、求异心理等。

5. 地域和自然环境的不同，使服装形成和保持了各自的特色。从世界的服装发展过程来看，都是顺应本地域的自然环境和条件而发展的。自然因素主要包括地域因素和气候因素。

6. 任何一种流行现象都是在一定的社会文化背景下产生和发展的，也受到文化观念的影响和制约。

Content:

1. Throughout the history of human clothing development, each fashion change has mapped the characteristics of the times and the trajectory of social changes. The political movement, economic development, scientific and technological progress and cultural trends of thought in different historical periods can be reflected in different features in clothing fashion.

2. Although the political factors of an era are the external factors that cause fashion, it directly affects people ' s life concepts and behavioral norms, and promotes people ' s dressing psychology and dressing methods to coordinate with them.

3. Each era has artistic styles and artistic trends that reflect the spiritual characteristics of the times, they all influence the clothing style and people ' s lifestyle of the era to varying degrees. Historically, there are Gothic, Baroque, Rococo and other artistic styles, and their spiritual connotations are reflected in people's clothing.

4. People are consciously or unconsciously influenced by fashion and produce some subtle psychological reactions. At the same time, due to these psychological reactions, the fashion trend is constantly moving forward. There are many factors that lead people's fashion psychology, including aesthetic psychology, herd mentality, and psychology of seeking difference and so forth.

5. The differences of regions and natural environment make the garments form and maintain their own characteristics. From the perspective of the world's garment development process, it is developed in accordance with the natural environment and conditions of the local domain. Natural factors mainly include geographical factors and climatic factors.

6. Any popular phenomenon is produced and developed under a certain social and cultural background, and is also influenced and restricted by cultural concepts.

教学内容7:当代艺术、服装与流行

Teaching Content 7: Contemporary art, costume, and fashion

参考学时:6学时

Reference Class Hours:6

学习目标:

归纳20世纪以来的艺术流派及其对服装流行的影响。分析各艺术流派当下的流行表现。启发学生结合艺术、文化、商业思考和理解流行现象。

Study Goal:

Sum up the art schools since twentieth century and their influence on clothing fashion. Analyze the trend of art schools at present. Inspire students to think and understand fashion, combining art, culture and commerce.

课程内容:

1. 20世纪以来的艺术流派及其对服装流行的影响;

2. 波普艺术打破了1940年代以来抽象表现主义艺术对严肃艺术的垄断,开拓了通俗、庸俗、大众化、游戏化、绝对客观主义创作的新途径;

3. 抽象艺术的出现完全消除了古典主义强调主题写实再现的局限,把艺术的基本元素——形式、色彩、线条、色调、肌理作为具有本身独立意义的元素,并把这些元素进行抽象整合,创造出抽象的形式,因而突破艺术的界限;

4. 极简主义艺术主张非常少的形式主题,强调艺术创作必须通过精心设计,必须具有周密的计划,相信艺术是要通过高度的专业训练而得出的结果。

Content:

1. The art genre since the twentieth century and its influence on fashion;

2. Pop Art broke the monopoly of abstract expressionist art on serious art since the 1940s, and opened up new ways of popularity, vulgarity, massification, gamification, and absolute objectivism;

3. The emergence of abstract art completely eliminates the limitations of classicalism's emphasis on the realistic reappearance of the theme. The basic elements of art—form, color, line, color, and texture—are elements of their own independence, and these elements are abstractly integrated to create an abstract form that breaks the boundaries of art;

4. Minimalist art advocates very few formal themes, emphasizing that artistic creation must be carefully designed and must have a careful plan, believing that art is to be the result of a high degree of professional training.

教学内容8:流行趋势的发展与视觉表述

Teaching Content 8: The development of fashion trend and its visual expression

参考学时:4学时

Reference class hours:4

学习目标:

本单元学习使学生基本掌握流行主题形成与提炼的方法,通过图片收集、组织、分析与主题预测,结合具体品牌完成概念主题、组织与表述的训练。

Study Goal:

In this chapter, students can master the methods of forming and refining the fashion theme. They can complete the training of the concept, theme, organization and expression through collecting, organizing, analyzing and predicting the theme, combining the specific brand.

课程内容:

1. 流行接受理论;

2. 趋势的视觉表述;

3. 如何从艺术、排版、风格、文字的多个角度准确地阐述;

4. 流行趋势的发展与表述;

5. 作业的点评。

Content:

1. Fashion acceptance theory;

2. Visual representation of trends;

3. How to present from the perspective of art, composing, style and word;

4. The development and expression of fashion trends;

5. The review of the work.

三、教学方法(Teaching Method)

1. 案例式教学和课题式教学贯穿始终,课程中涉及大小案例近百个。课程以流行资讯知识为主线,将大小案例串连起来,每个案例都像珍珠项链中的一粒,单看精美小巧,连在一起恢宏华丽。此外,精选的案例既有广度,也有深度。课程中提到的国内外时尚品牌逾200个,详细分析的有50多个。这些时尚品牌分属高级定制、奢侈品、快时尚、本土时尚设计师品牌及国内知名时尚品牌等,并结合热点,对奢侈品品牌和本土设计师品牌等进行详细分析。

1. Case-based teaching and topic-based teaching are throughout the course and nearly a hundred cases involved. The curriculum takes fashion information knowledge as the main line, and connects the cases with different sizes. Each case is like a pearl of pearl necklace. It is exquisite and small, but looks magnificent together. Besides, featured cases are full of both breadth and depth. More than 200 domestic and foreign fashion brands are mentioned in the course, among which more than 50 are analyzed in details. These fashion brands are divided into high-level custom, luxury, fast fashion, local fashion designer brands, well-known fashion brands and so on. And the course combining with hotspot, has a detailed analysis on the luxury brand and the local designer brand.

2. 课程设计充满各种节奏的变化:理论与实践、课内与课外、静态与动态。增强与学生的课堂互动,鼓励学生动手体验、动脑思考、动口交流,例如第二章中带领学生到时尚店铺中动手搭配时尚风格,并当场讲评,教学效果突出。

2. The curriculum is full of rhythmic changes: theory and practice, in class and out of class, static and dynamic. Enhance interaction with students in the classroom, encourage students to do hands-on experience, thinking and communication. For example, in chapter two, we take students to the fashion shop and encourage them to collocate with fashion style on their own, and we comment on the spot. The teaching effect is outstanding.

3. 将课程建设与信息技术深度融合。由过去单纯多媒体教学方式转变为多媒体教学、远程教学、视频教学与网络资源教学的多元化信息化教学模式。深度分析课程与多种信息技术手段的契合点,设定最佳结合方式,通过运用微课、慕课、翻转课堂等形式,增强授课体验,进一步发挥服装营销课程特色:将时尚与市场营销紧密结合。

3. It has a deep integration of curriculum construction and information technology. It

shifts from the past purely multimedia teaching method to a diversified and informational teaching mode, including multimedia teaching, distant teaching, video teaching and network resources teaching. With the deep analysis of the curriculum and a variety of information technology methods, we set a best combination, through the use of micro class, Mooc, flip the classroom and other forms, to enhance the teaching experience and to further develop the clothing marketing course characteristic: combining fashion and market closely.

4. 动手能力和实践能力是服装艺术设计专业的基本功训练。为了让学生能直观地进行本课程的学习，增加对创意选题的感性认识，多媒体手段的运用以及观摩作品是教学手段中的关键部分。

4. Practical ability is the basic skill training for students majoring in art and design. In order to enable students to learn this course intuitively, to increase the sensibility of creative topics, the use of multi-media means and the observation of works are the key parts of teaching devices.

5.《服装流行与时尚传播》教学方法上采用了案例式教学、课题式教学、现场动手实践教学等多种方法。运用实地操作、分组讨论、有奖竞赛、角色扮演、任务驱动等教学手段。

5. *Fashion Dissemination and Communication* adopt several teaching methods, such as case-based teaching, topic-based teaching, hands-on practice teaching. The teaching devices such as field operation, group discussion, prize competition, role playing and task driving are applied.

附录二　课程评分标准与作业要求

Evaluation Standards and Assignment Requirements

一、评分标准(Evaluation Standards)

考核方式或途径 Ways or Means of Assessment	考核要求 Assessment Requirements	考核权重 Assessment Weight	评估课程目标 Assess the Course Objectives
在线学习 Online Learning	及时在线观看课程 Watch the course online in time 相关视频 Related videos 考核标准1、5、8 Assessment criteria 1, 5, 8	20%	课程目标1、2、3 Course objectives 1, 2, 3

续表

考核方式或途径 Ways or Means of Assessment	考核要求 Assessment Requirements	考核权重 Assessment Weight	评估课程目标 Assess the Course Objectives
课堂表现 Classroom Performance	缺席需要提前请假 Ask for leave in advance if you are absent. 课堂提问回答准确 The questions in the classroom are answered accurately 积极参与课堂讨论评价。考核标准7、8、9 Actively participate in class discussion and evaluation. Assessment criteria 7, 8, 9	10%	课程目标5、6 Course Objectives 5, 6
章节测试 Chapter Test	2—3次 2—3 times 评价考核标准1、2、3、5 Evaluation criteria 1, 2, 3, 5	20%	课程目标1、2、3、4、6 Course objectives 1, 2, 3, 4, 6
参与论坛讨论 Participate in the Discussion Forum	考核标准1、2、3、5、6、7、8 Assessment criteria 1, 2, 3, 5, 6, 7, 8	10%	课程目标6 Course objectives 6
主观题(调研报告) Subjective Question (Research Report)	考核标准1、2、3、4 Assessment criteria 1, 2, 3, 4	10%	课程目标1、2、3、4、5、7 Course objectives 1, 2, 3, 4, 5, 7
课程作业 Course Assignment (期末测试)(Final Test)	按照教师给出的要求完成作业,数量、质量均达到要求。评价考核标准1、3、5、6、7、8、9、10 According to the requirements given by the teacher, the quantity and quality are up to the requirements. Evaluation criteria 1, 3, 5, 6, 7, 8, 9, 10	30%	课程目标1、2、3、4、5、7 Course objectives 1, 2, 3, 4, 5, 7

二、作业要求(Assignment Requirements)

1. 服装流行分析与预测市场调研作业(Assignment of Trend Analysis and Forecasting)

结合所拟定的目标消费群与参照品牌、竞争品牌,选择一个主流商场,通过图片与文字记录所观察到的目标品牌与消费者情况,完成市场调研报告。PPT形式,要求图文并茂。

Combining the proposed target consumer group with reference brand and competitive brand, select a mainstream shopping mall, and complete the market research report through the target brand and consumer situation observed through pictures and text records. The form of PPT requires illustrations and texts.

(1)色彩故事 Color stories

(2)服装廓形 Silhouettes

(3)面料 Fabrication

(4)店铺陈列 Layout of store

(5)音乐 Music

(6)消费者 Customers

(7)细节 Details

(8)整体店铺氛围 Atmosphere

(9)价格 Price points

2. 结合拟定目标群的趋势分析汇报(Trend Presentation Assignment Combining Target Consumer Group)

选择一个目标消费群,进行市场调研,对目标消费群的流行感知、价格、职业、生活方式进行分析,结合当季趋势,设计灵感主题,并完成款式、色彩、面料等方面的流行趋势设定。以PPT形式完成。

Select a target consumer group, conduct market research, analyze the fashion perception, price, occupation, and lifestyle of the target consumer group, combine the trend of the season, design the inspiration theme, and complete the trend setting of style, color, fabric, etc. Completed in PPT form.

请确认你的最终作业包括了以下内容:

(1)对目标消费群生活方式的描述,具体包括:她/他如何度过自己的闲暇时光,消费者购物场所、职业、受教育程度、消费观念、价值观念等。分析角度可以借鉴课程中提及的五种主要细分指标：地理、人口、行为、心理、地理人口等。注意目标消费者人像的选择需要足以代表一个消费群体。

（2）具体内容包括：色彩趋势、主题、灵感源、廓形、面料、目标消费者生活方式描述等。

（3）最后别忘记参考资料出处的罗列。

Make sure your final assignment includes the following:

(1) Describe the lifestyle of the target consumer group, including: how she/he spends his/her leisure time, shopping place, occupation, education level, consumption concept, value concept, etc. The analysis perspective can refer to the five main subdivided indicators mentioned in the course: geography, demography, behavior, psychology, geography, etc. Note that the target consumer portrait needs to be chosen to represent a consumer group.

(2) Specific contents include: color trend, theme, inspiration, silhouette, fabric, description of life style of target consumers, etc.

(3) Finally, don't forget to list the sources of reference.

附录三 流行趋势预测相关网站信息

Related Websites Information for Fashion Forecasting

1. http://www.fashionsnoops.com
2. http://www.wgsn.com
3. www.stylus.com
4. www.trendstop.com
5. www.edelkoort.com
6. www.peclersparis.com
7. www.doneger.com
8. www.fashionsnoops.com
9. http://trendcouncil.com
10. www.lesouk.com
11. blog.trendstop.com
12. www.trendtablet.com

13. http://www.steffysprosandcons.com/

14. http://flashesofstyle.blogspot.jp/

15. http://orchidgrey.blogspot.jp

16. www.larmoiredelana.com

17. www.lesberlinettes.com

18. www.ninistyle.net

A

ACETAE 醋酸面料

A manufactured, cellulosic fiber. Acetate is lustrous, smooth, and lightweight, but it has poor stability and elasticity and is not colorfast.

ACRYLIC 丙烯酸纤维

A manufactured fiber that often is a substitute for wool. It is less expensive than wool and has easier care requirements.

ANALOGOUS COLORS 近似色

Colors located close together on a color wheel.

B

BALANCE 平衡/对称设计

Balance is a state of equilibrium or equal distribution. A symmetrical design is equally balanced, or the same on each side, but an asymmetrical design is different on each side. An asymmetrical design can become balanced by adding details such as bolder shapes and colors to shift the balance.

BLEACHING 漂白

Bleaching is used to remove color from a fabric.

BLOGGERS 博主

Who post commentary or images about a particular subject on their blog.

BLOGS 博客

Frequented regularly by individuals who post text, images, videos, and links to other Web sites related to the topic of the blog. This interactive format gives the ability of participants to communicate about current trends and events.

BURN-OUT PRINTING 烂花印花

Burn-out printing is a process that uses a chemical to destroy fibers, creating a semi-transparent design.

C

CASUAL STYLE 休闲风格

That means comfortable, easy-to-wear garments. The style includes chino pants, relaxed shirts, and no ties for men, and yoga wear, and loose-fitting garments often layered or with comfort stretch added to woven fabrics.

CLASSIC 经典

A style that remains in fashion for a long time.

COLOR CYCLES 色环

They are shifts in color preferences and color repetition.

COLORFAST 不掉色

It refers to fabric that retains color.

COLOR FORECASTER 色彩预测人员

Who is a specialist in the research and development of color prediction and often is associated with a forecasting service or a fiber produce.

COLOR FORECASTING 色彩预测

A process of gathering, evaluating, understanding, interpreting information to predict the colors that will be desirable for the consumer in the upcoming seasons.

COLOR PALETTE 色彩板

That is a range of colors.

COLOR PREFERENCES 色彩偏好

Color preferences are the tendencies for a person or a group to prefer some colors over others.

COLOR WAYS 色组

Color ways refer to the assorted colors, Motifs, or patterns in which fabric is available.

COLOR SCHEME 配色方案

Color scheme is a group of colors in relation to each other.

COLOR STORY 色系

Color story is a palette of colors that are used to identify, Organize, and connect ideas and products for a certain season or collection.

COLOR THEORY 色彩理论

Color theory is the study of color and its meaning in the worlds of art and design.

COLOR WHEEL 色环

Color circle is a visual representation of colors arranged according to their chromatic relationship.

COMMUNICATING 沟通

Communication there is the process of conveying information, thoughts, opinions, and predictions about the forecast through writings, visual boards, and verbal presentations.

COMPLEMENTARY COLORS 互补色

Complementary are colors located opposite each other on a color wheel.

CONSUMER SEGMENT 消费者细分

Consumer segment is a group of consumers who share similar demographic, economic, sociological and psychological characteristics.

COOL COLORS 冷色

Cool colors are blues, greens, or purples.

COTTON 棉

Cotton is the most widely used natural fiber and is derived from the cotton plant. It grows from a seed into a cotton ball that is later harvested and cleaned.

D

DATA SHARING 数据共享

The sharing of consumer research on specific products between research firms and designers. manufacturers, retail management, and buyers.

DEMOGRAPHICS 人口统计学

Studies of the statistical data of a population that divides a large group into smaller segments that can be analyzed. The data includes age, sex, income, marital status, family size, education, religion, race, and nationality.

DESCRIPTIVE STORY 描述性故事

That is based on nonfictional data and information about the theme. Details about the origins of the idea, the research, the historical information, the cultural influences, or the marketing response can be included. A forecast can be explained based on real situations and facts.

DESIGN ELEMENTS 设计元素

Design elements are the starting point for designed products. The elements include line, silhouette, shape, and details as well as color, texture, and pattern.

DESIGN INNOVATION 设计创新

Design innovation is process that takes into consideration what a product can do for an individual. Through modern understanding of design potential, a person can find meaning and create personal connections to the product.

DESIGN PRINCIPLES 设计原则

Design principles use design elements in combinations to create aesthetically pleasing looks. Proportion, balance, focal point, and harmony are design principles.

DETAILS 细节

Details are items such as collars, necklines, sleeves, pleats, darts, pockets and contour seaming. Several lines together or asymmetrical lines can create optical interest.

DIGITAL PRINTING 数码印花

Digital printing is done by creating motifs on a computer and printing using ink-jet technology, which gives greater design flexibility and is cost effective.

DISCHARGE PRINTING 拔染印花

Discharge printing is the process whereby color is removed by taking pigment away often in a bleaching process.

DISCO LOOK 迪斯科造型

Refers to a clothing style from the 1970s that used platform shoes, leotards, and androgynous looks. This style created the halter dress and simple body-conscious dresses often worn for dancing.

DISCORD 无序

Discord is the lack of harmony in a piece and is often used to intentionally break the acceptable rules.

DISCORDANT COLOR SCHEME 不和谐的配色方案

Discordant means the purposeful inclusion of colors that "clash".

DOBBY WEAVES 提花组织

Dobby weaves are fancy weaves with small geometric designs woven into the textile.

DYING 染色

Dying is the process of adding color to a fabric.

E

EDITING 编辑

Editing is the process of sorting and identifying patterns in the research, data, and images.

ELECTROTEXTILES 电子纺织品

It has been developed by covering polymer fibers with a metallic coating, producing strong and flexible strands created to control temperature or monitor medical conditions.

EMBROIDERY 刺绣

Embroidery can decorate a fabric by stitching yarns, stones, or sequins into a design on top of fabric.

EYELET 孔眼

Eyelet is a woven fabric that has a pattern made by creating holes that are surrounded by stitches to prevent fraying.

F

FABRIC STRUCTURE 织物结构

Fabric structure is the method in which textiles are constructed by assembling yarns and fibers into a cohesive configuration. Depending on the construction of a fabric different qualities like drape. Stability and density are achieved that make certain fabrics more suitable to specific styles. Fabric structure is categorized as woven, knitted, nonwoven, and other methods of fabric construction.

FAD 热潮

Fad is a style that swiftly becomes popular, is widely accepted, and rapidly disappears.

FASHION 时尚

Fashion can be defined as that which characterizes or distinguishes the habits, manners, and dress of a period or group. Fashion is what people choose to wear.

FASHION CYCLE 时尚周期

Fashion cycle is the life span of a style or a trend.

FASHION FORECASTING 流行预测

Fashion cycle is the practice of predicting upcoming trends based on past and present style-related information, the interpretation and analysis of the motivation behind a trend, and an explanation of why the prediction is likely to occur.

FASHION GROUP INTERNATIONAL 国际时装集团

Fashion group is a professional organization in the fashion industry that includes members focusing on apparel, home, and beauty. The organization provides insights that influence fashion direction for the marketplace. Including lifestyle shifts, contemporary issues, and global trends.

FIBER 纤维

Fiber is a hair like substance that is the basic building block for most yarns and fabrics. Fibers fall into two main categories: natural or manufactured.

FIBER OPTIC FABRIC 光纤织物

Fiber optic fabric is a unique fabric made from ultra-thin fibers that allow light to be emitted through advanced luminous technology.

FINDINGS 服装零件

Findings are add-ons to clothes—such as buttons, zippers, Velcro closures, and belts—that can be both functional and decorative.

FINISHES 后期加工

Finishes are any chemical or mechanical process that a fabric undergoes to change its inherent properties.

FLAPPER 20世纪20年代年轻时尚女郎的一种典型着装样式

Flapper was a nickname for free-spirited young women during the roaring twenties and their style of dress.

FLOCK PRINTING 植绒印花

Flock printing is a technique that uses an adhesive to create the motif and then short fiers are attached to create a velvety surface.

FOCAL POINT 视觉中心

Focal point of a design is the area that initially draws the eye. A designer may use line or color to direct the viewer to certain aspects of the design

FOCUS GROUPS 焦点小组

Focus group are a representative group of consumers that are questioned together to gather opinions about products, services, prices, or marketing techniques.

G

GEOGRAPHIC STUDIES 地域研究

Geographic studies focus on where people live, including information on the population in the state, country, city, and select target areas.

GOTH 暗黑系

Goth refers to an alternative fashion style, also known as industrial punk, which includes dark leather looks, corsets, fishnet stockings worn with platform, leather boots, body piercing and tattoos, and colorfully dyed hair.

GRUNGE STYLE 垃圾风格

Refers to a fashion style from the 1990s that included mismatched and messy clothing, flannel shirts, torn jeans, sneakers, and items from thrift stores layered together to create an unkempt type of appearance.

H

HAND 触觉

Hand is the feel of a fiber or textile.

HARMONY 和谐

Harmony is achieved when all design elements and principles work successfully together to create an aesthetically pleasing design.

HAUTE COUTURE 高级时装

Haute couture literally means "high sewing" and refers to exclusive. Made-to-order and trend-setting fashion, specifically from French fashion houses.

HEAD ENDS 布样

Head ends are small samples of fabrics used by textile firms to show available or developmental fabrics.

HIGH CHROMA 高艳度

High chroma are bright colors.

HIPPIE STYLE 嬉皮风格

Hippie style or hippie look refers to a "free" clothing style from the 1960s. That used bold colors and mixed wild Patterns and was often influenced by the infusion of diverse cultures. Clothing was often loose and made of natural fibers in gypsy-like styles. This style also included peasant tops. Chinese quilted jackets. Indian cotton voile dresses, and mood rings.

HOT ITEMS 热销款

Hot items are "must have" designs or products.

HUE 色相

Hue is another name for the color itself.

IMAGES 图片

Images are photos, illustrations, or drawings used to illustrate a theme. The Internet, ads, or runway shows can also supply images.

INTENSITY 色饱和度

Intensity refers to the saturation or brightness of a color.

INTERPRETING AND ANALYZING 解析

That is processes that entail careful examination to identify causes, key factors, and possible results; investigate what fuels upcoming trends; and consider why and how the trend will manifest.

J

JACQUARD WEAVES 提花织物

That is beautifully patterned fabrics using floats of yarns to create intricate motifs or designs.

K

KNIT FABRICS 针织物

Knit fabrics are created by interloping yarns using needles. Knitted fabrics fall into two main categories: weft and warp knits.

L

LINE 线

Many qualities can affect the look of a design. Lines have direction—horizontal, Vertical, or diagonal—as well as qualities such as width and length.

LINEN 亚麻布

Linen is made from the flax fiber and comes from the stems of the flax plant. The fiber is longer and stronger than cotton.

LONG-TERM FORECASTING 长期预测

Long-term forecasting also known as future studies, seeks to understand and identify long-term social and cultural shifts, population trends, technological advances. Demographic movement, and developments in consumer behavior. Long-term forecasts extend at least two years in advance. Long-term forecasting is less about specific details and more about positioning one's business for long-term growth.

LOOMS 织布机

Looms are machines that interlace at right angles strands or yarns to make cloth.

M

MANUFACTURED FIBERS 人造纤维

Manufactured are man-made fibers or synthetics that are created using science and technology instead of nature. These fibers are created to fill specific needs in the market and can mimic the positive qualities of natural fibers without exhausting the natural resources.

MARKET RESEARCH FIRMS 市场调研公司

Market research firms that focus on the fashion and apparel industries conduct research studies and analyze and provide information on product and market trends and strategies.

MATERIAIS 材料

Materials are the substance of which an item is made Materials can be manufactured components or items found in nature.

MINIMALISTIC 极简

Minimalistic refers to a clothing style that is simple and clean with little or no accessories and embellishments.

MOD STYLE 现代主义风格

Mod style refers to a fashion style from the 1960s that, for women, included the miniskirt with accessories, tights, and go-go boots. Men wore Edwardian styles, longer hair in a bowl cut, and glasses.

MONOCHROMATIC COLOR SCHEMES 单色配色方案

Monochromatic color schemes have two or more colors from one hue.

MONOTONE 单色

Monotone is only one color.

MOOD 情绪

Mood describes the tone that represents the feelings and emotions of the message.

MOOD BOARDS 情绪板

Mood board or forecasting boards are where items (images, illustrations, slogans, and color samples) of the fashion forecast are placed.

MOTIF 装饰图案

Motif is a repeated design, element, form, or shape.

MULTICOLORED 多色的

Multicolored refers to multiple colors.

N

NARRATIVE STORY 叙述故事

Narrative story is based on the inspirational and artistic influence from the theme. The story can be written based on a theme of fantasy or fiction.

NATIONAL RETAIL FEDERATION 零售业联合会

National retail federation is an organization that helps retailers in every segment of their business by conducting studies about worldwide retail and provides the information to its members.

NEUTRAL COLOR 中性色

Neutral color scheme is created by white, black, gray, brown, and cream. Neutral colors or natural colors do not appear on the color wheel.

NONWOVEN FABRICS 非纺织织物

Nonwoven are created when fibers are held together by bonding, tangling, or fusing either in an organized or random manner. Some examples are laminated, tufted fabrics, crocheting, or macramé. Quilting and embroidery also fall into the nonwoven category.

NYLON 尼龙

Nylon is the first manufactured fiber produced in the United States beginning in 1939. Nylon is strong for its weight and has good abrasion resistance and elasticity.

O

OBSERVATION 观察

Observation is a technique used that entails watching Photographing, recording, and reporting on consumers' behavior in multiple locations. This process is often done by a team of researchers, cool hunters, and forecasting experts.

P

PENDULUM SWING 钟摆式波动

Pendulum swing refers to the movement of fashion between extremes.

PLAIN WEAVE 平纹梭织

Plain weave is the simplest form used for many styles of fabric, both solid and printed.

POLYESTER 聚酯纤维

Polyester is the most widely used manufactured fiber because of its affordability, easy care requirements, and ability to be modified to meet consumers' needs.

POLYMERS 聚合物

Polymers are chemical and molecular compounds.

POPULATION 人口

Population is the total number of people inhabiting an area. A forecaster must consider the size of the population, its rate of growth, and the age of the people to project the future demand.

PREDICTING 预测

Prediction is the process of declaring or telling in advance potential outcomes by developing scenarios to foretell projected possibilities.

PREPPY STYLE 学院风

Preppy style refers to traditional looks that include varsity-style sweaters, classic blazers, button-down shirts, and cardigan sweaters, creating the appearance of young professional adults.

PRIMARY COLORS 三原色

Primary color are blue, red and yellow: those colors that cannot be created by mixing others.

PRINTING 印花

Printing is a method of applying color and motif to a surface and can range from monotone (one color) to multicolor.

PROPORTION 部分

Proportion is the scale used to divide a garment into parts. For instance, horizontal lines are used to break designs into sections, such as waistline, hip line, or shoulder line.

PSYCHOGRAPHICS 心理统计学

Psychographics are the studies that classify groups according to their attitudes, tastes, values, and fears and are used to identify trends.

PUNK LOOK 朋克造型

Punk look refers to an extreme clothing style from the late 1970s that included the use of black leather, stud embellishments, outrageous hair and makeup, and distressed shirts held together with safety pins.

Q

QUESTIONNAIRES 问卷

Questionnaires and surveys help the researcher in understanding and identifying existing and potential customers. Lists of questions are formulated to help the researcher elicit responses from consumers.

R

RAYON 人造丝

Rayon is a cellulosic fiber made from wood pulp that is chemically processed into a solution, then extruded or pushed though the spinneret to create filaments. Rayon has many of the same characteristics as cotton. It is comfortable to wear and takes color well, but it wrinkles and stretches out of shape easily.

RESEARCHING 调研

Researching is the process of exploring or investigating to collect information and imagery while looking for new, fresh, and innovative ideas and recognizing inspiration, trends, and signals.

RESIST PRINTING 防染印花

Resist printing is a method that prevents the dyes or pigments from penetrating into the fabric, for example: tie-dyeing and batik.

S

SALES STRATEGIES 销售策略

Sales strategies are developed by retailers and manufactures to achieve success in the market.

SATIN WEAVE 缎纹织理

Satin weave is created by allowing the yarns to float over four or more yarns in either direction. It provides a fabric with luster and shine.

SCIENTIFIC APPROACH 科学方法

Scientific approach is when a forecaster relies on research data to create a forecast.

SECONDARY COLORS 间色

Secondary colors are colors achieved by a mixture of two primary hues.

SHADE 暗度

Shade refers to a hue with black added.

SILHOUETTE 廓形

Silhouette is the overall outline or outside shape of a design or a garment. The silhouette is the one-dimensional figure used to create a look using form and space. The silhouette of a design can be classified using geometric terms such as circle, oval, rectangle, cone, triangle, or square.

SILK 丝绸

Silk is a protein fiber that is created when a silkworm creates a cocoon. The fiber from the cocoon is detangled into a long filament strand. Silk is considered a luxury fiber because of its excellent drape, smooth hand, and lustrous appearance.

SLUBS 粗结

Slubs are thick and thin yarns that create unevenness in the fabric.

SOCIAL MEDIA SITES 社交网站

Social media sites are websites such as Twitter or Facebook that are fast-growing Internet-based platforms used to broadcast messages, communicate, and hold conversations. These sites are being used as a marketing device to spread viral messages about brands, products, and trends.

SHORT-TERM FORECASTING 短期预测

Short-term forecasting focuses on identifying and predicting possible trends that are presented through themes, color stories, textiles, and looks up to approximately two year in advance.

SPACE AGE STYLE 太空时代风格

Space age style refers to clothing that uses futuristic synthetic fabrics made into geometric silhouettes. Materials such as metal, paper, or plastic and metallic colors such as silver and gold often are used.

SPANDEX 斯潘德克斯弹性纤维

Spandex is a manufactured fiber known for its elastic qualities similar to rubber. It is widely used for swimwear and undergarments. Spandex can be blended with other fibers to create "comfort stretch" and is often blended with denim to create jeans.

SPIDER SILK FIBERS 蛛丝纤维

Spider silk fibers are incredibly strong fibers derived from the genetic manipulation of spiders with other creatures.

SPINNERETS 吐丝器

Similar to showerheads, are what liquid polymer is pushed through in order to create manufactured filament (long) fibers.

STAPLE 基本色

Staple or basic colors remain consistent from season to season, basic colors include black, navy, khaki, and white.

STORY 故事

Story is the written or spoken text of a forecast and can either be narrative or descriptive.

STYLE 风格

Style is a distinctive appearance and combination of unique features that create a look that is acceptable at the time by a majority of a group.

STYLE TRIBES 风格类型

Style tribes are specialized groups of people that wear distinctive looks to demonstrate their association to the group.

SURVEYS 调研

Survey usually lists of questions, are designed to elicit desired information from consumers.

UNSUSTAINABLE DEVELOPMENT 可持续发展

Unsustainable development meets the needs of the present without compromising the needs of future generations.

SUSTAINABLE FABRICS 可持续面料

Sustainable fabrics, such as organic, cotton, hemp, pineapple, soy, and seaweed, are alternative fibers that have a less harmful environmental impact.

SWATCHES 面料样板

Swatches are sample pieces of fabric or materials that are collected from the shows of fabric manufacturers. The fabric firms show their fabrics using swatch cards, types, or head ends to display the available selections or developmental fabrics. Typically, a fabric is available in assorted designs or color ways.

T

TARGET AUDIENCE 目标受众

Target audience is the segment of the population who may adopt new products and ideas at a specific time and is crucial in forecasting the evolution of fashion.

TASTE 品位

Taste is the prevailing opinion of what is or is not appropriate for a particular occasion.

TEMPERATURE 色彩感受

Temperature is a way of describing color. Warm colors such as reds, oranges, and yellows can evoke emotions of excitement of anger, and cool colors such as blues, greens, or purples can be calming and pacifying.

TEMPERATURE SENSITIVE TEXTILES感温面料

Temperature sensitive textiles treated with paraffin, are not only extremely breathable and lightweight, but can also regulate body temperature.

TERTIARY COLORS复色

Tertiary colors are colors achieved by a mixture of primary and secondary hues.

TEXTILE织物

Textile is a flexible fabric that is woven, knitted, and assembled using other methods of construction and is often composed of layers. Textiles are made from both natural and manufactured films, fibers, or yarns.

TEXTILE STORY面料故事

Textile story is that part of a fashion forecast that is focused on textiles, trims, materials, and findings.

TEXTILES WITH NANOTECHNOLOGY纳米技术面料

Textiles with nanotechnology add functionality and value to traditional textiles by creating nano layers that control the movement of chemicals through the layers of fabric.

THEME主题

Theme is the topic for the forecast with a unifying, dominant idea.

TINT加白

Tint refers to a hue that has white added.

TONE加灰

Tone refers to a hue with gray added.

TREND FORECASTERS趋势预测者

Trend forecasters are the prescient individuals who combine knowledge of fashion, history, consumer research, industry data, and intuition to guide product manufacturers and business professionals into the future.

TREND REPORT趋势报告

Trend report based on observations from runway collections, red carpet events, or street fashion, is an account describing in detail something that already exists or has happened.

TREND SPOTTERS趋势专家

Trend spotters observe change at emerging boutiques, high-end retailers, department stores, or mass market discounters. Around the world, they track the latest stores, designers, brands, trends, and business innovations.

TRENDS 趋势

Trends are the first signal of change in general direction of movement.

TRENDSETTERS流行先驱

Trendsetters play a critical role in the fashion process. Identifying trendsetting groups while observing their style and taste selections gives the forecaster important clues about upcoming ideas.

TRICKLE-ACROSS THEORY 水平传播理论

Trickle-across theory or horizontal flow theory of fashion adoption assumes that fashion moves across groups who are in similar social levels.

TRICKLE-DOWN THEORY 下传理论

Trickle-down theory or downward flow theory is the oldest theory of fashion adoption and assumes fashion is dictated by those at the tip of the social pyramid before being copied by the people in the lower social levels.

TRICKLE-UP THEORY 上传理论

Trickle-up theory or upward flow theory is the newest theory of fashion adoption and is the opposite of the trickle-down theory. According to this theory, fashion adoption begins with the young members of society who often are in the lower income groups.

TRIMS 边

Trim such as braid, lace, or novelty stitching are used to create newness.

TWILL WEAVE 斜纹组织

Trill weave is a definitive diagonal line that appears on the fabric surface.

TWITTER 推特

Tritter is a social media website also used as a marketing device to spread viral messages about brands, products, and trends.

TYPEFACE 字体

Typeface or font can connect the message of the text with the concept of the theme. A mood can be created by using size (point), font (style of lettering), and effects (such as bold, pictorial, or disorder).

TYPES 品种

Types are used by the textile firms to show available material.

U

URBAN LOOK 都市风格

Urban look refers to a clothing style popularized by hip-hop and rap musicians from the "streets" that includes colorful oversized garments, low slung pants with underwear visible, huge "bling" jewelry, backward baseball caps, and zany sneakers.

V

VALUE 明度

Value is the lightness or darkness of the color.

VINTAGE DRESSING复古着装

Vintage dressing and retro looks refer to the return of fashion from the past.

VIRAL MARKETING病毒营销

Viral marketing refers to marketing practices that use existing social networks to spread the word through society.

W

WARM COLORS暖色

Warm colors are reds, oranges, and yellows and can evoke emotions of excitement or anger.

WARP KNITS漏针

Warp knit where the loops appear along the length of the fabric, are made by machine.

WEFT KNITS 钩针

Weft knits can be made by hand or machine. These knits are interloped across the fabric.

WICKING JERSEY快干服

Wicking jersey is a stretchy performance fabric that includes fibers that have the ability to pull moisture away from the body and leave the skin feeling cool and dry.

WOOL 毛料

Wool is a protein fiber that comes from the hair of an animal, most often sheep. Wool's positive qualities include warmth, moisture resistance, and elastic like flexibility, and its negative qualities include scratchiness, tendency to shrink, and susceptibility to damage by moths.

WOVEN FABRICS针织面料

Woven fabrics created by weaving interlacing yarns at right angles, are the most widely used fabrics.

Y

YARNS梭织面料

Yarns are created by spinning and twisting fibers together to create long continuous strands. Depending on the type and length of fibers used different varieties of yarns can be made.

Z

ZEITGEIST时代精神

Zeitgeist means the “spirit of the times”.